水泥基材料的硫氧化菌腐蚀行为、机理与防治技术

荣　辉　王海良　钱春香
樊立龙　赵　健　戴骁蒙　著

中国建筑工业出版社

图书在版编目（CIP）数据
水泥基材料的硫氧化菌腐蚀行为、机理与防治技术/荣辉等著．—北京：中国建筑工业出版社，2024.8
ISBN 978-7-112-30265-9
Ⅰ．TB333.2
中国国家版本馆 CIP 数据核字第 2024J4J425 号

责任编辑：曹丹丹
责任校对：李欣慰

水泥基材料的硫氧化菌腐蚀行为、机理与防治技术
荣　辉　王海良　钱春香　樊立龙　赵　健　戴骁蒙　著
*
中国建筑工业出版社出版、发行（北京海淀三里河路 9 号）
各地新华书店、建筑书店经销
北京龙达新润科技有限公司制版
建工社（河北）印刷有限公司印刷
*
开本：787 毫米×1092 毫米　1/16　印张：14　字数：345 千字
2024 年 11 月第一版　　2024 年 11 月第一次印刷
定价：**78.00** 元
ISBN 978-7-112-30265-9
（43666）

前言

自2020年以来，在新基建大战略下，为刺激经济发展，混凝土作为我国“基建强国”的核心材料发挥着举足轻重的作用。随着我国对城镇建设和海洋开发的不断深入，重大基础设施，如管道、海港码头、跨海大桥、海上采油平台、海底隧道，以及滨海电厂设施、各类海洋军用设施等正在大量建设，但污水和海洋苛刻的环境，使得上述基础设施出现了极为严重的腐蚀问题，严重影响污水和海洋基础设施的使用寿命及安全性。

混凝土在污水和海洋环境中不仅会遭受物理破坏（如冻胀、盐类结晶、冲击磨耗、荷载应力）；化学侵蚀（如 Cl^- 引起的钢筋锈蚀、镁盐及硫酸盐侵蚀、碳化作用、碱骨料反应）；体积稳定性（如干湿循环、温度应力、化学收缩）等问题，同时也会受到微生物的腐蚀。微生物的生长黏附会导致混凝土的微生物腐蚀，这是一个渐进的多阶段劣化过程，主要是由微生物的代谢作用转化硫化合物（硫酸盐、亚硫酸盐、硫代硫酸盐等）为生物硫酸所导致的。相比化学硫酸，生物硫酸对混凝土的腐蚀更加严重。混凝土的微生物腐蚀会造成混凝土表面损伤、疏松、砂浆脱落、骨料外露、开裂和钢筋锈蚀，从而大大减少混凝土结构的使用寿命。已经有充分的文献证明混凝土微生物腐蚀是一个世界性的问题，它在温暖和寒冷的气候中都是普遍存在的。微生物腐蚀造成的直接经济损失每年高达4万亿美元。

本书内容主要从微生物的角度研究了微生物在水泥基材料表面的附着过程、附着行为及其对水泥基材料性能影响规律和作用机理，并在上述基础上提出了相应防治技术。研究内容为弄清微生物尤其是硫氧化菌对水泥基材料腐蚀行为和作用机理奠定理论基础，同时为进一步完善海洋工程和水利工程用混凝土遭受生物腐蚀的规律和机理提供理论支撑、为生物腐蚀的防治提供技术参考。

本书主要由6章内容组成。

第1章绪论主要介绍微生物腐蚀水泥基材料概述、微生物腐蚀混凝土机理、微生物腐蚀混凝土影响因素、试验方法、评价指标和防护措施等内容。

第2章主要对微生物和微生物膜在培养基、海水环境和污水环境中的生长特性进行研究。

第3～5章分别研究了三种不同培养环境（培养基、污水环境和海洋环境）中水泥基材料的硫氧化细菌腐蚀行为与机理，主要研究微生物腐蚀对水泥基材料宏观和微观性能演变规律的影响。

第6章主要是对水泥基材料的硫氧化细菌腐蚀防治技术进行阐述，主要内容涉及基于杀菌剂防护材料、基于渗透型有机硅材料、基于环氧树脂和聚氨酯防护涂层对混凝土耐生物腐蚀的影响规律等。

本书主要特色是从微生物的培育、附着在水泥基材料表面的动态演变过程、腐蚀行为和作用机理等角度详细阐述了水泥基材料的生物腐蚀现象和规律，尤其是微生物的培育生长繁殖规律等内容。而市场上同类图书主要是从微生物角度研究对金属材料的腐蚀，而不是对水泥基材料的影响进行说明。为此，本书的出版将填补国内缺乏水泥基材料的生物腐蚀相关书籍，为我国大量从事土木工程材料的科技人员、工程技术人员、研究生和本科生提供新的理论知识及技术参考，具有很强的市场前景。

在编写本书过程中，参考引用了高瑞晓、张树青、刘骥伟、瞿威、於成龙等研究生的研究论文中的成果和试验数据，在此表示深深的谢意。

天津城建大学刘德娥博士参与了全文的资料整理，研究生原文娜、高草林、郭静参与了图表校正，书稿整理，对此表示衷心感谢。

本书研究工作得到国家自然科学基金项目（51978439、52278269）、天津市自然科学基金重点项目（16JCZDJC39100）的资助。

本书虽经多次修改和校阅，但不妥之处在所难免，敬请读者批评指正，以期再版时完善。

目 录

第1章

绪　论

1.1　微生物腐蚀水泥基材料概述

自然界中微生物腐蚀涉及范围很广，建筑业也被囊括其中，尤其在污水处理设施、海洋建筑等微生物富集区问题较为严重。微生物的生长会导致混凝土的微生物腐蚀（MICC），这是一个渐进的多阶段劣化过程，主要是由微生物的代谢作用转化硫化合物（硫酸盐、亚硫酸盐、硫代硫酸盐等）为生物硫酸所导致的。生物硫酸会在混凝土气液交界面处的生物膜内聚集，此时含硫化合物为电子供体，硫氧化细菌为电子携带中间体，含硫化合物通过硫氧化细菌把失去的电子转给电子受体硫酸根离子，因而硫氧化细菌显负电，混凝土中的钙离子显正电。硫氧化细菌与混凝土由于电性相反而相互吸引，聚集到混凝土气液交界面处并通过代谢作用形成具有大量孔隙的生物膜，其转化的硫酸根离子通过生物膜孔隙以电性的方式对钙离子定向吸引从而造成靶向破坏，因此相比化学硫酸，生物硫酸对混凝土的腐蚀更加严重。混凝土的微生物腐蚀会造成混凝土表面损伤、疏松、砂浆脱落、骨料外露、开裂和钢筋锈蚀，从而大大减少混凝土结构的使用寿命。已经有充分的文献证明混凝土微生物腐蚀是一个世界性的问题，它在温暖和寒冷的气候中都是普遍存在的。微生物腐蚀造成的直接经济损失每年高达4万亿美元。荷兰70%以上的地下材料受细菌腐蚀。德国有10%～20%的建筑材料被微生物腐蚀破坏。美国1900km混凝土污水管中有10.9%被微生物腐蚀，其维护费用高达4亿美元。由此可见，混凝土的微生物腐蚀问题变得愈发严重。而国内对混凝土微生物腐蚀的研究起步较晚，研究人员相对较少。目前国内韩静云、张小伟、孔丽娟、闻宝联、乐建新等初步探究了活性污泥对混凝土腐蚀的机理、影响因素以及一些抗腐蚀的方法等，但从微生物角度研究其对混凝土的腐蚀尚未深入。因此，为进一步提高国内科研人员对混凝土的生物腐蚀认识，本章主要从混凝土的微生物腐蚀机理、影响因素、试验方法、评价指标、防护措施等方面来阐述国内外混凝土的微生物腐蚀研究进展。

1.2 微生物腐蚀混凝土（MICC）机理

关于微生物腐蚀混凝土过程的首次提出主要归功于美国人 Parker，随后广大研究人员开始有针对性地开展相关研究。混凝土暴露于下水管道环境中的劣化机制——微生物诱导腐蚀可以很大程度上降低混凝土结构的寿命。有关研究表明混凝土结构寿命将从预期的 100a 降低到 30～50a，而且在极端情况下甚至会降低到 10a 或者更短。

由此可见，混凝土的微生物腐蚀破坏性非常大。因此，针对混凝土暴露于下水管道环境中，导致其微生物腐蚀产生和传播的过程主要总结为以下 3 个阶段：$H_2S_{(aq)}$ 的形成阶段、$H_2S_{(g)}$ 的辐射和积聚阶段、混凝土受生物硫酸腐蚀劣化阶段。

1.2.1 $H_2S_{(aq)}$ 的形成阶段

污水中的硫酸盐会通过厌氧硫酸盐还原细菌（SRB）的生物作用转化为 $H_2S_{(aq)}$。影响 $H_2S_{(aq)}$ 形成的因素包括溶解氧含量（DO）、生化需氧量（BOD）、硫酸盐含量、污水温度、湍流度和流动滞留时间等。

SRB 存在于水线以下的生物膜（黏液层）中，黏液层是硫酸盐还原的主要场所，由大量无机物和有机物组成。黏液层的厚度通常为 0.3～1.0mm，这主要取决于污水中的固体颗粒的流速和磨损频率。反应方程式如式(1-1)。

$$SO_4^{2-}+2C+2H_2O \xrightarrow{SRB} 2HCO_3^-+2H_2S_{(aq)} \tag{1-1}$$

下水管道污水中还含有多种含硫化合物，如硫酸盐和含硫有机化合物。在生活污水中，硫的主要来源是硫酸盐，浓度在 40～200mg/L 范围内波动。SRB 最终在水位以下厌氧条件下的生物膜和沉积物中将硫酸盐还原为硫化物，如图 1-1 所示。

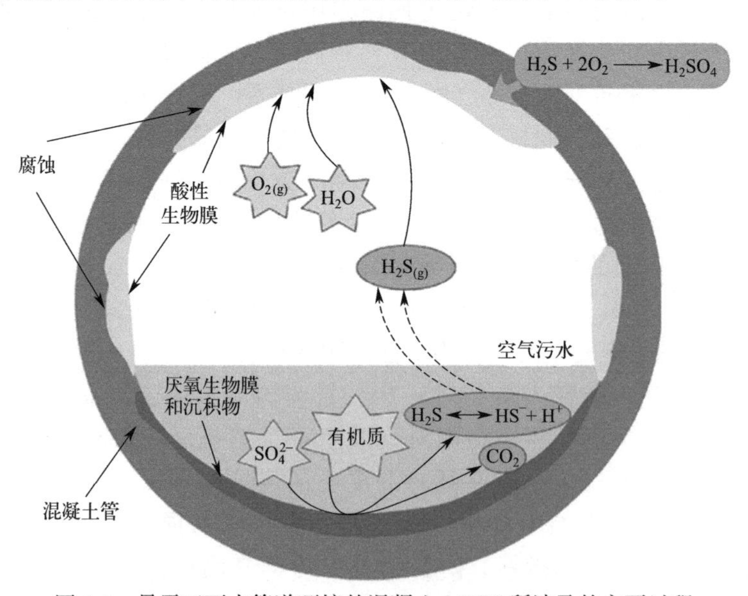

图 1-1 暴露于下水管道环境的混凝土 MICC 所涉及的主要过程

1.2.2 $H_2S_{(g)}$的辐射和积聚阶段

当$H_2S_{(aq)}$在污水中形成后，会被释放到气相（下水道的顶部无水空间）中，受到许多因素影响，例如污水的pH值、气相和液相之间的平衡条件、温度和流动的湍流度等。污水中$H_2S_{(aq)}$的反应平衡可以用式(1-2)和式(1-3)来表示：

$$H_2S_{(aq)} \longleftrightarrow HS^- + H^+ \tag{1-2}$$

$$HS^- \longleftrightarrow H^+ + S^{2-} \tag{1-3}$$

形成的HS^-和S^{2-}不会进入气相，而$H_2S_{(aq)}$可以。在所有的因素中，污水的pH值对其影响很重要。平衡时溶液pH值与不同硫种类之间的关系如图1-2所示。

由图1-2可以看出：当pH值<6时，$H_2S_{(aq)}$是主要的存在形式；当pH值逐渐上升到9时，大多数硫以HS^-的形式存在。由于城市污水pH值介于6～8，S^{2-}很少涉及其中，也就是说，污水中$H_2S_{(aq)}$的含量在污水中占绝对优势。

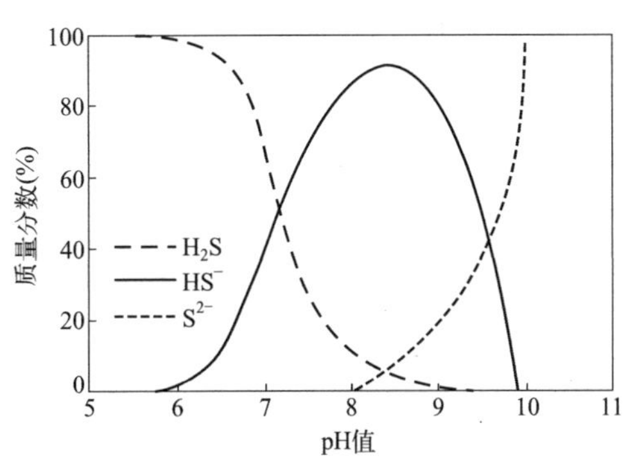

图1-2 平衡态下（25℃）溶液pH值与不同硫种类的关系

根据各相的浓度，$H_2S_{(aq)}$从液相向气相$H_2S_{(g)}$的转变受亨利定律控制（封闭条件下），用式(1-4)表示：

$$S_g = kP_g \tag{1-4}$$

式中：S_g为$H_2S_{(aq)}$的浓度；P_g为$H_2S_{(g)}$在溶液上的分压；k为亨利定律常数。影响k值的因素有很多，包括温度、压力、pH值和溶解的溶质。温度和$H_2S_{(aq)}$被认为是对系统最重要的影响因素。随着温度的升高，气态$H_2S_{(g)}$浓度也随之升高。

下水管道顶部空间被释放的$H_2S_{(g)}$，在下水管道的微生物腐蚀中起着至关重要的作用。按正常推理，较高的气态$H_2S_{(g)}$浓度会导致较高的腐蚀等级，但$H_2S_{(g)}$浓度与混凝土微生物腐蚀速率之间的关系目前尚不清楚。另一个重要的影响因素是污水收集系统中的湍流，它通过增加水—空气界面的表面积，加剧了污水中$H_2S_{(aq)}$的释放。另外，下水管道网络内的通风条件对气体$H_2S_{(g)}$的积聚影响很大。

1.2.3 混凝土受生物硫酸腐蚀劣化阶段

气态的$H_2S_{(g)}$溶于水形成弱酸——氢硫酸，进而对混凝土造成腐蚀作用，但较于生物硫酸而言，其腐蚀性稍弱。SRB在这个过程中起着至关重要的作用，会将大部分$H_2S_{(g)}$氧化成生物硫酸，在混凝土劣化中占据主导作用，即主要是在生物硫酸的作用下腐蚀混凝土。混凝土在微生物诱导腐蚀的影响下可分成几个区域，依次由外及内分别是石膏层、钙矾石层、过渡层和坚固混凝土层（图1-3）。图1-4显示了从暴露的混凝土表面沿深度方向的pH值和各种腐蚀产物的剖面分布，可见污水中的混凝土腐蚀主要先形成石膏，然后随着 pH 值增高进一步转化为钙矾石。综上，混凝土腐蚀阶段主要会经历以下 3 个时期（图 1-5），具体过程如下：

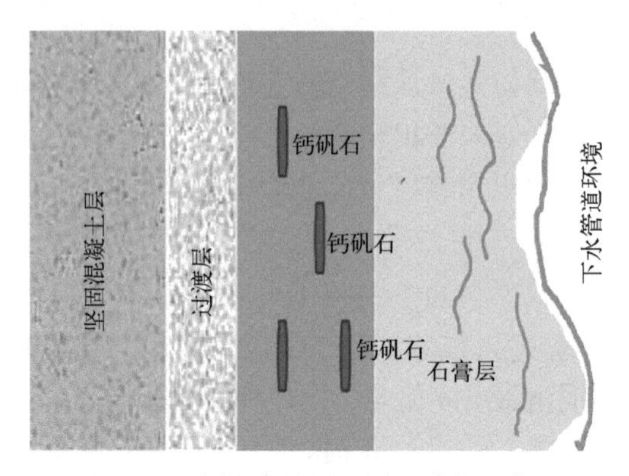

图 1-3　混凝土腐蚀层不同区域的示意图

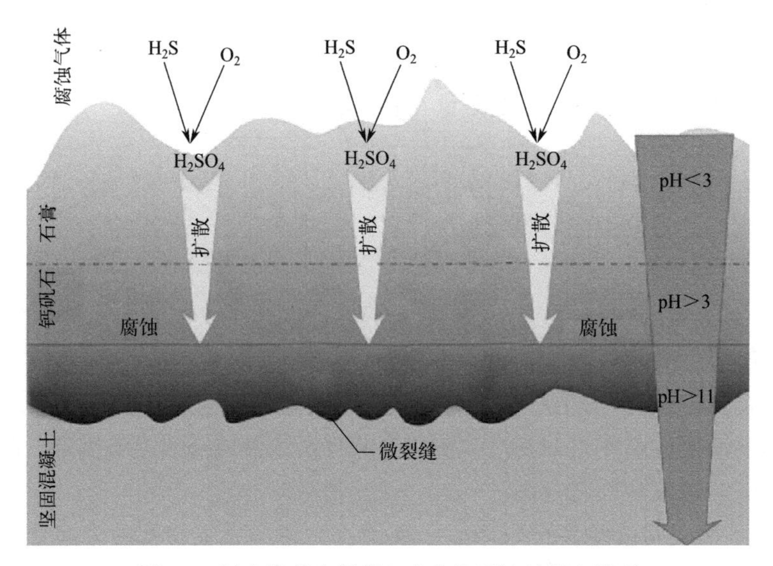

图 1-4　污水管道中混凝土硫化物腐蚀的概念模型

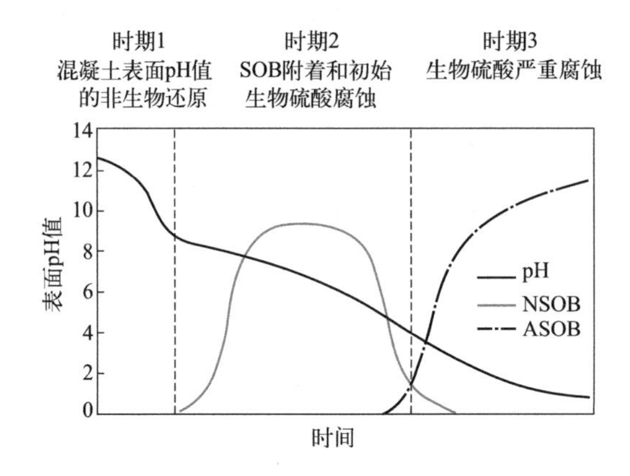

图 1-5　MICC 的 3 个阶段及其与相关细菌的关系：
嗜中性硫氧化细菌（NSOB）和嗜酸性硫氧化细菌（ASOB）

1. 混凝土表面 pH 值的非生物还原时期

混凝土表面 pH 值起初在 12.5～14 范围间。最初，抵抗细菌附着源于混凝土的高碱性能。但是，随着其暴露于大气受碳化作用的影响以及钙浸出、硫代硫酸和通过大气氧化 H_2S 形成的聚硫酸反应等一些非生物（化学）反应，从而使混凝土表面的 pH 值降至 9～10，此时大大降低甚至耗尽了混凝土抵抗细菌定殖的自然能力。

2. SOB 附着和初始生物硫酸侵蚀时期

随着混凝土表面 pH 值的降低以及硫源物质的减少，混凝土表面达到了 SOB 适宜的生长环境。最初在混凝土表面生长的 SOB 菌株为嗜中性 SOB（NSOB），其适应的 pH 值环境范围在 3～9，此时 SOB 开始消耗 H_2S 和其他硫化合物（如单质硫、亚硫酸盐、硫代硫酸盐等），并通过硫氧化反应产生生物硫酸（有些种类还可能排出聚硫酸），形成的生物硫酸继续降低混凝土表面的 pH 值，研究者认为这一阶段将会进行到嗜酸性 SOB（ASOB）成为该生物膜群落中的主导性细菌为止，此时混凝土表面的 pH 值降低到了 4 左右。

3. 生物硫酸严重腐蚀时期

当 pH 值约为 4 时，嗜酸性 SOB（ASOB）菌种（如亚铁酸酸性硫杆菌和硫代酸酸性硫杆菌）开始繁殖，当 pH 值为 3～4 时，它们成了该环境下的优势菌种。ASOB 会产生较浓的生物硫酸，使环境进一步酸化，连续产酸进而导致了生物硫酸侵蚀，这恰恰是混凝土发生严重劣化现象的主要原因所在。由于胶凝基质中存在富钙相（如氢氧化钙、水合硅酸钙、C—S—H、铝酸钙等），导致了生物硫酸侵蚀发生脱钙的作用。生物硫酸起初会和 $Ca(OH)_2$ 反应，后期将会与 C—S—H 反应生成石膏（$CaSO_4 \cdot 2H_2O$），带来结构强度低，孔隙率高的影响，并且石膏还会继续与胶凝基质中存在的铝酸钙相发生反应，形成膨胀性的钙矾石（$3CaO \cdot Al_2O_3 \cdot 3CaSO_4 \cdot 32H_2O$），这将会产生内应力并最终导致混凝土开裂。

1.3 MICC 影响因素

混凝土微生物腐蚀的影响因素综合考虑可分为材料因素和环境因素两大类。材料因素主要包括微生物种类和混凝土材料；环境因素主要包括水质特性、水况条件。通过分析混凝土微生物腐蚀的影响因素，可以为今后采取有效的防护措施，抑制微生物生长繁殖或降低其活性打下坚实的基础，以便减少生物硫酸的生成，进而降低混凝土的微生物腐蚀破坏。

1.3.1 材料因素

1. 微生物种类

相关研究发现参与混凝土微生物腐蚀的微生物种类主要包括硫酸盐还原菌（SRB）、硫氧化细菌（SOB）和真菌。目前报道最多的 SRB 是脱硫剂家族。其他类型的 SRB 菌种，如变形杆菌、厚壁菌门和硝基螺旋菌，以及一种硫酸盐还原古菌也有报道。此外，还应注意到 SRB 的某些种类可以减少其他硫化合物，如硫代硫酸盐、亚硫酸盐、四硫酸盐和单质硫。在厌氧环境下，SRB 主要是脱硫弧菌属的细菌，该细菌将管道底部硫酸盐或有机硫还原为 H_2S 酸性气体，降低混凝土表面的 pH 值，为下一阶段硫氧化细菌的生长繁殖创造条件。不同类型的 SOB 在不同的 pH 值范围内具有不同活性（图 1-6），并以不同的速率产生生物硫酸。SOB 一般可以根据其生长的最适 pH 值进行区分：嗜中性硫氧化细菌（NSOB），生长于 pH 值中性区间，并在生物腐蚀开始时可发现；嗜酸性硫氧化细菌（ASOB），适宜于酸性介质环境。正常情况下，NSOB 的生物硫酸生成率远低于 ASOB。在好氧环境下，SOB 主要是硫杆菌属的细菌，将 H_2S 转化为生物硫酸，会促进 $H_2S_{(g)}$ 的氧化，从而导致更高的生物硫酸含量进而产生更高的混凝土腐蚀速率。真菌促进混凝土的腐蚀因素同样不可忽略，有报道称，真菌主要是镰刀菌属，通过新陈代谢产生有机酸，如乙酸、草酸和葡萄糖醛酸等，有机酸会和混凝土内部的碱性物质发生反应，促进混凝土 pH 值降低，最终导致混凝土劣化。

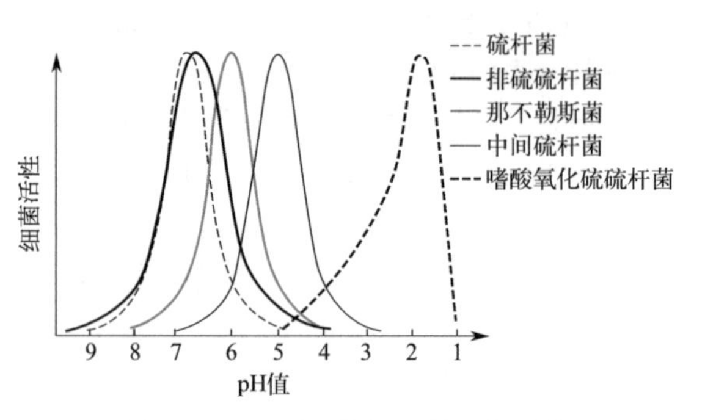

图 1-6 SOB 在不同 pH 值下的活性

2. 混凝土材料

(1) 胶凝材料

针对混凝土胶凝材料成分和结构的变化，可以对混凝土的抗酸性能有所改进，进而减缓混凝土遭受酸腐蚀的进程。

Xie 等通过对普通硅酸盐水泥混凝土（OPC）和碱活化混凝土（AAC）试件局部表面形貌、质量损失、抗压强度和 Ca^{2+} 溶出度的测定，研究了这两种混凝土对生物硫酸（BSA）的耐蚀性。图 1-7 显示了在 BSA 的作用下 OPC 和 AAC 的外观变化，表征了两种混凝土经历 84 d 到 140 d 受腐蚀时混凝土表层剥落、粗骨料暴露、产生白色石膏的腐蚀变化过程，由此可见 AAC 产生的石膏量少于 OPC，抗腐蚀性优于 OPC。

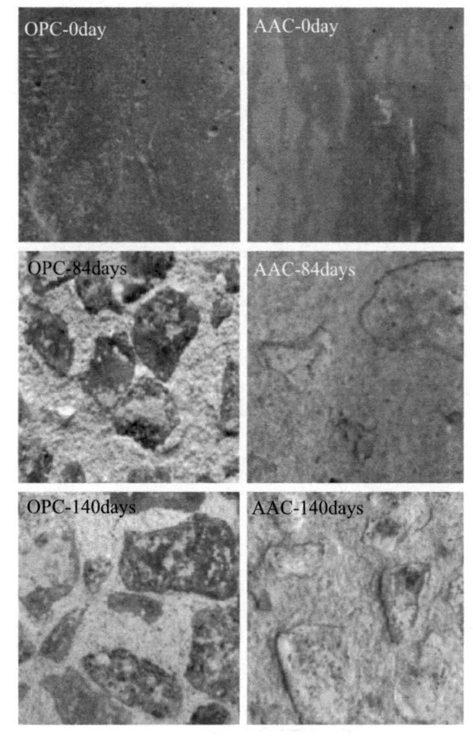

图 1-7 OPC 和 AAC 分别在 84d 和 140d 被 BSA 攻击的外观图像

Scrivener 等对波特兰水泥、铝酸钙水泥（CACs）中的氧化铝含量进行比较，研究发现铝酸钙水泥（CACs）氧化铝含量较高，在酸性条件下，CACs 制备的混凝土的性能一般要优于波特兰水泥，在下水道中使用 CACs 的主要用途是覆盖混凝土管道或修复微生物诱导腐蚀损坏的下水道。

Kiliswa 等对微生物诱发的生物硫酸腐蚀下，硅酸盐水泥（PC）和铝酸钙水泥（CAC）混凝土混合物的腐蚀速率和微观结构特征进行了对比研究，结果发现 PC 基混凝土的生物腐蚀速率随水泥掺量的增大而增大，而 CAC 基混凝土的生物腐蚀速率随水泥掺量的增大而减小。波特兰水泥基体系与铝酸钙水泥基体系相比，具有较高的钙含量和较低的铝含量，因此具有较高的生物腐蚀速率。

Ehrich 等针对微生物腐蚀的铝酸盐水泥系砂浆和硅酸盐水泥系砂浆的性能进行研究，其中 SC 和 CC 代表铝酸盐水泥系砂浆，OPC、srPC、BFC 分别代表普通硅酸盐水泥砂浆、抗硫酸盐硅酸盐水泥砂浆、矿渣硅酸盐水泥砂浆。不同种类水泥砂浆的质量损失率随时间的变化规律见图 1-8。由图 1-8 可以看出，与硅酸盐水泥系砂浆相比，铝酸盐水泥系砂浆的质量损失率较小，表明了铝酸盐水泥系砂浆配制的水泥基材料的耐微生物腐蚀效果较好。

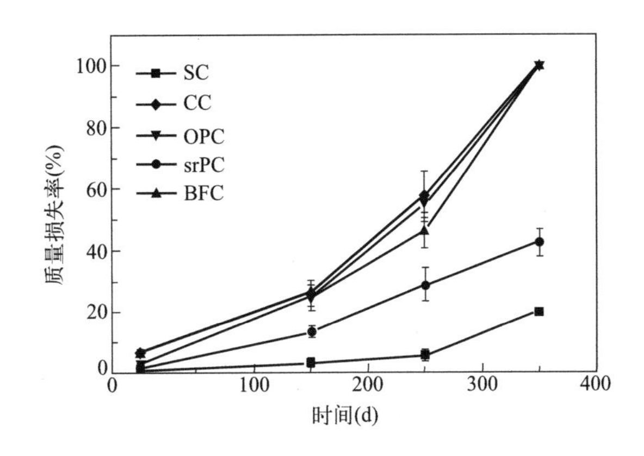

图 1-8 不同种类水泥砂浆的质量损失率随时间的变化

（2）骨料

骨料也会影响生物硫酸对混凝土的腐蚀速率。一般来说，通常使用两种类型的骨料，即硅质骨料（其中硅质骨料主要的氧化物成分是二氧化硅，如花岗岩和辉长岩）以及钙质骨料（以氧化钙为主要成分，如石灰石和白云石）。钙质骨料在降低暴露于下水道环境的混凝土的微生物腐蚀率方面起到了有益的作用。骨料类型对腐蚀速率的影响可以归因于混凝土的“碱度”。与硅质骨料混凝土相比，钙质骨料混凝土的碱度更高，高碱度提供了更多的物质与生物硫酸反应，从而减慢了腐蚀速率。

1.3.2 环境因素

1. 水质特性

水质特性主要考虑污水管道环境中水体自身的各项指标，包括硫酸盐含量、pH 值、溶解氧含量（DO）、生化需氧量（BOD）4 个指标。硫酸盐含量为 SRB 提供了充沛的食物进行还原，从而形成更多的硫化物。较高的 pH 值并不有利于平衡体系中更多的 $H_2S_{(aq)}$ 组分，从而阻止 $H_2S_{(g)}$ 的形成。高含量的溶解氧限制了 SRB 的活性，从而减少了硫酸盐向硫化物的转化，并且增加了 $H_2S_{(aq)}$ 的氧化，从而减少了下水管道的 $H_2S_{(g)}$ 的含量。高含量的 BOD 会促使细菌可利用的营养物质被消耗，从而加快硫化物的生成。

2. 水况条件

水况条件主要考虑污水管道环境中非水体自身的外界控制条件，包括 H_2S 浓度、相对湿度（RH）、温度、流速（湍流度）、通风条件 5 个因素。当 H_2S 遇上混凝土表面的凝聚水膜，则会被 SOB 经过新陈代谢转化成生物硫酸。同时随着 H_2S 浓度越高，H_2S 气体被混凝土表面吸收越快，见图 1-9。由图 1-9 可知 H_2S 的浓度对混凝土腐蚀的快慢会产生影响。较高的相对湿度会促使污水管壁上的水汽在水线以上凝结，从而形成生物膜，提高了生物硫酸的生成速率。不同湿度条件随时间变化对 H_2S 浓度也会造成影响，见图 1-10。由图 1-10 可得出 100%相对湿度条件下 H_2S 浓度变化最大，说明提高相对湿度可以增加 H_2S 的吸收率。温度因素分为水温和大气温度，高水温会增加黏液层的微生物活性，促进了 $H_2S_{(aq)}$ 的形成并向气相释放。高湍流度增加了 H_2S 释放到气相的液-气表面积，而且促进再通气，这将导致 SOB 的增长和化学氧化，不仅提高了 H_2SO_4 的生成速率，而且还会影响黏液层的厚度，这可能会损害硫化物的生成和积聚。充分的通风一方面能促使 $H_2S_{(aq)}$ 释放到气相，另一方面限制 $H_2S_{(g)}$ 的浓度，导致腐蚀速率的降低。

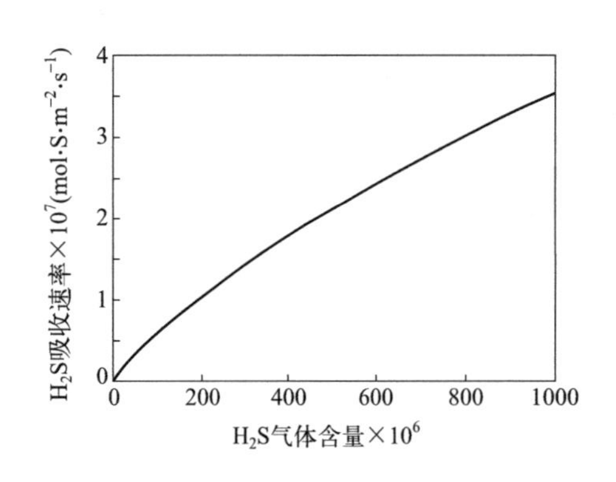

图 1-9　不同 H_2S 气体含量对 H_2S 的吸收速率

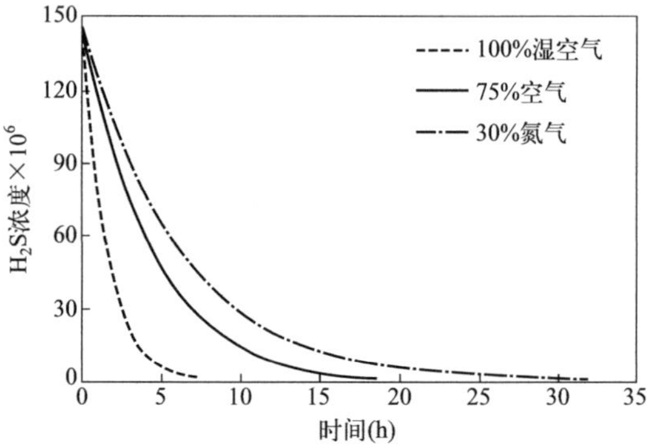

图 1-10　H_2S 浓度随时间变化在不同湿度条件下变化

1.4　MICC 试验方法

现如今虽然针对混凝土微生物腐蚀进行了深入研究，但是没有统一标准的方法用于评估混凝土、胶凝材料或任何旨在预防、延缓混凝土微生物腐蚀的产品的性能。由于缺乏统一标准化的方法，研究人员使用了各种测试装置和方法。现研究用于模拟混凝土微生物腐蚀的试验室试验方法大致可分为以下 3 种：化学酸浸试验、生物室试验和台式生物浸酸试验。

1.4.1　化学酸浸试验

传统的化学酸浸试验是一种用于模拟混凝土微生物腐蚀第 3 阶段的方法，由于方便实用，被广大研究者和指定机构使用。但是化学酸浸试验并不能真实地反映混凝土的微生物腐蚀，因为它们不涉及任何微生物作用的过程。因此，抗菌剂的性能无法得到准确评估，特别是在 SOB 附着和初始生物硫酸腐蚀阶段。而且化学酸浸试验模拟混凝土微生物腐蚀中生物硫酸严重腐蚀阶段的能力同样存在争议点，主要是由于化学酸和生物酸的攻击点位不同。

1.4.2 生物室试验

生物室试验比起传统酸浸试验具有更真实的条件。例如，可以通过控制各种参数（如温度、相对湿度、H_2S 浓度、pH 值、细菌接种等）用以模拟混凝土微生物腐蚀的全部 3 个阶段。试验中，通常会使用 H_2S 气体作为细菌的主要营养物质，因此真实的现场条件可以得到模拟。然而，想要控制好这些条件并非易事。尽管许多研究人员成功构建并使用生物箱来模拟混凝土微生物腐蚀，但这些设置的结果显现出了广泛的可变性。另外，由于 H_2S 气体具有毒性，因而这些测试在大多数试验室中不易采用。

1.4.3 台式生物浸酸试验

在台式生物浸酸试验中，酸化是通过 SOB 作用实现的，SOB 可以将单质硫转化为硫酸，胶结样品浸没在生物酸化的介质中，这个酸化是通过细菌的作用实现的，因此生物浸酸试验也比酸浸试验更实际。另外，SOB 主要是采用硫代硫酸盐或单质硫作为营养来源，由于不使用具有毒性的 H_2S 气体作为营养源，因此该测试比生物室试验更安全、更易于操作。正是由于这些测试所具有的好处，它们很大可能被标准化，尤其是可用于评估混凝土微生物腐蚀中 SOB 与初始生物硫酸腐蚀的附着阶段过程。

1.5 MICC 评价指标

1.5.1 腐蚀深度及速率

通常采用单位时间内的腐蚀深度以表示材料的腐蚀速率，常用的单位为 mm/a，腐蚀速率指标对于表征混凝土的腐蚀严重程度具有重要意义。

高向玲等总结了与时间相关联的腐蚀深度模型，可以将混凝土腐蚀实时化，如式(1-5)所示。

$$d = k_c \sqrt{ct} \tag{1-5}$$

式中：d 代表腐蚀深度，m；k_c 代表混凝土材料系数；c 代表酸浓度，mol/L，$c=10^{-pH}$，其中 pH 为酸的 pH 值；t 为侵蚀时间，s。

Pomeroy 建立了下水管道内各因素考虑较为全面的平均腐蚀速率模型，通过该模型可以计算出混凝土的平均腐蚀速率，如式(1-6) 所示。

$$c = 11.5 \cdot k \cdot (1/A) \cdot \Phi_{sw} \tag{1-6}$$

式中：c 代表混凝土的平均腐蚀速率，mm/a；k 代表硫酸与水泥材料反应程度相关性系数，通常介于 0.3～1.0；A 代表混凝土材料碱度，g/g；Φ_{sw} 代表传递到管壁的硫化氢值，g/($m^2 \cdot h$)。

混凝土的碱度 A 和传递到管壁的硫化氢值 Φ_{sw} 可分别通过式(1-7) 和式(1-8) 计算。

$$A=100/56 \cdot (c \cdot w(CaO)_1 + a \cdot w(CaO)_2)/\rho \tag{1-7}$$

$$\Phi_{sw}=0.7 \cdot (s \cdot u)^{3/8} \cdot [DS] \cdot j \cdot (b/p') \tag{1-8}$$

式中：c 代表水泥的含量，kg/m^3；$w(CaO)_1$ 代表水泥中可溶性 CaO 的含量，kg/kg；a 代表骨料含量，kg/m^3；$w(CaO)_2$ 代表骨料中可溶性 CaO 的含量，kg/kg；ρ 代表混凝土的密度，kg/m^3；100/56 代表碳酸钙和氧化钙的摩尔质量之比；s 代表管线坡度，m/m；u 代表管流速度，m/s；[DS] 代表溶解硫的浓度；j 代表与 pH 值相关的硫化氢系数；b/p'为水流表面宽度与外露周长之比。

Joseph 等通过混凝土的碱度和吸水率用以预测腐蚀速率，如式(1-9) 所示。

$$d=c_1/A+c_2 \cdot w \tag{1-9}$$

式中：d 代表腐蚀深度，mm；A 代表碱度，g/g；w 代表吸水率，%；c_1 和 c_2 为模型系数，通常取 $c_1=2$，$c_2=-0.04$。

Wells 等建立了混凝土管道受微生物腐蚀速率的模型，该模型考虑了污水温度、H_2S 浓度和相对湿度因素，如式(1-10) 所示。

$$c=A \cdot [H_2S]^{0.5} \cdot 0.1602H-0.1355/1-0.9770H \cdot e^{-45000/RT} \tag{1-10}$$

式中：c 代表平均腐蚀速率，mm/a；A 为比例系数，$mm \cdot 10^3/a$，通过数据拟合得出；$[H_2S]$ 为管道中硫化氢的浓度，10^{-6}；H 为管壁的相对湿度；R 为通用气体的常数，通常取 8.314J/(mol·K)；T 为管道内的温度，K。

1.5.2 矿物成分及其他指标

矿物成分的变化反映着混凝土遭受微生物腐蚀的严重程度，通常采用的分析方法有 X 射线荧光（XRF）、X 射线衍射（XRD）、傅里叶红外光谱（FTIR）、热分析（TG/DTA）和扫描电子显微镜-能谱仪（SEM-EDS）等，用于分析混凝土试样腐蚀前后的矿物组成（如 $3CaO \cdot SiO_2$、$2CaO \cdot SiO_2$、$3CaO \cdot Al_2O_3$ 等）、水化产物（石膏、钙矾石、$Ca(OH)_2$、C—S—H 等）以及微观结构的演变规律。

另外，腐蚀前后混凝土的界面粗糙度、界面黏合力、孔隙结构、抗压强度变化率、质量变化率、形貌变化、断面 pH 值、腐蚀介质（浓度、pH 值）变化、微生物（种类、生长状况、分布）变化和混凝土气液交界面处附着生物膜的演变及膜内成分（多糖、蛋白质等）变化等都间接性地影响着微生物对混凝土的腐蚀。

1.6 MICC 防护措施

混凝土微生物腐蚀防护技术的研究建立在生物腐蚀机理和影响因素的基础之上，主要从三方面考虑：一是混凝土的改性，通过选择胶凝材料复掺、聚合物改性和纤维增强等手段，提高混凝土的抗酸、抗裂和抗渗性能，以降低混凝土的腐蚀破坏；二是抑制或减少生物硫酸的形成；三是控制微生物腐蚀传质过程。即混凝土的防护技术包括混凝土改性、生物灭杀技术和保护涂层。

1.6.1 混凝土改性

根据不同的环境选用合适的胶凝材料，同时选定合适的水灰比和砂率。研究表明，污水环境中抗硫酸铝酸盐水泥具有较优性能，但与硅酸盐水泥、硅酸盐水泥＋硅粉、硅酸盐水泥＋粉煤灰相比优势似乎并不明显，经过两年的现场试验发现所有试件均遭到轻微侵蚀。理论上，当普通混凝土中掺加粉煤灰和矿粉等矿物掺合料时，可降低水化硅酸钙凝胶中的钙硅比，同时发生火山灰反应，降低石膏和钙矾石的生成量，从而减少混凝土的膨胀开裂，并且火山灰反应产生的界面效应可以改善骨料－水泥石界面过渡区，提高混凝土的抗渗性。研究表明，污水环境下砂浆的微生物腐蚀防护措施中，掺矿物掺合料的改善效果优于添加杀菌剂，并且掺入矿粉的改善效果要优于粉煤灰。聚合物能够在混凝土中穿插形成三维网络，从而改善了骨料的界面过渡区，提高了混凝土的密实度和抗渗性，因而能够增强混凝土的抗酸性能。在模拟污水和现场污水环境下，聚苯乙烯－丙烯酸树脂改性混凝土能够略微改善微生物腐蚀，聚苯乙烯－丁二烯树脂和聚乙烯没有效果，而聚丙烯酸树脂则降低了混凝土的抗微生物腐蚀性能。因此，通过聚合物改性可提高混凝土的密实度和抗渗性，但不能有效地改善其微生物腐蚀。纤维增强能有效控制混凝土的开裂，在一定程度上可改善混凝土的微生物腐蚀。研究表明，有机纤维在污水环境下不会产生锈蚀，与混凝土粘结性好，但在微生物环境中存在降解，可能会影响混凝土的长期耐腐蚀性能。

1.6.2 生物灭杀技术

基于微生物腐蚀机理的杀菌剂的应用是一项主动措施。通过防止微生物在污水中的繁殖和代谢，从而抑制或减少生物酸的形成，是控制微生物对混凝土腐蚀的非常有效的方法。目前国外专利报道的适用于混凝土的杀菌剂有卤代化合物、季铵化合物、杂环胺、碘丙炔化合物、金属（铜、锌、铅、镍）氧化物、金属（铜、锌、铅、锰）酞菁、钨粉或钨化合物、银、有机锡等。酞菁铜是一种良好的抗菌防腐混凝土的杀菌剂，它不仅能提高新拌混凝土的和易性，而且能提高混凝土的强度。Kong 等研究了杀菌剂种类和含量对混凝土性能的影响，其中未加杀菌剂的对照混凝土为 BC。其余 5 种分别与溴化钠、钨酸钠、氧化锌、酞菁铜和十二烷基二甲基苄基氯化铵混合的混凝土分别为 SBC、STC、ZOC、CPC 和 DDC。在 7d、28d、90d、120d 的污水浸泡后，分别测试不使用杀菌剂和使用杀菌剂的混凝土试样中钙离子（Ca^{2+}）的浸出浓度，如图 1-11 所示。依据图 1-11 可以看出，所有使用杀菌剂的混凝土试样中 Ca^{2+} 的浸出浓度与没有杀菌剂的对照混凝土试样相比都较低，特别是加入溴化钠、氧化锌和酞菁铜后，混凝土中 Ca^{2+} 的浸出浓度明显降低，说明杀菌剂在一定程度上可以防止混凝土结构的劣化。通过比较分析，酞菁铜是一种良好的抗菌防腐混凝土的杀菌剂，它不仅能提高新拌混凝土的和易性，而且能提高混凝土强度，对引起混凝土腐蚀的主要微生物的灭菌率很高，在污水中浸泡 120d 后，酞菁铜在混凝土中的保留率仍然高达 99.69%。

但是对于市面上众多杀菌剂来说，对混凝土机体以及环境多少会产生一些不利影响，而且缺乏长期防护的效果。

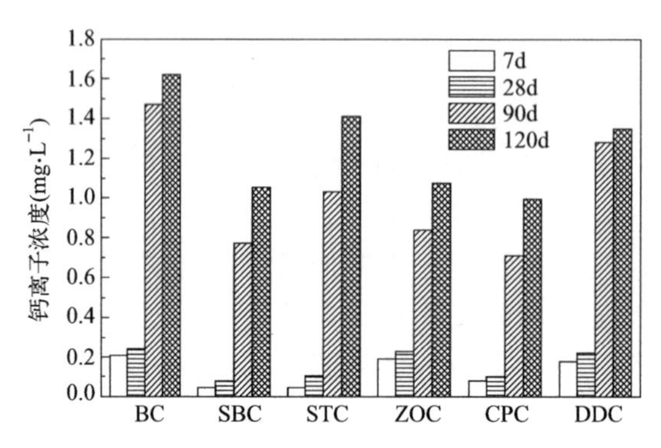

图 1-11 污水中混凝土试样中钙离子的浸出浓度

1.6.3 保护涂层

对混凝土使用表面涂层是目前工程项目中应用最广泛的混凝土保护措施。混凝土保护涂层有 3 种类型：惰性、中性和杀菌，后两种可统称为功能涂层。在 3 种类型的混凝土保护涂层中，中性涂料的保护层混凝土表面的碱性可以用来中和生物硫酸，而杀菌涂料是以无机或有机胶结材料为载体功能组分。至于惰性涂层，它可以作为一个屏障，隔离混凝土和腐蚀性酸性介质之间的接触，耐酸的有机树脂是最常用的，例如，环氧树脂、聚酯树脂、脲醛树脂、丙烯酸树脂、聚氯乙烯、沥青。

Muynck 等和 Berndt 均采用加速微生物试验，通过对涂层混凝土宏观性能的测试，发现环氧涂层具有最佳的保护效果。Hewayde 等使用硫酸盐还原菌（SRB）作为培养基（该细菌是从厌氧试验室反应器中分离出来的），使用脱硫弧菌肉汤作为培养基，发现涂有氧化银或氧化亚铜的混凝土管道有效地降低了营养液中 SRB 的数量。此外，Hewayde 等还研究了不同侵蚀介质对混凝土表面涂层的防护效果。然而，不同类型的涂料对强化污水的防护效果还没有得到系统的研究。Kong 等研究了 3 种典型的水泥和混凝土防护涂料，分别为水泥基毛细结晶防水涂料（CCCWC）、水泥基杀菌涂料（CBC）和环氧煤焦油沥青涂料（ECTPC），分别在污水中浸泡 1 个月、2 个月和 3 个月后，观察各水泥浆体试件的表面形貌，如图 1-12 所示。未进行涂料的试块（UCS）表面出现了一层白色、柔软的裂缝层，CCCWC（图 1-12 中的 CCS）通过堵塞孔洞修复裂缝效果明显，可以提高混凝土的抗渗性和耐腐蚀性。CBC 具有一定的杀菌能力，能抑制生物酸的产生。ECTPC（图 1-12 中的 ECS）可以作为一个屏障，将混凝土从腐蚀性的酸性介质中隔离出来。综合考虑，ECTPC 对微生物引起的混凝土劣化的防护效果最好，这主要是由于 ECTPC 的阻隔作用和抗菌作用，其次是 CBC 和 CCCWC。

与防护涂层相关的常见问题有：成本、分层、腐蚀、与基体材料的相容性、使用寿命

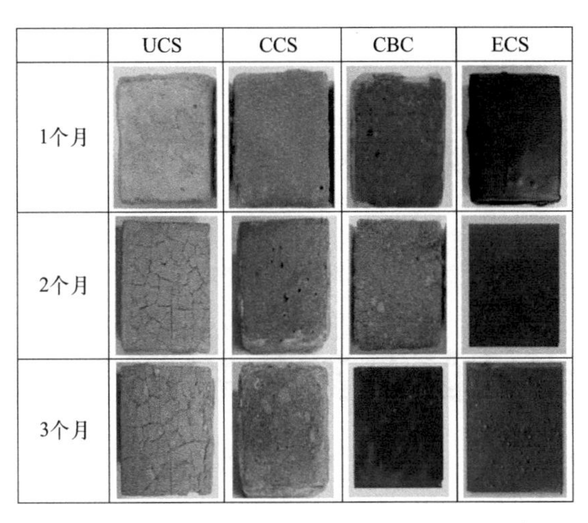

图 1-12 水泥浆体暴露于污水后的表面形貌

短、毒性等。此外，涂层容易产生酸和细菌的渗透，导致基材被腐蚀并被破坏粘结。在某些情况下，涂层材料损害了混凝土的透气性，可能会导致起泡和涂层失效。

第2章

硫氧化细菌及其生物膜

2.1 材料制备与微生物培养

2.1.1 水泥基材料的制备

1. 砂浆

水泥：唐山市丰润区顺鑫水泥有限公司生产的P·O 42.5普通硅酸盐水泥，其化学成分见表2-1；河砂：细度模数为2.5，级配合理的中砂；水：自来水。按照配合比为水∶水泥∶砂＝0.5∶1∶2的比例，使用砂浆搅拌机将原料搅拌混合，将新拌砂浆放入尺寸为40mm×40mm×160mm的试件磨具中，在荡台上振荡30s，并将表面抹平，铺上塑料保鲜膜，在室温下养护1d拆模，之后将试件放在20℃水中养护28d后进行试验。

水泥化学成分含量表（%）　　表2-1

元素	Si	Al	Mg	Ca	O	C	Fe	S	K	其他
含量	8.02	2.82	2.23	41.27	38.06	2.02	1.94	1.18	0.90	1.56

2. 混凝土

水泥：唐山市丰润区顺鑫水泥有限公司普通硅酸盐水泥P·O 42.5。

砂子：细度模数为2.5的天然河砂。

减水剂：萘系高效减水剂。

拌合水：试验室干净自来水。

混凝土水灰比为0.33，配合比见表2-2。试样采用一次投料法，将骨料、水泥投入自动搅拌机内干拌30s，然后加入水、减水剂搅拌3min后出料，湿样装入40mm×40mm×160mm模具中，采用平板振动器振动成型。试样成型后，用塑料薄膜覆盖，防止水分蒸发，24h后拆模放置于（20±2)℃，湿度≥95%条件下养护。

配合比（kg/m^3） 表 2-2

成分	水泥	砂子	拌合水	减水剂
含量	798	1198	260	7.98

2.1.2 微生物培养方法

1. 普通培养基中微生物培养

本试验采用的腐蚀微生物为硫氧化细菌，培养基成分如表 2-3 所示。根据前期对微生物培养方法的探究，硫氧化细菌以无菌环境下以 2%接种量加入灭菌冷却后的培养基，置于 30℃、150r/min 转速的恒温振荡培养箱中培养 4d，此时的硫氧化细菌进入繁殖对数期，微生物含量满足静置腐蚀试验要求，而硫氧化细菌的生长周期约为 16d。因此，腐蚀试验的菌液每隔 12d 更替一次。

培养基成分（g/L） 表 2-3

成分	K_2HPO_4	KH_2PO_4	$(NH_4)_2SO_4$	$MgSO_4$	$MnSO_4$	$CaCl_2$	$FeCl_3$	$Na_2S_2O_3$
含量	4	4	0.1	0.1	0.02	0.1	0.02	10

2. 人工海水培养基中微生物培养

本试验根据天津市塘沽区的海水基本成分，配置人工海水培养基，如表 2-4 所示。所采用的腐蚀微生物为硫氧化细菌，以 2%（体积分数）接种到高温灭菌后的人工海水培养基中，并加入 2%（体积分数）的 $NaHCO_3$ 溶液促进硫氧化细菌生长，然后置于恒温振荡培养箱（温度 30℃，转速 150r/min）中振荡培养 4d，根据前期海水环境中硫氧化细菌的生长繁殖特性研究，为了保持海水中细菌浓度稳定在 $n\times10^8$cell/mL（$1\leqslant n<10$），试验装置中的人工海水每 15d 更换一次。

人工海水培养基成分（g/L） 表 2-4

组分	质量	组分	质量
NaCl	21.00	$CaCl_2$	0.03
$MgCl_2$	2.54	$MnSO_4$	0.02
$MgSO_4$	1.54	$Na_2S_2O_3$	6.00
$CaSO_4$	2.43	KH_2PO_4	1.80
$CaCO_3$	0.10	$FeCl_3$	0.02
$(NH_4)_2SO_4$	0.10		

3. 人工污水培养基中微生物培养

将硫氧化细菌按 2%接种到灭菌污水培养基中并且每 350mL 培养基加入 7mL 碳酸氢钠溶液以促进细菌生长，摇床 30℃振荡培养（转速为 150r/min），培养 4d 后获得试验所需菌液。之后将所需菌液注入试验装置中，浸没试件一半，每隔 15d 更换一次液体。试验污水取自天津市西青区污水处理厂初沉池。1L 灭菌污水培养基成分如表 2-5 所示，其中污水指标如表 2-6 所示。

污水培养基成分 表 2-5

组分	K_2HPO_4	KH_2PO_4	$(NH_4)_2SO_4$	$MgSO_4$	$MnSO_4$	$CaCl_2$	$FeCl_3$	$Na_2S_2O_3$	污水
含量	4g	4g	0.1g	0.1g	0.02g	0.1g	0.02g	10g	1000mL

污水指标 表 2-6

污水指标	pH 值	COD(mg/L)	NH_3-N(mg/L)	TP(mg/L)	SS(mg/L)
数值	6.8	204	74	26	184

2.2 硫氧化细菌的生长特性

2.2.1 培养基中硫氧化细菌的生长特性

目前国内对于 MICC 问题的研究多采用污水管道的强化污泥作为模拟微生物腐蚀用的介质，这样处理的优点是能加快对混凝土的腐蚀破坏，在试验室环境下能够大大缩短试验时间，然而强化污泥中含有较多的微生物种类，且污泥的 pH 值、营养物质等环境不能保持一致，这些都会影响优势微生物的变化以及主要微生物的腐蚀效果，因此所得到的试验结果是一种宏观的、宽泛的微生物腐蚀作用，而无法清晰界定腐蚀破坏过程所占主导的菌种及其腐蚀机理。因此，本章通过国内外的文献选取硫氧化细菌作为单一腐蚀微生物，拟通过外部环境因素（包括温度、pH 值、反应底物）、自身硫氧化和生物膜基因等方面，探究硫氧化细菌的生长特性。

1. 环境特性

查阅大量文献发现，硫氧化细菌为好氧菌，且受生长环境影响，其氧化特性具有明显差异，进而对混凝土的腐蚀作用效果也不一样。为了了解硫氧化细菌对混凝土的腐蚀破坏机制，首先需要了解硫氧化细菌的最佳生长条件，本试验从生长温度、培养基的初始 pH 值以及反应底物种类和掺量等方面进行探究，研究内容包括一个生长周期内的 pH 值变化、SO_4^{2-} 浓度变化以及生长曲线。

（1）温度影响

将高温高压灭菌后的培养基按 2%浓度接种硫氧化细菌后，分别在不同温度下的恒温震荡培养箱中培养一个生长周期（15d），每隔 1d 测试溶液的 OD_{600} 值以及 pH 值，结果分别如图 2-1 和图 2-2 所示，每隔 2d 测试溶液中 SO_4^{2-} 浓度，结果如图 2-3 所示。

由图 2-1 的 OD_{600} 生长曲线可知，硫氧化细菌在 30℃环境下的生长情况最好，OD_{600} 的生长曲线均高于其他温度环境，微生物含量在第 8d 达到最大值（0.668）。当培养温度升高至 35℃或降低至 20℃和 25℃时，OD_{600} 生长曲线均有不同程度的降低，且温度越低，OD_{600} 值下降越明显，原因是温度过高或过低的环境均对硫氧化细菌的活性有影响，抑制其生长。

从图 2-2 的 pH 值变化曲线可以看出，硫氧化细菌在不同的温度下生长，对溶液的 pH 值影响不大，溶液的 pH 值均由初始的 6.5 上升至 7.5 左右并维持稳定，原因是硫氧化细菌的代谢产物为硫酸钠，而非生物硫酸，硫酸钠水溶液呈弱碱性，因而说明单一硫氧

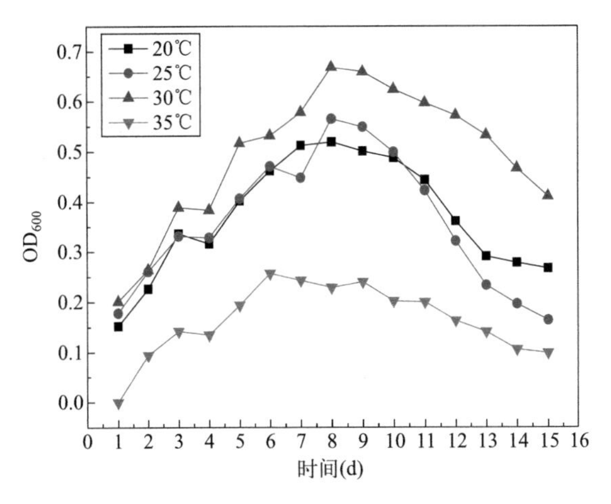

图 2-1 不同温度下的生长曲线

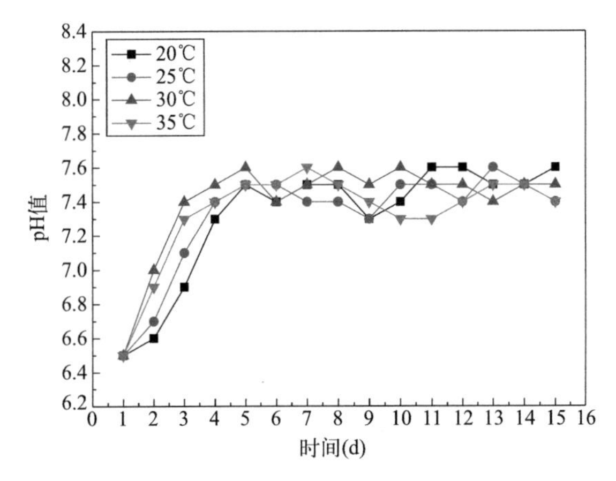

图 2-2 不同温度下的 pH 值变化

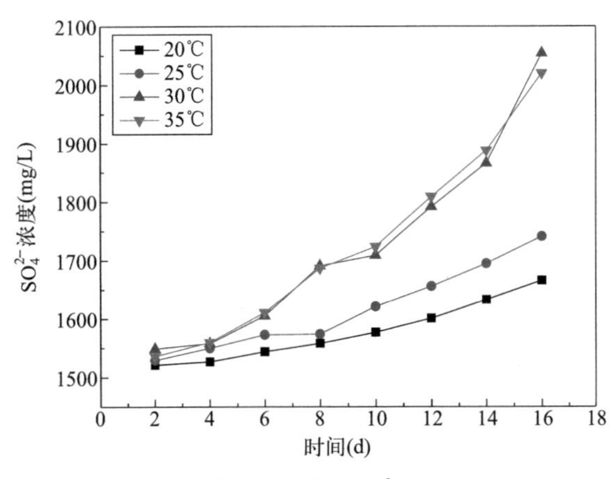

图 2-3 不同温度下的 SO_4^{2-} 浓度变化

化细菌的腐蚀环境与实际污水管道环境不同。

从图 2-3 可以看出，SO_4^{2-} 浓度随着天数的增加而不断增加，原因是硫氧化细菌在生长过程中不断利用反应底物，将硫代硫酸钠转化为 SO_4^{2-}，而硫氧化细菌在 30℃环境下，

转化形成的 SO_4^{2-} 浓度明显高于其他温度下，是因为硫氧化细菌在 30℃的微生物繁殖更好，活性更高，将反应底物氧化成 SO_4^{2-} 的能力更强。

（2）初始 pH 值影响

用 1mol/L 的稀盐酸和 2mol/L 的氢氧化钠分别将培养基调节至 pH 值为 4、5、6、7、8、9，经高温高压灭菌后按 2%浓度接种硫氧化细菌，放置在 30℃恒温震荡培养箱中培养一个生长周期（15d），每隔 1d 测试溶液的 OD_{600} 值以及 pH 值，结果分别如图 2-4 和图 2-5 所示，每隔 2d 测试溶液中 SO_4^{2-} 浓度，结果如图 2-6 所示。

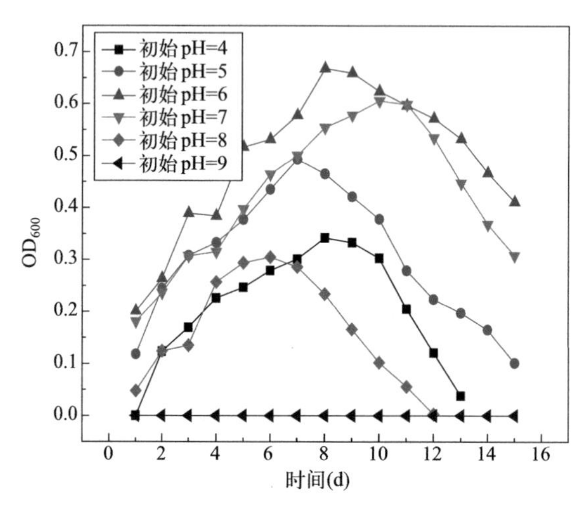

图 2-4　不同初始 pH 值下的生长曲线

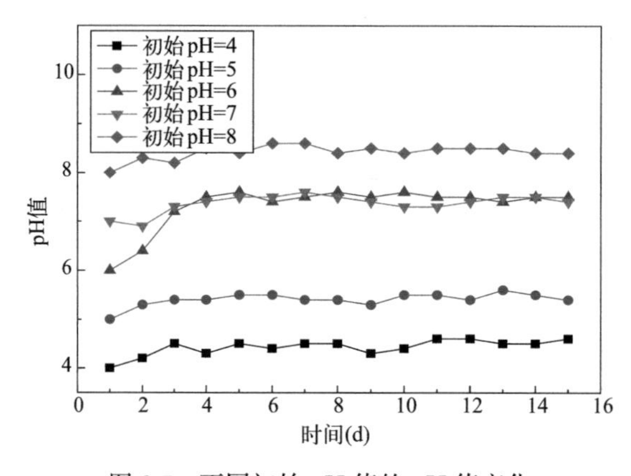

图 2-5　不同初始 pH 值的 pH 值变化

由图 2-4 的 OD_{600} 生长曲线可知，硫氧化细菌在初始 pH 值为 6 或 7 时生长情况最好，OD_{600} 的最大值在第 8d 后出现，均超过了 0.6，而当初始 pH 值为弱酸或弱碱性时，硫氧化细菌的生长曲线均低于中性环境，OD_{600} 的最大值均不超过 0.5，说明硫氧化细菌更适宜在中性环境下生长，而当初始 pH 值超过 9 时，硫氧化细菌不生长。

从图 2-5 的 pH 值变化趋势可以看出，当初始 pH 值为酸性，即 4 和 5 时，pH 值没有明显变化，仍保持为酸性，原因是培养基中的反应底物为硫代硫酸钠，硫代硫酸钠在酸性环境下不稳定，会发生歧化反应：$2H^+ + S_2O_3^{2-} \rightleftharpoons S\downarrow + SO_2\uparrow + H_2O$，$SO_2$ 微溶于水，因而溶液中的 SO_4^{2-} 较少，溶液的 pH 值仍为弱酸性；当初始 pH 值为中性，即 6 或 7 时，pH 值略微升高至 7.5 左右；当初始 pH 值为 8 时，溶液 pH 值仍保持在 8 左右，原因是硫代硫酸钠在中性和碱性环境下发生氧化反应：$2Na_2S_2O_3+3O_2 \rightleftharpoons 2Na_2SO_4+2SO_2\uparrow$，而 Na_2SO_4 的水解使后期溶液的 pH 值呈弱碱性。

从图 2-6 可以看出，当初始 pH 值为 6 时，溶液中最高 SO_4^{2-} 浓度为 2054mol/L；当初始 pH 值为 7 时，溶液中最高 SO_4^{2-} 浓度为 2020mol/L，相差不大；而当初始 pH 值为 8 时，溶液中的 SO_4^{2-} 浓度有所降低，溶液中最高 SO_4^{2-} 浓度为 1819mol/L，原因是硫氧化细菌在碱性环境下生长较差，因而代谢产生的 SO_4^{2-} 减少，当初始 pH 值为酸性时，溶液中的 SO_4^{2-} 浓度较低，原因是硫氧化细菌在弱酸性环境下生长较差且硫代硫酸钠的水解产物为硫单质沉淀。

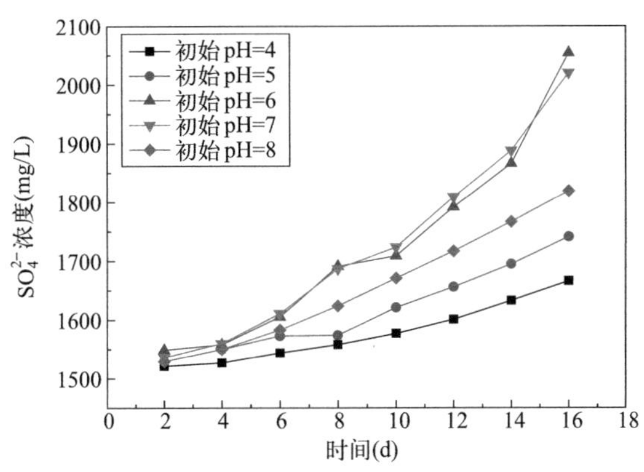

图 2-6 不同初始 pH 值的 SO_4^{2-} 浓度变化

(3) 反应底物种类影响

选择硫代硫酸钠（$Na_2S_2O_3$）、亚硫酸钠（Na_2SO_3）、硫化钠（Na_2S）三种硫源作为反应底物，分别配置等摩尔质量的硫源培养基，经高温高压灭菌后用 1mol/L 的稀盐酸调节至 pH 值为 6.5，再按 2%浓度接种硫氧化细菌，放置在 30℃恒温震荡培养箱中培养一个生长周期（15d），每隔 1d 测试溶液的 OD_{600} 值以及 pH 值，结果分别如图 2-7、图 2-8

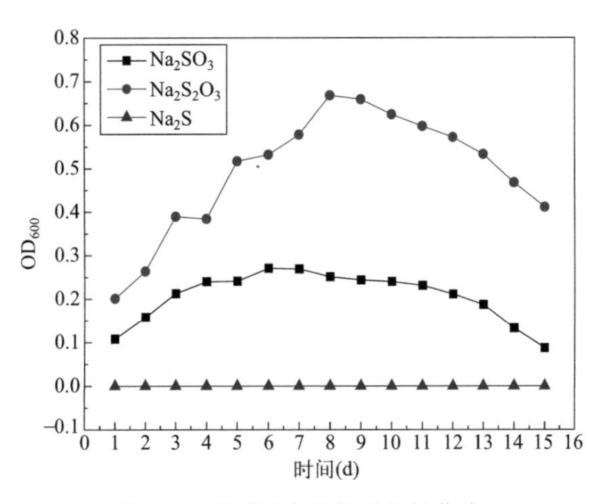

图 2-7 不同反应底物的生长曲线

所示。此外，每隔 2d 测试溶液中 SO_4^{2-} 浓度，结果如图 2-9 所示。

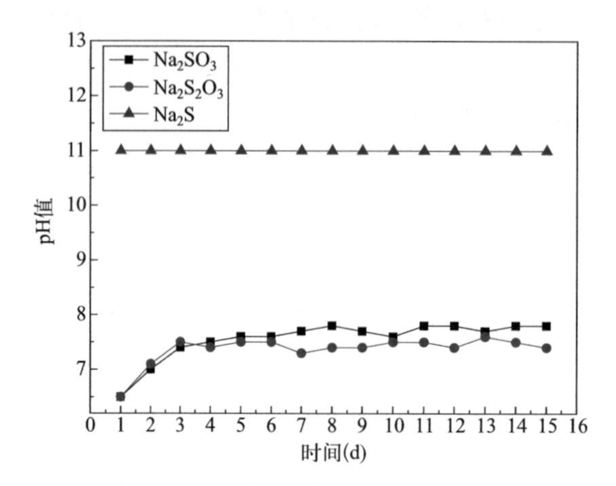

图 2-8　不同反应底物的 pH 值变化

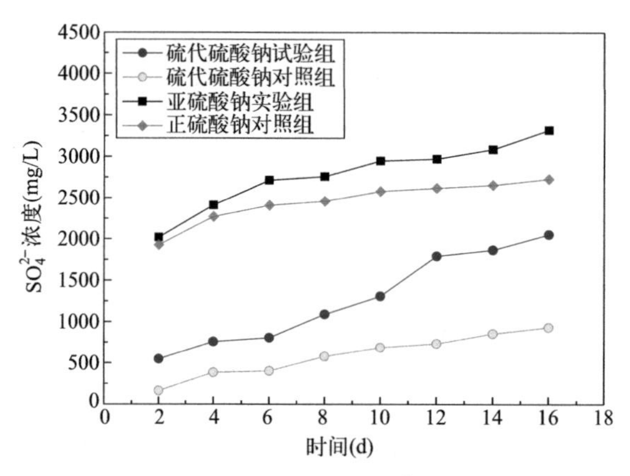

图 2-9　两种反应底物的 SO_4^{2-} 浓度变化

由图 2-7 的 OD_{600} 生长曲线可知，硫氧化细菌在硫代硫酸钠为反应底物时生长最好，OD_{600} 最大值达到 0.668。在亚硫酸钠为反应底物时生长较差，OD_{600} 最大值仅为 0.271，而硫氧化细菌在硫化钠为反应底物的环境下不能生长，说明硫氧化细菌最适宜在硫代硫酸钠环境下生长，亚硫酸钠次之，而在硫化钠环境下不生长。

从图 2-8 的 pH 值可以明显看出，当反应底物为硫代硫酸钠时，溶液的 pH 值在 7.5 左右，当反应底物为亚硫酸钠时，溶液的 pH 值在 7.8 左右，原因是当反应底物为硫代硫酸钠时发生氧化反应：$2Na_2S_2O_3+3O_2 \rightleftharpoons 2Na_2SO_4+2SO_2\uparrow$，当反应底物为亚硫酸钠时发生氧化反应：$2Na_2SO_3+O_2 \rightleftharpoons 2Na_2SO_4$，而硫酸钠水溶液呈弱碱性，且亚硫酸钠试验组的 pH 值更高的原因是 SO_3^{2-} 更容易发生自然氧化形成 SO_4^{2-}；而当反应底物为硫化钠时溶液的 pH 值为 11，原因是 Na_2S 水解形成 NaOH，如反应式为：$Na_2S+H_2O \rightleftharpoons NaOH+NaHS$；$NaHS+H_2O \rightleftharpoons NaOH+H_2S$，因此溶液呈高碱性，不适应硫氧化细菌的生长。

从图 2-9 的 SO_4^{2-} 浓度变化看出，不论是硫代硫酸钠还是亚硫酸钠为底物时，均存在自然氧化和生物氧化两种途径形成 SO_4^{2-}，其中以硫代硫酸钠为底物时，试验组 SO_4^{2-} 浓

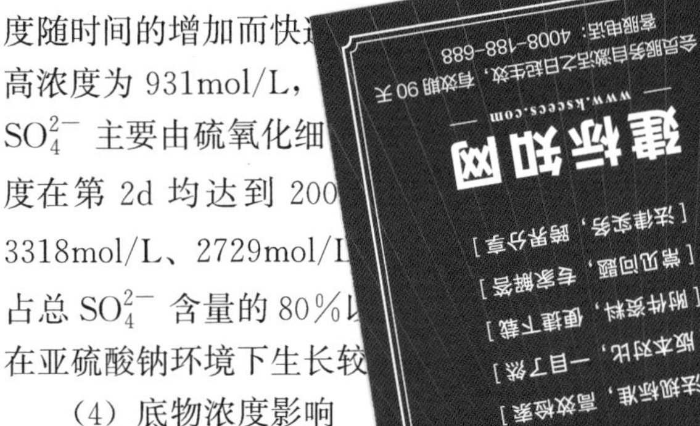

度随时间的增加而快…… ，而对照组 SO_4^{2-} 浓度增长缓慢，最高浓度为 931mol/L，……代硫酸钠为反应底物时，所形成的 SO_4^{2-} 主要由硫氧化细……物时，试验组和对照组的 SO_4^{2-} 浓度在第 2d 均达到 200……度的增长缓慢，最高浓度分别为 3318mol/L、2729mol/L……氧化，且反应较快，所形成 SO_4^{2-} 占总 SO_4^{2-} 含量的 80%以…… 的贡献较少，因而硫氧化细菌在亚硫酸钠环境下生长较……

（4）底物浓度影响

分别配置 5g/L、10g/……钠为反应底物的培养基，经高温高压灭菌后用 1mol/L 的稀……2%浓度接种硫氧化细菌后放置在 30℃恒温震荡培养箱中培……1d 测试溶液的 OD_{600} 值以及 pH 值，结果分别如图 2-10 ……

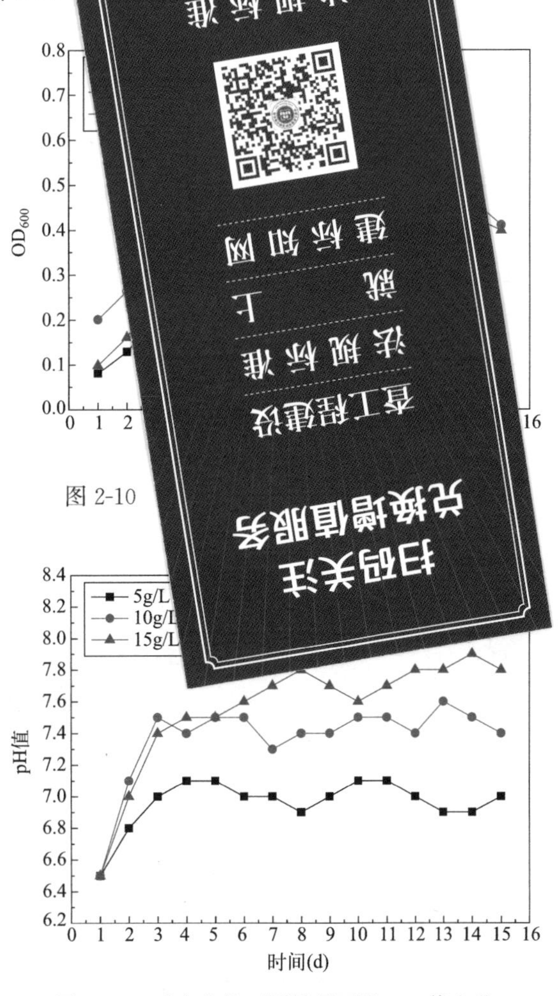

图 2-10

图 2-11 反应底物不同掺量下的 pH 值变化

由图 2-10 的 OD_{600} 生长曲线可知，硫氧化细菌生长的最佳硫代硫酸钠掺量为 10g/L，OD_{600} 在第 8d 后达到最大值（0.668），当硫代硫酸钠的掺量增长为 15g/L 时，虽然生长曲线大致趋势一致，但 OD_{600} 的最大值为 0.555，说明并非反应底物的掺量越高硫氧化细菌的生长越好，当硫代硫酸钠的掺量减少为 5g/L 时，硫氧化细菌的生长曲线降低明显，OD_{600} 在第 7d 达到最大值，仅为 0.473，说明当反应底物的掺量较低时，也影响硫氧化细菌的正常生长。

从图 2-11 可以看出，溶液的 pH 值与硫代硫酸钠的掺量有关，当掺量为 5g/L 时，溶液的 pH 值在 7.0～7.2，当掺量为 10g/L 时，溶液的 pH 值在 7.4～7.6，当掺量为 15g/L 时，溶液的 pH 值在 7.6～7.9，说明溶液中的硫酸根离子一部分来源于硫氧化细菌的代谢，另一部分来源于硫代硫酸钠的自然水解，当含量更高时，其自然水解形成的 OH^- 贡献较多，使得溶液 pH 值升高。

2. 自身特性

硫氧化细菌之所以能够对混凝土造成腐蚀作用，主要是因为其能够附着在混凝土表面形成生物膜，并利用自身的硫氧化特性将环境中的硫源转化为腐蚀性介质 SO_4^{2-} 或生物硫酸，因此有必要弄清其硫氧化特性及其生物膜形成过程，从自身生物角度去揭示硫氧化细菌的腐蚀机理。

(1) 生物膜

1) 成分

将两种反应底物所培养的菌液分别浸泡混凝土试样，随着浸泡龄期的增加，两组混凝土表面均出现附着产物，为了弄清两组混凝土试样表面的附着产物的组成成分，采用红外光谱（IR）对其官能团进行测定。由于不可控原因，仅对硫代硫酸钠试验组的混凝土表面附着物进行分析，结果如图 2-12 所示。

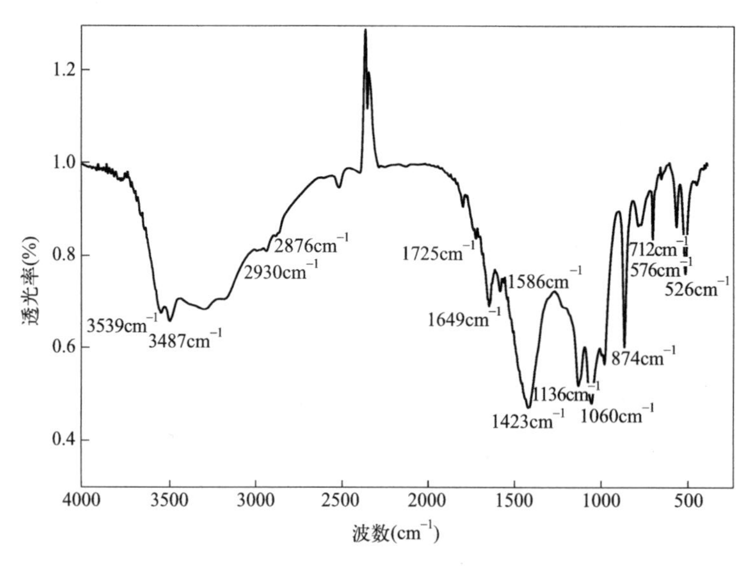

图 2-12　硫代硫酸钠组附着物质的红外吸收光谱

从图 2-12 可以看出，首先在 $3539cm^{-1}$ 和 $3487cm^{-1}$ 的特征峰可能来自—OH 的延伸，通常在碳水化合物和蛋白质中存在，这些峰也可能是由于 N—H 延伸所致，烷基主要由 $2930cm^{-1}$ 和 $2876cm^{-1}$ 处出现的 C—H 拉伸振动峰和 $1423cm^{-1}$ 处出现的 C—H 弯曲引起，这些基团存在于所有有机分子中，包括脂质、碳水化合物和蛋白质。$1649cm^{-1}$

和 1586cm^{-1} 处的显著峰与蛋白质中酰胺键的 C═O 延伸相符，因为蛋白质中含有大量酰胺，而在较低的波长区域，发现更多的峰与特定分子的存在一致，如 712cm^{-1} 是 NH_2 面内摇摆振动峰；在 1136cm^{-1} 处是环上 C—O 的吸收峰，874cm^{-1} 处存在 α 型糖苷键的特征吸收峰，576cm^{-1} 和 526cm^{-1} 处的吸收峰是 C═C 变形振动，说明该物质存在脂类多糖；在 1136～1060cm^{-1} 处的峰与羟基或羧酸中 C—O 键的拉伸振动一致，后者在碳水化合物中含量最高，在蛋白质中也很常见；1725cm^{-1} 是嘧啶中 C═O 的伸缩振动，1060cm^{-1} 是 PO_2^- 的对称伸缩振动，因而可以推测是属于核酸的特征吸收峰。综上，可以推测硫代硫酸钠组混凝土表面的附着产物应该是硫氧化细菌的生物膜，且其主要成分是多糖、蛋白质以及膜内微生物。

2）厚度

采用超景深显微镜每隔 15d 对生物膜厚度进行测量，其变化过程如图 2-13 所示。其中 A 组为硫代硫酸钠试验组，B 组为亚硫酸钠试验组。

观察图 2-13(A) 组可知：硫代硫酸钠组在 15d 时，混凝土试样表面的生物膜厚度约为 0.35mm，且厚度随着龄期的增加而不断增长，当龄期分别达到 30d、45d、60d、75d、90d 时，混凝土表面的生物膜厚度分别达到 0.50mm、0.78mm、1.21mm、1.55mm、1.76mm；观察图 2-13(B) 组可知：亚硫酸钠组在 15d 时，混凝土试样表面未观察到有附

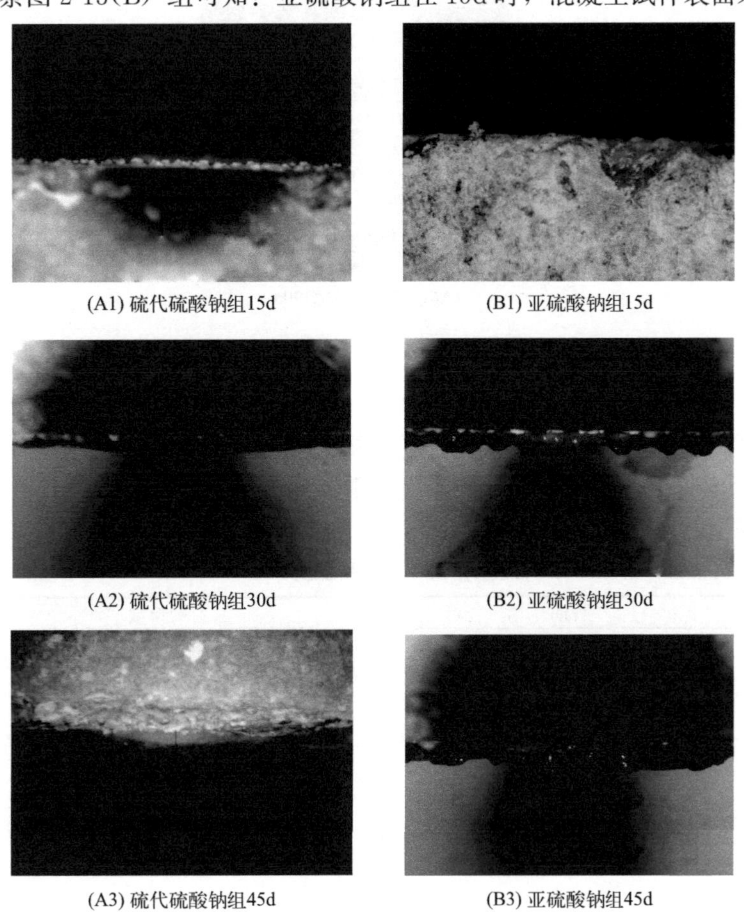
(A1) 硫代硫酸钠组15d　(B1) 亚硫酸钠组15d
(A2) 硫代硫酸钠组30d　(B2) 亚硫酸钠组30d
(A3) 硫代硫酸钠组45d　(B3) 亚硫酸钠组45d

图 2-13　生物膜厚度变化（一）

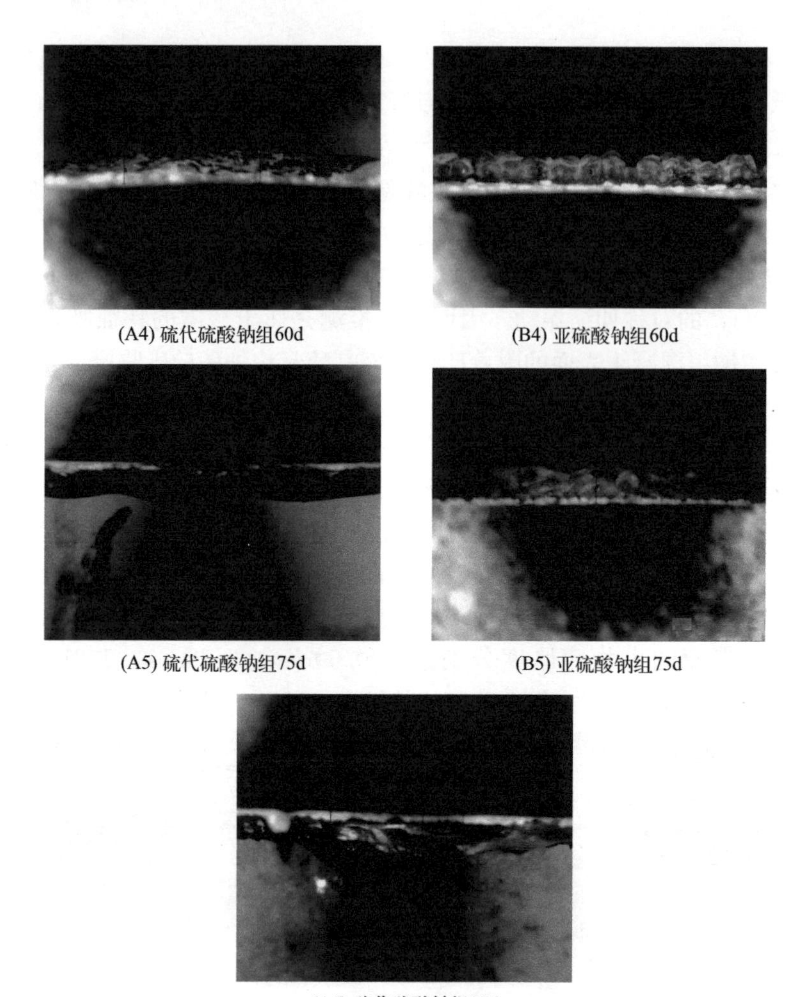

(A4) 硫代硫酸钠组60d　(B4) 亚硫酸钠组60d

(A5) 硫代硫酸钠组75d　(B5) 亚硫酸钠组75d

(A6) 硫代硫酸钠组90d

图 2-13　生物膜厚度变化（二）

着物，在 30d 时出现淡黄色凹凸起伏棉花状的附着产物，从外观形貌上推测附着产物为硫酸钠晶体，厚度约为 0.67mm，随后附着产物的厚度不断增长，当龄期分别达到 45d、60d、75d 时，混凝土表面的附着产物厚度分别达到 0.96mm、1.33mm、1.66mm，两组附着物质的变化趋势如表 2-7 所示。

各龄期附着产物变化趋势（mm）　　**表 2-7**

组别	龄期	厚度	增长量	增长率
$Na_2S_2O_3$	15d	0.35	—	—
	30d	0.50	0.15	43%
	45d	0.78	0.28	56%
	60d	1.21	0.43	55%
	75d	1.55	0.34	28%
	90d	1.76	0.21	14%
Na_2SO_3	15d	0.00	—	—
	30d	0.67	0.67	—
	45d	0.96	0.29	43%
	60d	1.33	0.37	38%
	75d	1.66	0.33	25%

从表2-7可以看出，硫代硫酸钠试验组的硫氧化细菌生物膜在60d前的增长量递增，每15d的增长量为0.15mm、0.28mm、0.43mm，增长率分别为43%、56%、55%，而60d后的增长速率开始降低，每15d的增长量为0.34mm、0.21mm，增长率分别为28%、14%，可见生物膜在60d快速增长，当形成一定厚度后其增长变缓，趋于稳定；而亚硫酸钠试验组混凝土表面的硫酸盐晶体从30d起每15d的增长量为0.29mm、0.37mm、0.33mm，增长率分别为43%、38%、25%，虽然其增长率在下降，但每15d的增长量均保持在0.2mm以上，以相对平稳的趋势在增加。

（2）硫氧化细菌基因表达

目前，对于硫氧化细菌的代谢途径普遍认为：硫氧化细菌在Sox酶的作用下将硫代硫酸盐底物转化为SO_4^{2-}，即首先在SoxA酶作用下将$S_2O_3^{2-}$转化为中间态S—S—SO_3，再通过SoxY、SoxZ、SoxB酶催化形成最终产物SO_4^{2-}，如图2-14所示。然而，经全基因组测序发现本试验采用的硫氧化细菌还存在*sseA*、*soeA*，*soeB*等其他硫氧化的特殊基因，因而或许还存在其他的代谢途径。因此，为了探究硫氧化细菌完整的代谢途径，探究其在不同反应底物环境下的硫氧化特性以及形成生物膜的难易程度，本试验采用了实时定量PCR（Quantitative Real-time PCR）技术进行分析。实时定量PCR是一种对微生物总RNA反转录成DNA，并以此为模板进行扩增，以荧光化学物质测试特定DNA序列的定量分析方法，能够从本质上探究硫氧化细菌的腐蚀机制。

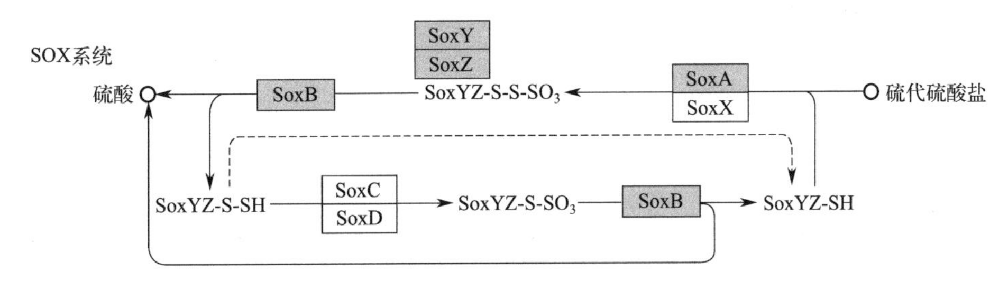

图2-14 硫氧化细菌的一般代谢途径

1）硫氧化基因表达

图2-15为硫氧化细菌对不同硫氧化基因的表达水平，其中*soxA*、*soxB*、*soxY*、*soxZ*为将$S_2O_3^{2-}$氧化成SO_4^{2-}的相关基因，*sseA*为将$S_2O_3^{2-}$氧化成SO_3^{2-}的相关基因，其qPCR表达水平如图2-15(a)所示，*soeA*、*soeB*为将SO_3^{2-}氧化为SO_4^{2-}的相关基因，其qPCR表达水平如图2-15(b)所示。

从图2-15(a)可以明显看出：*soxA*、*soxB*、*soxZ*、*soxY*基因在硫代硫酸钠培养条件下表达水平显著，约为亚硫酸钠培养条件下基本水平的120～160倍，说明*sox*基因在硫代硫酸钠为底物环境时能够充分表达，将$S_2O_3^{2-}$转化成SO_4^{2-}；而*sseA*基因在硫代硫酸钠培养条件下表达水平同样明显高于亚硫酸钠环境，为60～80倍，可以看出在硫代硫酸钠环境下，硫氧化细菌可以利用$S_2O_3^{2-}$转化为SO_3^{2-}；而从图2-15(b)可以看出，相比于亚硫酸钠环境，在硫代硫酸钠培养条件下的*soeA*及*soeB*基因表达水平更高，其中*soeA*基因表达水平较为显著，约为亚硫酸钠环境的180倍，*soeB*基因表达水平约为亚硫酸钠环境的6倍，说明*soe*基因在硫代硫酸钠环境下表达更活跃，更容易将$S_2O_3^{2-}$转化

来的 SO_3^{2-} 再转化为 SO_4^{2-}，而硫氧化细菌在亚硫酸钠环境下，*soe* 基因表达水平较低，说明硫氧化细菌直接将 SO_3^{2-} 转化为 SO_4^{2-} 的能力较低。

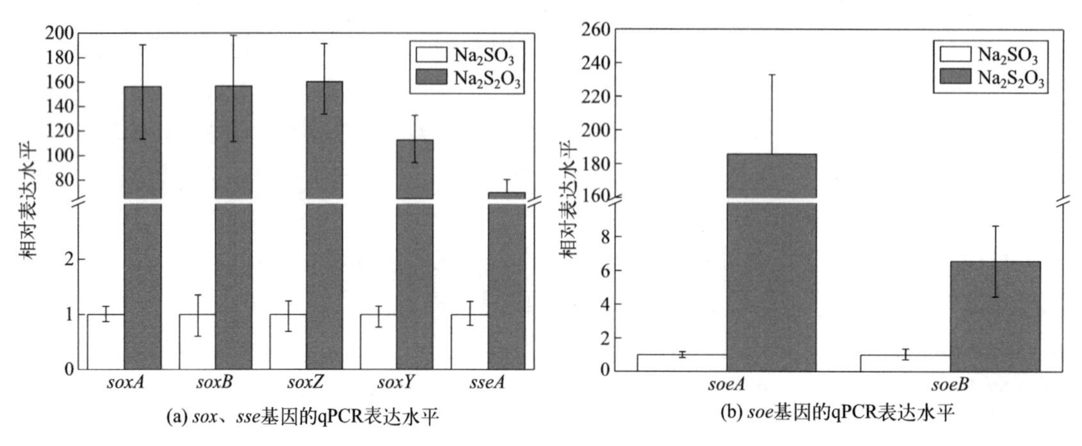

(a) *sox*、*sse*基因的qPCR表达水平
(b) *soe*基因的qPCR表达水平

图 2-15　相关硫氧化基因的 qPCR 表达情况

综上，从硫氧化细菌自身硫氧化基因在两种反应底物条件下的表达水平说明了该菌更适宜在硫代硫酸钠环境下生存并将 $S_2O_3^{2-}$ 转化为 SO_4^{2-}，虽然硫氧化细菌在亚硫酸钠环境下活性较低，但同样能够生长并将 SO_3^{2-} 氧化成 SO_4^{2-}。因此，得到了硫氧化细菌完整的代谢途径，如图 2-16 所示。

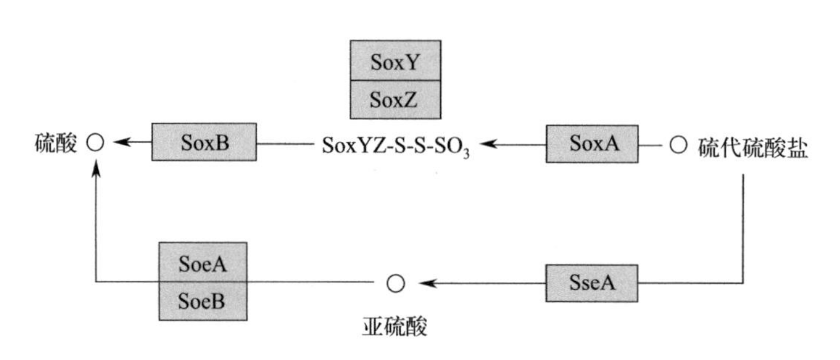

图 2-16　硫氧化完整代谢途径

其中在硫代硫酸钠环境下，硫氧化细菌有两条途径，分别为主要通路①：将 $S_2O_3^{2-}$ 直接转化为 SO_4^{2-}，这与目前国际公认的硫氧化细菌代谢途径相吻合，然而本试验硫氧化细菌还存在另一条通路②：$S_2O_3^{2-}$ 经 SseA 酶先转化为 SO_3^{2-}，再经 Soe 酶将 SO_3^{2-} 转化为 SO_4^{2-}。这条代谢途径证明了硫氧化细菌存在另外一种硫氧化特性，若硫氧化细菌在 *sox* 基因缺失的情况下，同样可以利用硫代硫酸盐经亚硫酸盐再转化为硫酸盐对混凝土造成腐蚀。此外，若仅给硫氧化细菌提供亚硫酸钠作为底物，还存在通路③：即直接将 SO_3^{2-} 转化为 SO_4^{2-}，但硫氧化细菌的 *soeA*、*soeB* 基因单一表达能力较差，需要在 *sox* 基因和 *sseA* 基因协同下才能表达，说明若环境中不含有硫代硫酸钠而仅有亚硫酸钠为营养物质，那么由硫氧化细菌代谢造成的腐蚀作用较低。

2）生物膜基因表达

图 2-17 为硫氧化细菌生物膜基因在两种反应底物下的表达水平，其中 *gacS*、

gacA、*mucR* 为硫氧化细菌生物膜的调控基因，其 qPCR 表达水平如图 2-17(a) 所示，*wza*、*gumC*、*epsF* 为硫氧化细菌生物膜的组分基因，其 qPCR 表达水平如图 2-17(b) 所示，而 *wcaJ* 属于多功能基因，在生物膜的调控和组分形成都发挥着重要作用。

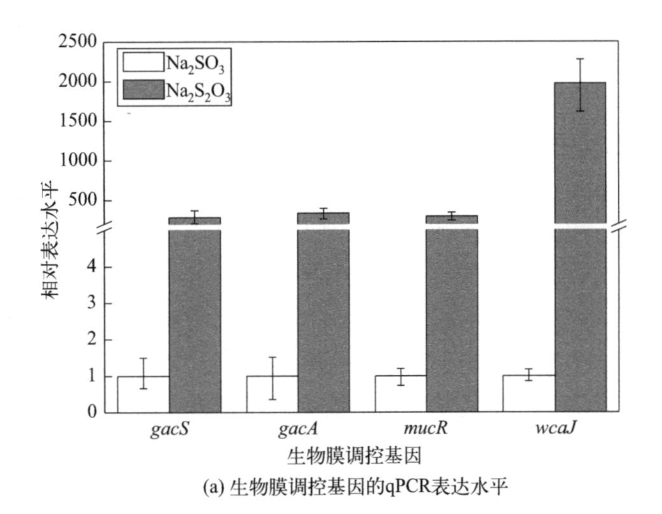

(a) 生物膜调控基因的qPCR表达水平

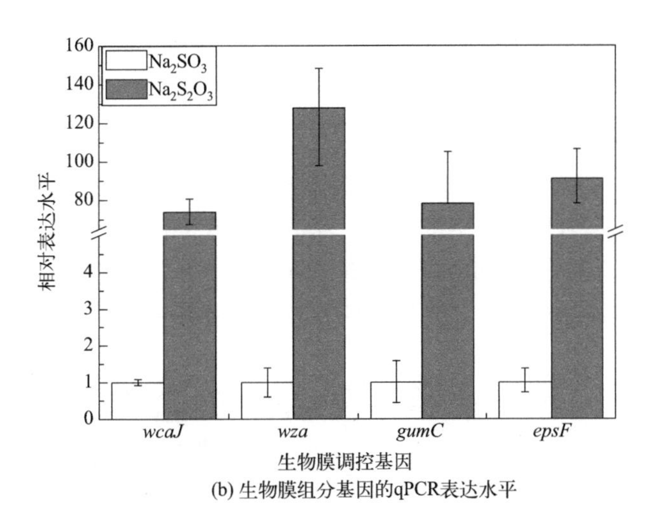

(b) 生物膜组分基因的qPCR表达水平

图 2-17 生物膜相关基因的 qPCR 表达情况

从图 2-17(a) 可以看出，相比于亚硫酸钠培养条件，在硫代硫酸钠环境下的生物膜调控基因表达水平显著上调，其中 *gacS*、*gacA*、*mucR* 基因的表达水平约为亚硫酸钠环境下的 300 倍，而 *wcaJ* 基因在生物膜的调控过程中表达水平约为亚硫酸钠环境下的 2000 倍，说明在硫代硫酸钠环境下更容易调控生物膜的形成。从图 2-17(b) 可以看出，相比于亚硫酸钠培养条件，在硫代硫酸钠环境下的生物膜组分基因的表达水平同样较为明显，其中 *wcaJ*、*wza*、*gumC*、*epsF* 基因分别上涨了 74 倍、128 倍、78 倍、91 倍，说明在硫代硫酸钠环境下生物膜相关组分的分泌水平更高。综上说明，硫氧化细菌在硫代硫酸钠环境下的生物膜调控基因和组分基因表达水平都明显高于亚硫酸钠环境，因而从分子生物学角度证明硫代硫酸钠为硫氧化细菌的最佳反应底物，且相比于亚硫酸钠作为反应底物更容易形成生物膜。

硫氧化细菌最适宜在温度为30℃、pH为中性、硫代硫酸钠掺量为10g/L的环境下生长，代谢产物为SO_4^{2-}，而非生物硫酸。通过对硫氧化细菌的基因表达得到完整代谢途径：在硫代硫酸钠环境下主要将$S_2O_3^{2-}$直接转化为SO_4^{2-}，还存在将$S_2O_3^{2-}$经SO_3^{2-}再转化为SO_4^{2-}的代谢途径，但硫氧化细菌直接将亚硫酸钠转化成SO_4^{2-}的能力较弱。

2.2.2 海水环境中硫氧化细菌的生长特性

目前，针对混凝土的微生物腐蚀研究，国内外多采用强化污泥作为试验室模拟污水腐蚀的介质，并针对污水中微生物的生长繁殖特性做了大量研究，然而海水是个复杂开放的大环境，从前研究人员往往选用的是包含多种复杂微生物的海水介质模拟腐蚀，无法很好界定海水中单一微生物菌种对材料所造成的影响，其生长繁殖规律无从知晓，且无法探明海水中存在何种营养物质可以促进单一菌种的生长及活性，进而对海水中的基础工程设施造成影响。

因此，本节选取海洋中的优势菌种（硫氧化细菌）作为单一腐蚀微生物，并通过改变菌液接种浓度、培养方式、底物种类和底物浓度四种细菌生长繁殖特性影响因素，以研究硫氧化细菌在海水中的生长繁殖特性。

1. 接种浓度

图2-18所示为不同菌液接种浓度（1%、2%、4%、6%）海水环境中硫氧化细菌的生长曲线。由图2-18发现，不同菌液接种浓度硫氧化细菌在生长周期内的繁殖数量整体呈先上升后下降，再回升继而下降的趋势。其中，菌液接种浓度为2%时，硫氧化细菌的生长繁殖浓度最高，其生长周期内可划为五个阶段：微生物延滞适应期、微生物快速繁殖期、微生物快速衰退期、微生物二次繁殖期和微生物最终衰亡期。

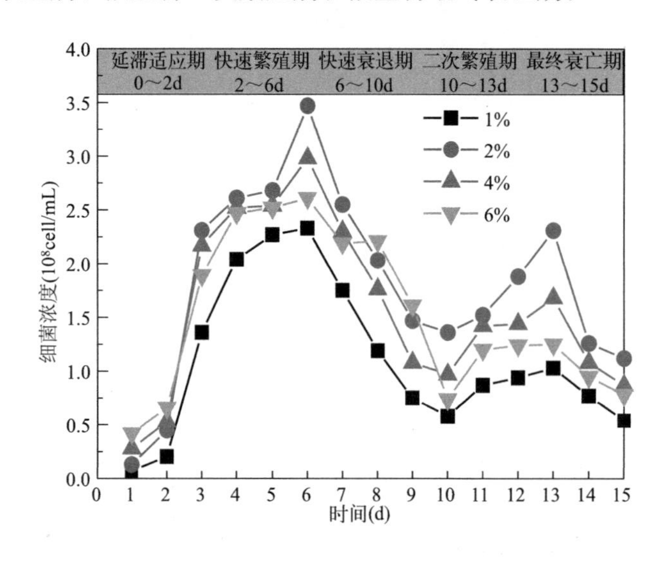

图2-18 不同菌液接种浓度海水环境中硫氧化细菌的生长曲线

0～2d时，硫氧化细菌接种到海水培养基溶液中还处于适应阶段，细胞分裂迟缓致使微生物生长繁殖缓慢增长，此阶段为微生物延滞适应期；2～6d时，硫氧化细菌逐渐适应海水培养基溶液环境，细胞开始快速分裂，生长繁殖速率显著增快，微生物浓度呈倍数增长，且6d时，四种不同菌液接种浓度（1%、2%、4%、6%）的海水培养基溶液中微生物浓度达到最高峰值，分别为2.33×10^{8}cell/mL、3.47×10^{8}cell/mL、2.98×10^{8}cell/mL和2.61×10^{8}cell/mL，此阶段为微生物快速繁殖期；6～10d时，由于海水培养基溶液中营养物质不断被细菌大量消耗，已无法满足硫氧化细菌的继续繁殖，此时生长繁殖呈负增长，微生物快速死亡，且10d时，不同菌液接种浓度（1%、2%、4%、6%）的海水培养基溶液中微生物浓度分别降低至0.58×10^{8}cell/mL、1.36×10^{8}cell/mL、0.97×10^{8}cell/mL和0.74×10^{8}cell/mL，此阶段为微生物快速衰退期；10～13d时，硫氧化细菌的浓度再次增长，主要是由于快速衰退期期间微生物大量衰减，致使海水培养基溶液中所剩的营养物质可以满足剩余存活微生物的生长繁殖，此阶段为微生物二次繁殖期；13～15d时，海水培养基溶液中的营养物质即将消耗殆尽，致使硫氧化细菌的浓度快速衰减，代谢活力减退，此阶段为微生物最终衰亡期。

2. 培养方式

图2-19所示为不同培养方式海水环境中硫氧化细菌的生长曲线。由图2-19发现，不同培养方式海水环境中硫氧化细菌的生长繁殖浓度有所不同，采用振荡培养方式时，硫氧化细菌生长繁殖的浓度要优于静置培养方式。两种培养方式微生物的生长繁殖变化一致，其中采用振荡培养方式时，微生物浓度最高可达到3.47×10^{8}cell/mL，而采用静置培养方式时，微生物浓度最高仅达到2.82×10^{8}cell/mL。造成上述现象的原因，一方面可能是由于振荡培养方式使得微生物与海水培养基溶液中的营养物质混合得更均匀所致；另一方面可能是由于硫氧化细菌为好氧微生物，振荡时海水培养基溶液中的溶解氧含量由于振动不断得到补充，从而使溶液中的溶解氧含量均高于静置培养方式，因此，所培养的硫氧化细菌浓度较高。

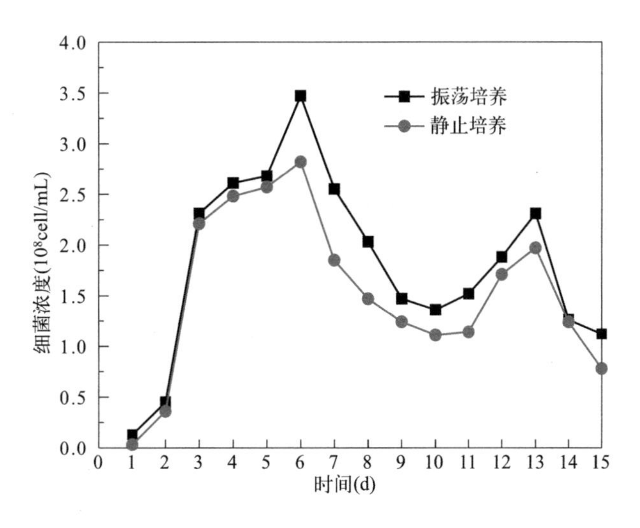

图2-19 不同培养方式海水环境中硫氧化细菌的生长曲线

3. 底物种类

图 2-20 所示为三种不同底物（$Na_2S_2O_3$、Na_2SO_3 和 Na_2S）海水培养基溶液。其中图 2-20(a) 和 (b) 所示分别为初始（0d）配置好没有接种硫氧化细菌的不同底物海水培养基溶液、硫氧化细菌接种浓度为 2%时培养（4d）后的不同底物海水培养基溶液。由图 2-20 发现，培养 4d 后的海水培养基溶液较没有接种硫氧化细菌的海水培养基溶液颜色均有所变化且溶液中有泡沫产生，其中以 $Na_2S_2O_3$ 和 Na_2SO_3 为底物的海水培养基由于发生氧化反应形成硫酸钠，此时溶液由初始的灰白色转变为奶白色，且以 $Na_2S_2O_3$ 为底物的海水培养基溶液上层的泡沫量较高，而以 Na_2S 为底物的海水培养基由于发生水解反应形成氢氧化钠，此时溶液初始的墨绿色褪去，且溶液没有泡沫产生。泡沫主要是由于硫氧化细菌培养过程中其呼吸作用所导致的，间接表明当底物为 $Na_2S_2O_3$ 时更适合硫氧化细菌的生长繁殖。

(a) 初始(0d)海水培养基溶液
（无菌）

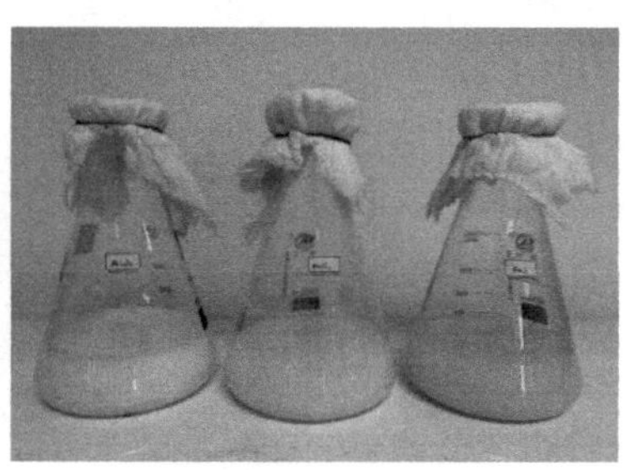

(b) 培养后(4d)海水培养基溶液
(内含2%接种浓度的硫氧化细菌)

图 2-20　不同底物海水培养基溶液

图 2-21 所示为不同底物海水环境中硫氧化细菌的 OD_{600} 值（反映细菌浓度在 600nm 处的光密度）变化。由图 2-21 发现，硫氧化细菌的 OD_{600} 值变化与微生物生长繁殖变化一致。此外，在 $Na_2S_2O_3$ 为底物时 OD_{600} 值最高，6d 时 OD_{600} 值达到最大值 2.429，此时生长繁殖浓度最高；在 Na_2SO_3 为底物时较 $Na_2S_2O_3$ 底物时 OD_{600} 值低很多，6d 时 OD_{600} 值最大值仅为 1.234；此外，硫氧化细菌在 Na_2S 为底物的海水环境下 OD_{600} 值变化不明显。

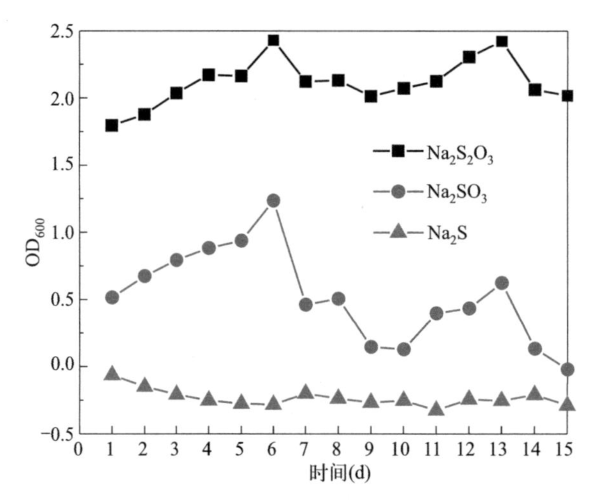

图 2-21　不同底物海水环境中硫氧化细菌的 OD_{600} 值变化

图 2-22 所示为不同底物海水环境中硫氧化细菌的平均尺寸。由图 2-22 发现，硫氧化细菌是一种呈杆状的微生物，不同底物（$Na_2S_2O_3$、Na_2SO_3 和 Na_2S）海水环境中，硫氧化细菌的平均尺寸由大到小分别是 3.07μm、2.09μm 和 2.07μm，结合图 2-21 可知，硫氧化细菌在 $Na_2S_2O_3$ 海水环境下生长繁殖最好，浓度较高，Na_2SO_3 次之，而在 Na_2S 海水环境下只有极少量硫氧化细菌的存在，不利于硫氧化细菌的生长繁殖。

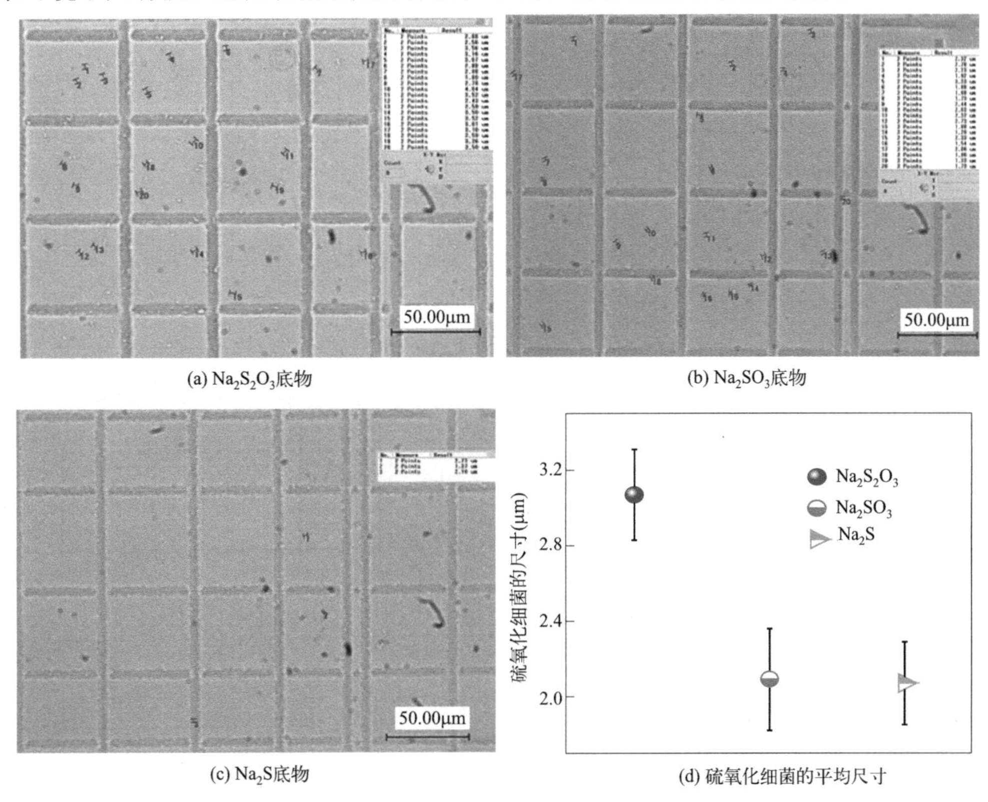

(a) $Na_2S_2O_3$底物　(b) Na_2SO_3底物　(c) Na_2S底物　(d) 硫氧化细菌的平均尺寸

图 2-22 不同底物海水环境中硫氧化细菌的平均尺寸

由于底物为 Na_2S 时不利于硫氧化细菌生长。因此，后续测试对其不做探究。图 2-23 所示为 $Na_2S_2O_3$ 和 Na_2SO_3 两种底物海水环境中 SO_4^{2-} 浓度变化。由图 2-23 发现，海水环境中底物为 $Na_2S_2O_3$ 时 SO_4^{2-} 浓度在生长周期内远高于底物为 Na_2SO_3 时 SO_4^{2-} 浓度。结果表明硫氧化细菌通过自身代谢作用将海水中的硫化合物转化为 SO_4^{2-}，$Na_2S_2O_3$ 为底物时的生物氧化 SO_4^{2-} 能力最强。

4. 底物浓度

图 2-24 所示为 $Na_2S_2O_3$ 底物的三种不同浓度（5g/L、10g/L 和 15g/L）海水培养基溶液。其中图 2-24(a) 和 (b) 所示分别为初始（0d）配置好没有接种硫氧化细菌的海水培养基溶液、硫氧化细菌接种浓度为 2%时培养后（4d）的不同底物浓度海水培养基溶液。由图 2-24 发现，不同底物浓度下硫氧化细菌的海水培养基溶液均由初始的灰白色转变为奶白色，且三种底物浓度下均有大量泡沫产生，泡沫是由硫氧化细菌生长繁殖时的代谢呼吸作用所致，结合溶液颜色变化，可发现当 $Na_2S_2O_3$ 底物浓度为 10g/L 时，颜色奶白纯正，泡沫量最大。因此，可初步判定 10g/L 底物浓度最利于硫氧化细菌的生长繁殖。

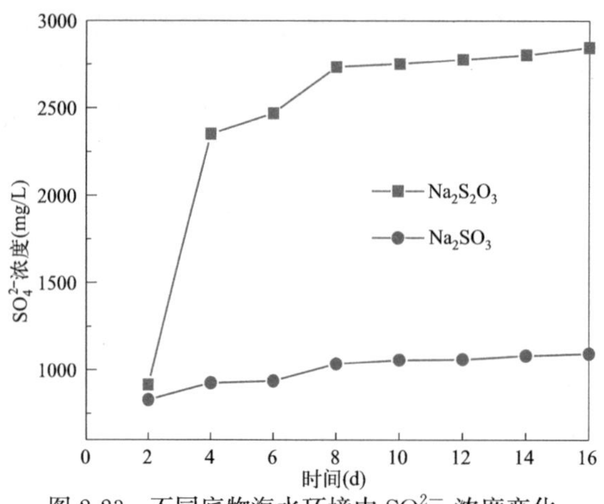

图 2-23　不同底物海水环境中 SO_4^{2-} 浓度变化

(a) 初始(0d)海水培养基溶液
(无菌)

(b) 培养后(4d)海水培养基溶液
(内含2%接种浓度的硫氧化细菌)

图 2-24　不同底物浓度（$Na_2S_2O_3$）海水培养基溶液

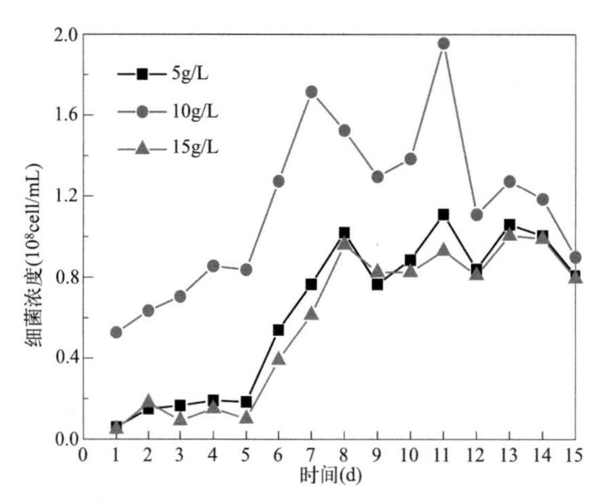

图 2-25　不同底物浓度（$Na_2S_2O_3$）海水环境中硫氧化细菌的生长曲线

图 2-25 所示为不同底物浓度（$Na_2S_2O_3$）海水环境中硫氧化细菌的生长曲线。由图 2-25 发现，三种底物浓度下硫氧化细菌的变化趋势近似，但并非底物浓度越高越好，

当 $Na_2S_2O_3$ 底物浓度为 10g/L 时，微生物浓度最佳，最高可达 1.96×10^8cell/mL，底物浓度为 5g/L 和为 15g/L 时，生长周期内微生物浓度接近，底物浓度为 5g/L 时略好。造成上述现象的原因是当底物浓度不充足时，硫氧化细菌受到饥饿腐蚀效应影响，彼此竞争激烈活性高，细胞分裂能力较强，而底物浓度过高时，海水培养基溶液中过度富营养化，生长环境相对安逸，不利于细胞分裂。因此，采用 $Na_2S_2O_3$ 底物浓度为 10g/L 最佳。

图 2-26 所示为不同底物浓度（$Na_2S_2O_3$）对海水环境中硫氧化细菌平均尺寸的影响。由图 2-26 发现，不同底物浓度（5g/L、10g/L 和 15g/L）海水环境中，硫氧化细菌的平均尺寸由大到小分别是 3.07μm、2.98μm 和 2.50μm，其中 $Na_2S_2O_3$ 底物浓度为 10g/L 时，最适宜硫氧化细菌的生长繁殖，15g/L 底物浓度次之，5g/L 底物浓度时硫氧化细菌平均尺寸最小。造成上述现象的原因是当底物浓度不充足时，虽然图 2-25 所示硫氧化细菌的数量较底物浓度充足时由于增强了细胞分裂能力，其生长繁殖浓度相对偏高，但由于硫氧化细菌彼此竞争激烈，无法达到最佳成熟状态后再分裂，致使其数量偏多但平均尺寸整体略低。

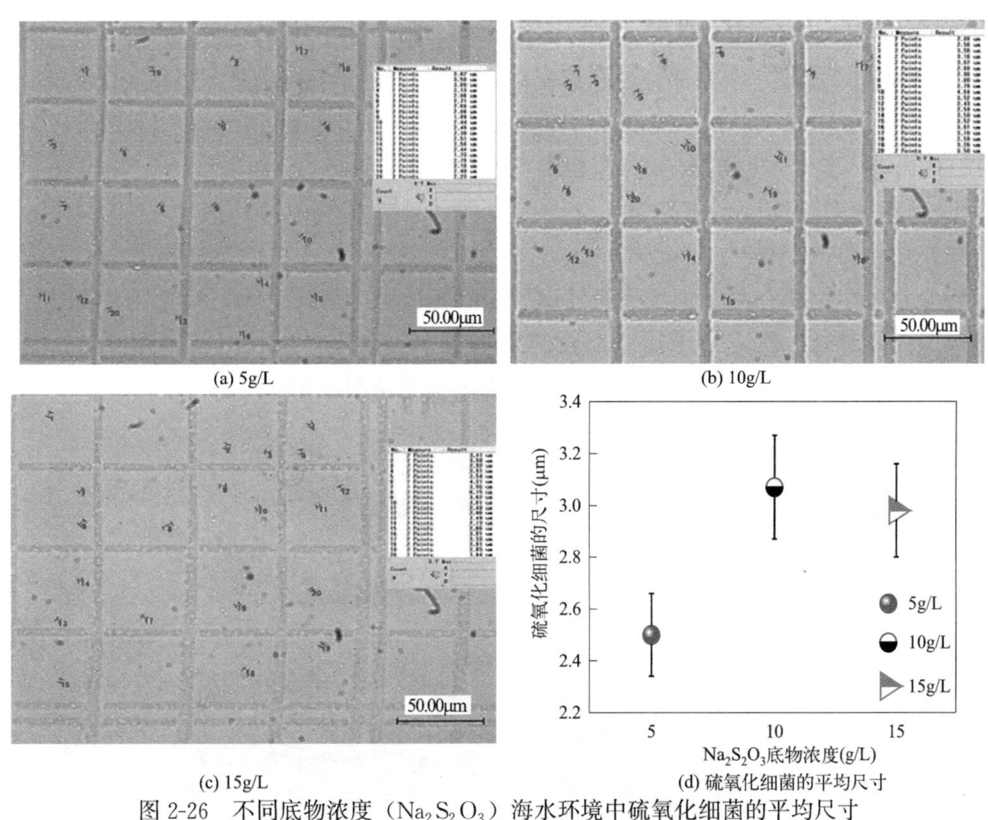

(a) 5g/L　(b) 10g/L　(c) 15g/L　(d) 硫氧化细菌的平均尺寸

图 2-26　不同底物浓度（$Na_2S_2O_3$）海水环境中硫氧化细菌的平均尺寸

本节系统研究了海水环境中细菌接种浓度、培养方式、底物种类及底物浓度四种影响因素对硫氧化细菌生长繁殖特性的影响。结果表明，硫氧化细菌是一种呈杆状的好氧微生物，能氧化海水中的硫化合物，代谢形成硫酸盐；以 2% 接种浓度、振荡培养方式、$Na_2S_2O_3$ 底物种类、10g/L 底物浓度的条件下最利于硫氧化细菌的生长繁殖，此时，海水中细菌浓度最大，代谢离子能力最强；硫氧化细菌以 15d 为一个生长周期，并可划分为五个阶段，分别是微生物延滞适应期、微生物快速繁殖期、微生物快速衰退期、微生物二次繁殖期和微生物最终衰亡期。

2.3 硫氧化细菌生物膜的生长特性

2.3.1 普通培养基中硫氧化细菌生物膜在混凝土表面的生长特性

生物膜不仅是微生物生长的外环境，还是外部环境与混凝土物质交换的过渡界面，在MICC中发挥着至关重要的作用。然而国内外的研究多集中于微生物的腐蚀特性或是对混凝土的劣化行为，对于微生物腐蚀混凝土中生物膜的作用及演变过程的研究相对较少。生物膜的生长过程包括：微生物的附着、胞外聚合物的分泌、生物膜的发展至成熟稳定、生物膜的脱落、新微生物的重新附着等多个阶段。然而微生物在混凝土表面的具体形成过程并不清晰。因此，本节拟从生物膜的形成过程、生物膜的组成含量变化、生物膜厚度及结构变化进行研究。首先通过生物膜在混凝土表面附着的外观演变过程，了解其各阶段的形貌特征。此外，生物膜的组成结构，包括不均匀性、高异质性等都影响着混凝土腐蚀的进程，因此本节还从生物膜组成成分（包括膜内微生物、多糖、蛋白质）的含量变化，干/湿厚度来探究生物膜形成过程的结构变化，从而进一步分析生物膜在腐蚀过程中发挥的作用。

1. 生物膜宏观演变特征研究

（1）生物膜的形貌

首先观测生物膜在混凝土表面的外观形貌演变过程，在观测前先对混凝土表面的杂质及游离微生物进行冲洗，再采用结晶紫染色剂对生物膜进行染色，结果如图 2-27 所示，其中 A 组为硫氧化细菌浸泡试验组，B 组为无菌培养基对照组。

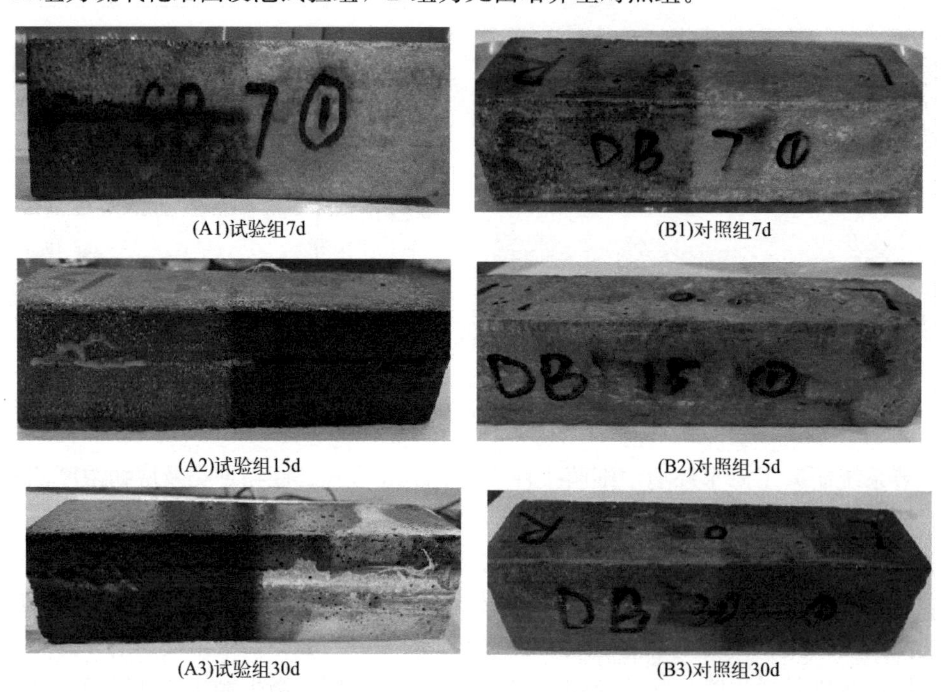

(A1)试验组7d　(B1)对照组7d

(A2)试验组15d　(B2)对照组15d

(A3)试验组30d　(B3)对照组30d

图 2-27　生物膜在混凝土表面附着的外观形貌变化（一）

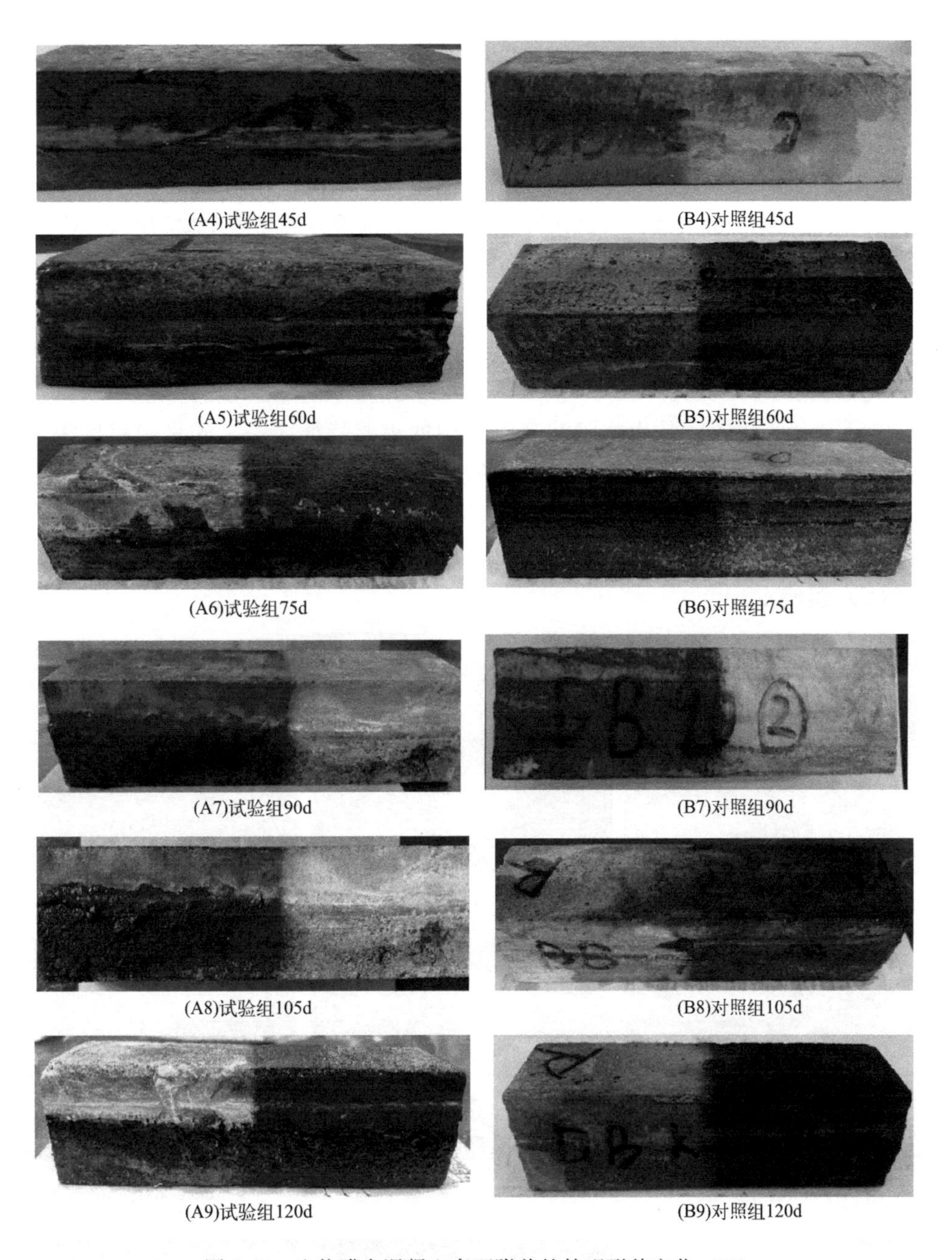

(A4)试验组45d (B4)对照组45d

(A5)试验组60d (B5)对照组60d

(A6)试验组75d (B6)对照组75d

(A7)试验组90d (B7)对照组90d

(A8)试验组105d (B8)对照组105d

(A9)试验组120d (B9)对照组120d

图 2-27 生物膜在混凝土表面附着的外观形貌变化（二）

由图 2-27 可以看出：①试验组在第 7d 时已有微生物附着的痕迹，位于气液交界面处且呈线性分布，由于硫氧化细菌是好氧微生物，因此必须在营养物质、氧气充足的区域生长，且说明硫氧化细菌在短期内就能在混凝土表面附着；②随着龄期的增长，在混凝土表面出现黏稠状的附着物，是硫氧化细菌在混凝土表面附着后分泌胞外聚合物形成生物膜，其中 15d、30d 的生物膜沿气液交界面呈细条状分布，45d、60d 的生物膜形貌为一定厚度且不均匀的薄膜状，且附着区域向气液交界面上下延展，由于氧气能够在生物膜内进行传递，因此可为液面下的微生物提供氧气；③在 75d，部分生物膜开始出现脱落断裂的现象，原因是生物膜的附着是不断叠加覆盖的，当内层生物膜的活性降低，胞外多糖的黏附力下降，与混凝土的附着开始剥离，因而生物膜不再完整连续分布；④在 90～105d，脱落部分会分泌新的生物膜而重新形成完整连续但厚度差别较大的胶状形貌，在 120d 能观察到边缘出现干涸且淡黄色的生物膜，因此推测生物膜是由硫氧化细菌不断附着、不断分泌胞外聚合物覆盖叠加的结果；⑤对照组在浸泡 60d 前没有明显微生物附着的痕迹，因此说明试验组的痕迹来源于硫氧化细菌的附着，而非溶液中无机盐的结晶，对照组在 60d 出现了轻微微生物附着的痕迹，可能是由于浸泡龄期较长，外界杂菌进入所致，并在 75～120d 出现少量杂菌分泌的生物膜。

（2）生物膜的厚度变化

生物膜厚度变化同样是生物膜演变过程中的重要特征之一。先采用超景深显微镜对生物膜的湿厚度进行观察，如图 2-28（A）组所示，再对生物膜进行干燥处理后测试其干厚度，由于前期干燥厚度较薄，无法采用超景深显微镜进行观察，因而采用电子扫描显微镜进行表征，结果如图 2-28（B）组所示，而对照组只测试干厚度，如图 2-28（C）组所示。

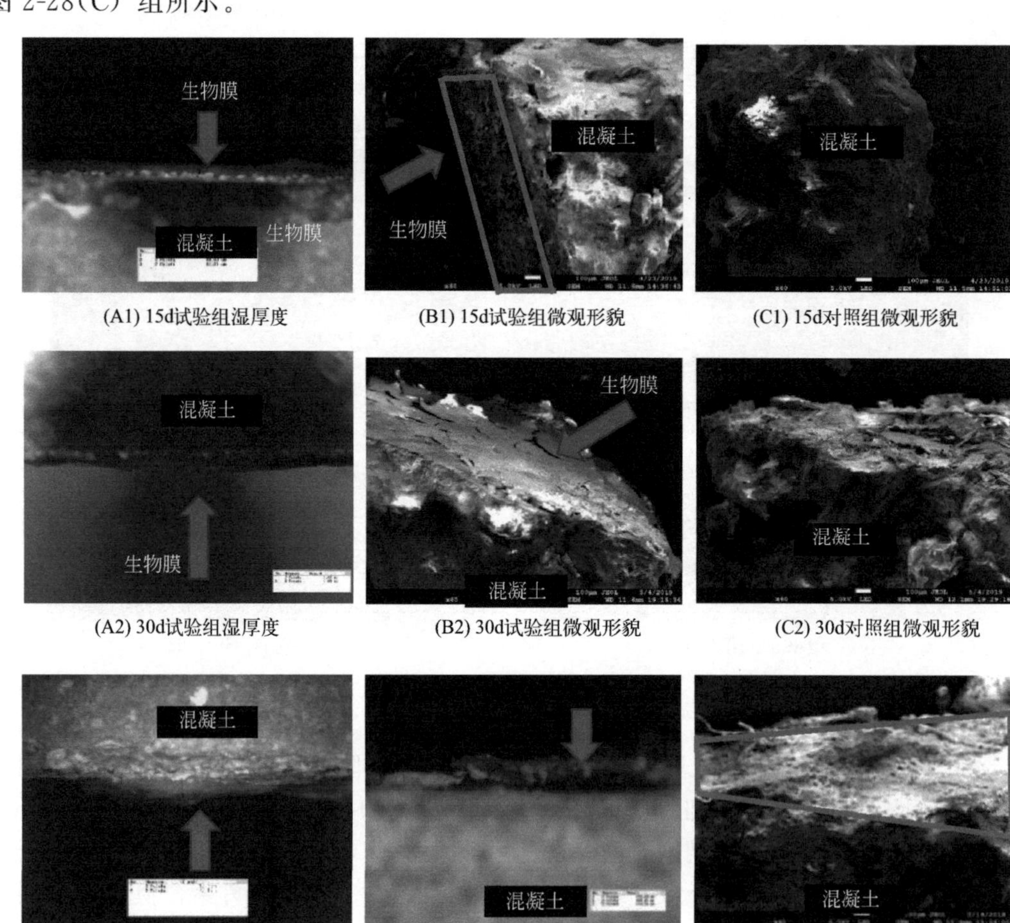

(A1) 15d试验组湿厚度　(B1) 15d试验组微观形貌　(C1) 15d对照组微观形貌

(A2) 30d试验组湿厚度　(B2) 30d试验组微观形貌　(C2) 30d对照组微观形貌

(A3) 45d试验组湿厚度　(B3) 45d试验组干厚度　(C3) 45d对照组微观形貌

图 2-28　生物膜厚度（一）

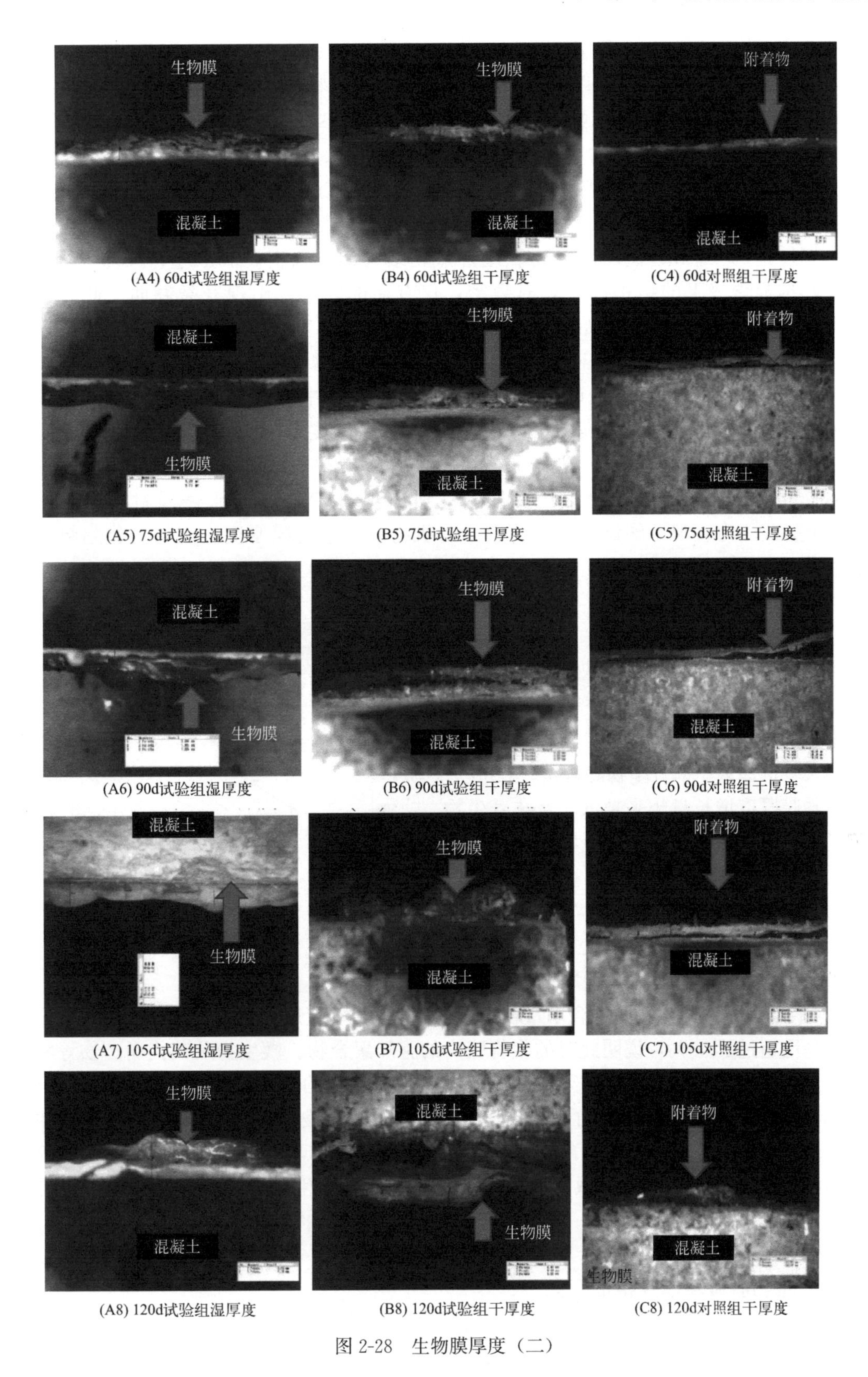

(A4) 60d试验组湿厚度 (B4) 60d试验组干厚度 (C4) 60d对照组干厚度

(A5) 75d试验组湿厚度 (B5) 75d试验组干厚度 (C5) 75d对照组干厚度

(A6) 90d试验组湿厚度 (B6) 90d试验组干厚度 (C6) 90d对照组干厚度

(A7) 105d试验组湿厚度 (B7) 105d试验组干厚度 (C7) 105d对照组干厚度

(A8) 120d试验组湿厚度 (B8) 120d试验组干厚度 (C8) 120d对照组干厚度

图 2-28 生物膜厚度（二）

试验组生物膜的厚度随着龄期的增加而不断增长，从图 2-28(A) 组的湿厚度可以看出，生物膜中含有大量水分，而白色部分为生物膜内的有机物质，而水分是 SO_4^{2-} 等介质进出生物膜的通道，水分越多，SO_4^{2-} 渗透生物膜越容易；随着龄期的增长，生物膜内有机物质的含量越来越多，水分越来越少，对于直接观测有机物质对于生物膜厚度的贡献就越困难，因此对生物膜进行干燥处理后测定其干燥厚度，如图 2-28(B) 组所示：15d 的生物膜在电子扫描显微镜 60 倍下的形貌呈多孔蜂窝状，厚度约为 20μm，此时的生物膜刚形成，结构还不致密，30d 的生物膜干燥后在电子扫描显微镜下的结构已经相对致密，仅有局部因干燥出现开裂翘曲，此时的干厚度约为 80μm；从 45d 开始，可采用超景深显微镜对生物膜的干厚度进行观察，从图上可看出，无论是湿厚度还是干厚度均随着龄期的增加而不断增长；从图 2-28(C) 组可以看出，对照组混凝土试样在 30d 前的电镜照片中仅观察到混凝土的形貌，在第 45d 的电镜照片中混凝土表面出现一层附着物，厚度约为 10μm，说明此时已有外界杂菌在混凝土表面附着，从 60d 起能够通过超景深显微镜观察附着物的干厚度，并且同样随着龄期的增加而逐渐变厚，直到 120d 杂菌在混凝土表面附着厚度达到 66μm 左右。为直观了解试验组生物膜中有机物质对生物膜厚度贡献的变化趋势，绘制生物膜干/湿厚度对比图，如图 2-29 所示。

从图 2-29 可以明显看出：随着龄期的增加，生物膜的厚度不断增长，生物膜发育前期生物膜厚度的增长速率较快，湿厚度及干厚度的增长量不断升高，在 75d 分别达到最大增长量 340μm 及 760μm，90d 的生物膜厚度增长较低原因是部分生物膜脱落，120d 后的生物膜厚度增长量越来越低，意味着生物膜的形成进入成熟稳定期；生物膜的干厚度增长速率要明显高于湿厚度，生物膜的干厚度占其湿厚度的百分比也随着时间不断增加，说明生物膜内部结构在发生变化，当开始形成生物膜的第 15d，其干厚度仅占其湿厚度的 5.7%，此时生物膜的含水量较高，当龄期达到 60d 时，生物膜的干厚度占湿厚度的百分比超过了 50%，说明此时的生物膜内的胞外聚合物、微生物及其代谢产物等物质较多；75d 的干/湿厚度比增长至 88.4%，且在 75d 后的干/湿厚度比均超过了 80%，120d 的干/湿厚度比甚至超过了 90%，说明在 75d 以后生物膜主要由其内部的有机物质组成，水分含量较低，生物膜发育的后期内部结构较为密实，水通道是溶液中 SO_4^{2-} 等通过生物膜的路径，当水通道减少时，溶液中有害离子经生物膜的渗透性减弱，对混凝土的侵蚀作用也相应减弱，一定程度上说明生物膜的结构越密实，对混凝土的保护作用越强。

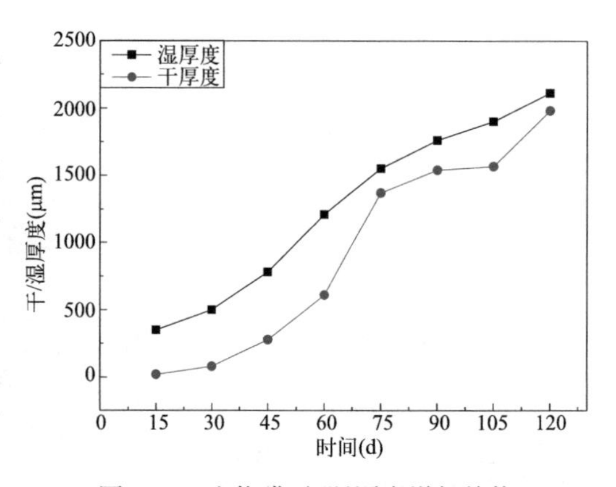

图 2-29 生物膜干/湿厚度增长趋势

2. 生物膜微观演变特征研究

随着硫氧化细菌在混凝土表面不断附着，不仅生物膜的形貌发生变化，生物膜的组成成分，包括膜内微生物、多糖、蛋白质的含量也发生相应的变化，因此为探究生物膜在混凝土表面的附着变化过程，有必要对生物膜的成分变化进行测量。

(1) 微生物含量

生物膜内微生物含量变化采用结晶紫染色＋OD_{600} 测试，如图 2-30 所示。

由图 2-30 可以看出，试验组和对照组的生物膜微生物数量均与腐蚀龄期成正比，但试验组的增长速率明显高于对照组。试验组在 15～45d 的 OD_{600} 增长较平缓，每 15d 的 OD_{600} 增长值均小于 1，仅在 0.534～0.747，说明此阶段硫氧化细菌在混凝土表面松散附着并不断产生浮游微生物，此时形成生物膜的速率较慢；而 60～75d 的 OD_{600} 增长速率较快，每 15d 的 OD_{600} 增长值达到 1.12～1.489。说明此阶段微生物含量较高，并开始大量分泌胞外聚合物，生物膜进入快速发展期；90d 的 OD_{600} 减少是因为在这个阶段有部分生物膜脱落，同时所测试的生物膜样品量较少，因而胞外微生物的含量也减少；90～120d 的 OD_{600} 又开始增长，每 15d 的 OD_{600} 值仅增长 0.141～0.31，增长速率较低，原因是生物膜脱落部位有新的微生物重新附着，说明生物膜形成进入成熟稳定期；而对照组在 45d 前的微生物含量增长缓慢，该阶段的 OD_{600} 值由初始混凝土表面的微生物贡献，而 45～90d 的 OD_{600} 值增长幅度略微升高，原因是外界杂菌进入并在混凝土表面附着生长。

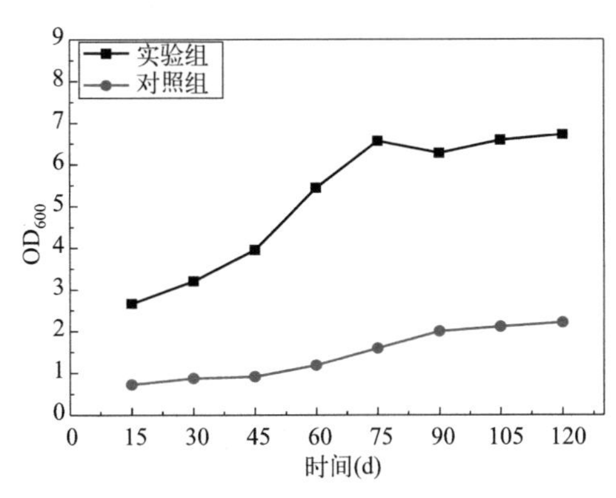

图 2-30 生物膜内微生物的含量变化

(2) 多糖和蛋白质含量

生物膜的多糖含量采用苯酚硫酸法染色＋OD_{490} 测试，蛋白质含量采用考马斯亮蓝染色＋OD_{600} 测试，结果如图 2-31 所示。

由图 2-31 可以看出，多糖和蛋白质的积累主要发生在生物膜发育的后期，在生物膜发育的前 60d 增长相对缓慢，多糖的含量仅在 5.72～5.89mg/g，增长率不超过 5%，而蛋白质的含量在 0.94～1.40mg/g，15～30d 增长率达到 49.5%，30～60d 增长率保持在 10%左右；60～75d 是生物膜快速增长期，多糖和蛋白质均显著增加，多糖含量增长至 7.71mg/g，增长率达到了 25.71%，而蛋白质含量达到 2.77mg/g，增长率高达 61.9%；多糖和蛋白质的含量在第 90d 都有轻微下降，原因是部分生物膜脱落，90～120d 新的生物膜重新附着生长，蛋白质含量增加至 2.819mg/g，而多糖含量稳定在 8.0mg/g 左右，似乎表明生物膜趋于稳定；此外，胞外多糖和蛋白质含量的变化与生物膜内微生物含量变化的分布一致，说明生物膜内细菌的数量与多糖和蛋白质含量存

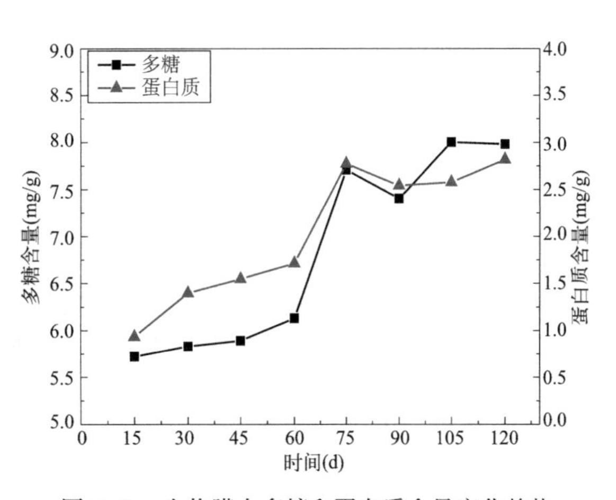

图 2-31 生物膜内多糖和蛋白质含量变化趋势

在密切关系，原因是微生物通过菌体表面的多糖黏附至混凝土表面，并借助这些高分子量、多分支的特殊结构发生微生物间的凝聚而不断网络浮游菌，同时生物膜内的微生物不断增殖分泌多糖和蛋白质，逐步形成网络状的生物膜且结构越致密、厚度越大、越稳定。

综上所述，硫氧化细菌生物膜在混凝土表面的形成主要分为三个时期：45d 前是生物膜形成的初期，形貌较规则沿气液交界面分布，膜内微生物、多糖、蛋白质含量均不高，因而对生物膜厚度的贡献较低；45～75d 为生物膜形成的快速发展期，形貌不均匀且具有明显厚度，此时膜内微生物、多糖、蛋白质含量迅速增长，为生物膜厚度的主要贡献，形成了生物膜的骨架结构；75d 之后，生物膜厚度稳定且出现脱落，膜内微生物、多糖、蛋白质含量较高且增长缓慢，使生物膜结构越来越密实，膜内离子进出的通道减少，因而对混凝土具有一定的保护作用。

2.3.2 海洋环境中硫氧化细菌生物膜在砂浆表面的生长特性

微生物为了自身的繁殖分裂，会在砂浆表面分泌胞外聚合物，形成复杂的微生物群，即生物膜。生物膜的物理、化学和生物特性取决于附着表面暴露的环境，而生物膜又会反过来改变附着材料表面的微环境，进而对材料造成影响。当前对于微生物附着形成生物膜对混凝土腐蚀作用研究多集中在污水环境，但对海水环境中，微生物附着形成生物膜对混凝土的腐蚀过程起到何种作用研究尚不明确。另外，根据文献可知，微生物附着形成生物膜的生长周期经历可逆接触、不可逆接触、菌落形成、生物膜生长成熟期、生物膜老化脱落这几个阶段。想要了解海洋微生物附着行为对砂浆性能的影响，就需要分阶段探明海水环境中砂浆表面微生物附着形成生物膜的演变规律。因此，本节拟通过研究海水环境中砂浆表面生物膜的附着形貌、官能团、厚度变化等指标，阐明海水环境中砂浆表面形成的生物膜基本特性，同时结合生物膜内微生物数量、多糖和蛋白质含量、生物膜微观形貌和组成元素等内容共同探明海水环境中微生物在砂浆表面的附着演变规律。

1. 生物膜成分研究

(1) 官能团分析

从图 2-32 可以看出，龄期到达 30d 时，试验组试样表面，在气液交界面处附着了大量的黄色黏稠物质。取部分黄色物质烘干后进行傅里叶红外测试，结果如图 2-33 所示。

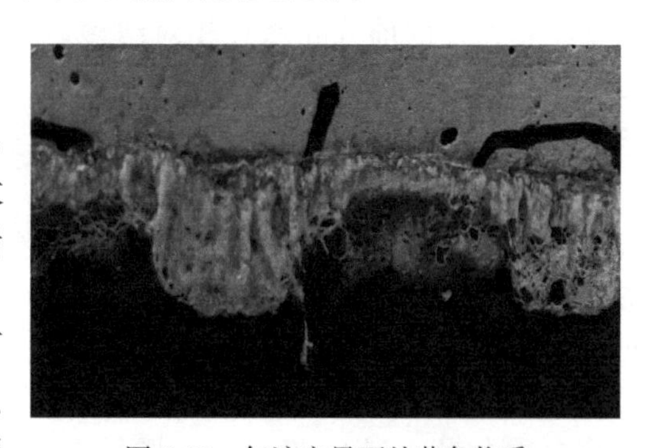
图 2-32 气液交界面处黄色物质

根据图 2-33 可以看出，$2847cm^{-1}$ 处可归属为烷基 C—H 的伸缩振动，$1656cm^{-1}$、$1556cm^{-1}$ 处主要是酰胺键—NH 面内弯曲振动和 C═O 伸缩振动，这些基团通常在碳水化合物和蛋白质中存在，说明黄色黏稠物质中存在蛋白质；$3360cm^{-1}$ 处属于—OH 特征峰和—NH_2 特征峰，来自多糖和蛋白质的伸缩振动，$1033cm^{-1}$ 附近处于 C—O 键伸缩振动的吸收带，一般为多糖区，此处吸收峰较强，是由多糖 C—OH 伸缩振动引起的，说明黄色黏稠物质中存在多糖。

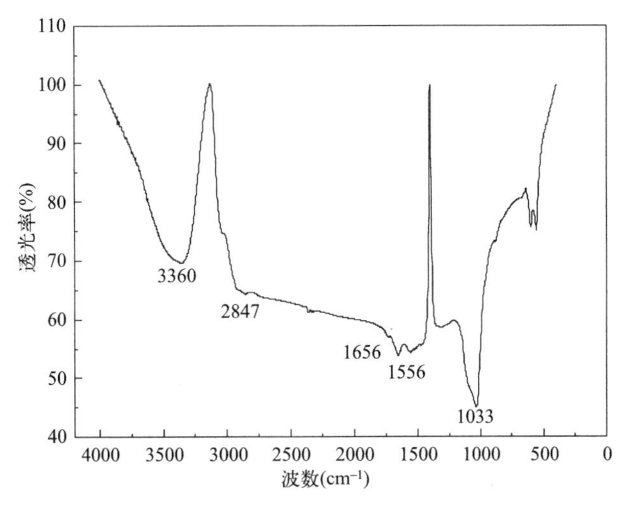

图 2-33 黄色黏稠物质官能团

(2) 成分验证

由于胞外聚合物的主要成分是多糖和蛋白质，两者含量一般占到胞外聚合物总量的75%～80%，所以可以通过染色试验证明多糖和蛋白质的存在，从而可以有效证明黄色黏稠物质是生物膜。取部分黄色物质进行染色试验，从图 2-34(a)中可以看出，1 号试管内溶液颜色相对较淡，但随着后续试管内加入提取液的含量不断增多，试管中提取液的颜色反应程度逐渐加深。这是因为苯酚与多糖脱水后的糠醛衍生物会形成有色络合物，会将提取液逐渐变为橙黄色，此现象验证了黄色物质中含有多糖。根据图 2-34(b)可以看出，1 号试管内溶液的蓝色程度还不是很明显，随着后续试管中加入的提取液含量依次增多，试管内溶液的反应颜色程度也依次加深。这是因为考马斯亮蓝染料与蛋白质中的碱性氨基酸和芳香族氨基酸的残基通过疏水力相结合，会将溶液逐渐变为蓝色，此现象再次验证了黄色物质中含有蛋白质。

图 2-34(c)是各龄期结晶紫染色生物膜的照片，其中 A 为试验组，B 为对照组。在图 2-34(c) 中可以看到从 30d 开始经染色后的试验组气液交界面处区域显蓝色，而对照组气液交界面处并没有发生显色反应，仍呈黑色。这是因为生物膜内的活细胞可以摄入溶解后的结晶紫，从而可以使细胞中的 DNA、蛋白质、脂肪着色，这也再次证明了黄色物质是生物膜，而此时的对照组表面还没有形成一定规模的生物膜。30d 之后试验组气液交界面处也均显蓝色，这说明砂浆气液交界面处一直附着有生物膜，而对照组试样的气液交界面处显色始终不是很明显，这是因为在龄期内生物膜附着过少，无法完整显色。

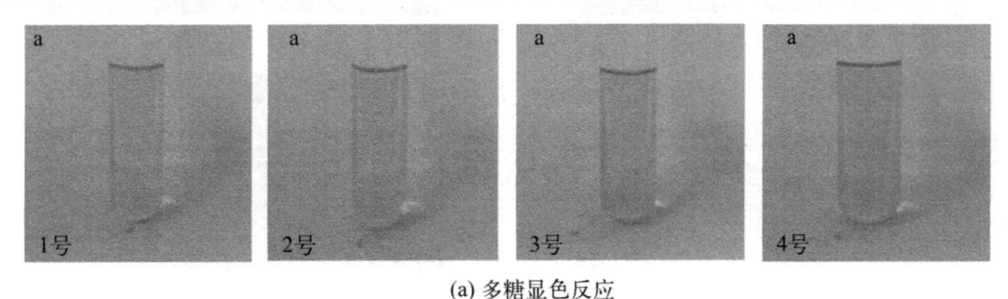

(a) 多糖显色反应

图 2-34 成分验证（一）

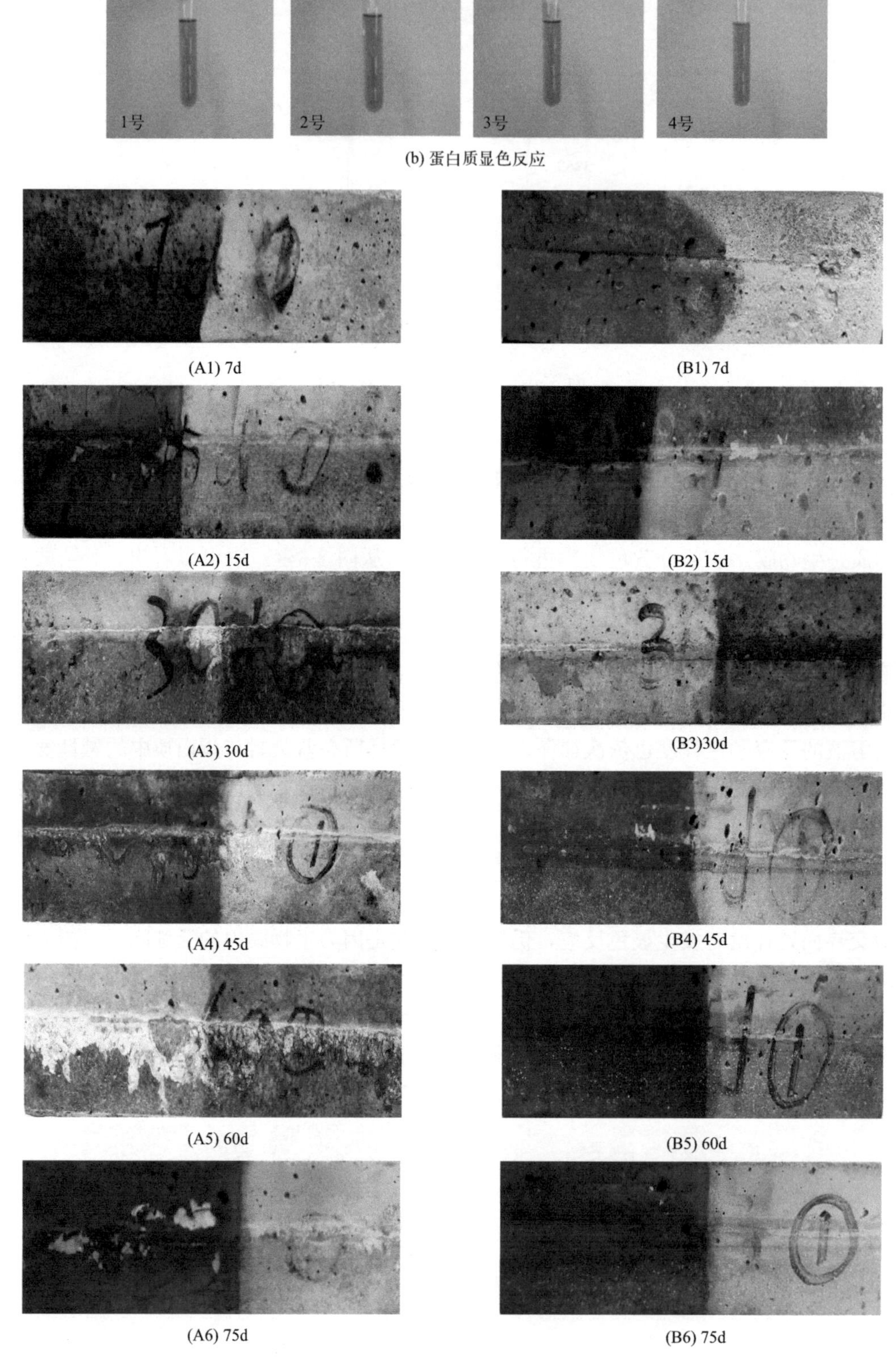

(b) 蛋白质显色反应

(A1) 7d (B1) 7d

(A2) 15d (B2) 15d

(A3) 30d (B3)30d

(A4) 45d (B4) 45d

(A5) 60d (B5) 60d

(A6) 75d (B6) 75d

图 2-34 成分验证（二）

(A7) 90d

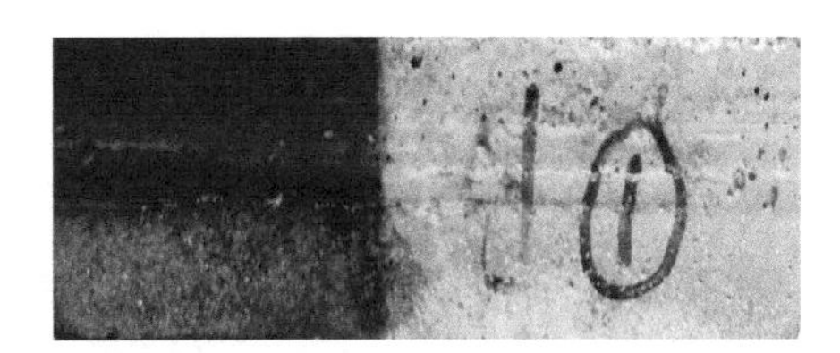

(B7) 90d

(A8) 120d

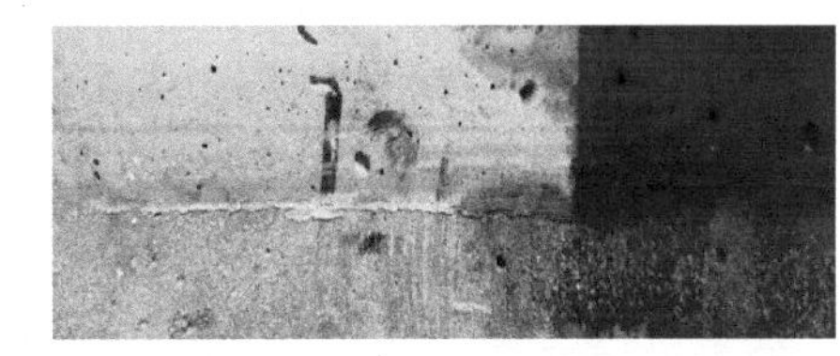

(B8) 120d

(c) 结晶紫显色反应

图 2-34　成分验证（三）

综合上述反应现象，可以证明从 30d 开始海水环境下硫氧化细菌在砂浆表面附着形成的这种黄色黏稠物质是生物膜，且生物膜的胞外聚合物内含有微生物、多糖和蛋白质。

2. 生物膜宏观演变特征研究

(1) 形貌演变

图 2-35 为在不同龄期下，试验组和对照组试样表面生物膜附着形貌及其演变情况。其中 A 为试验组，B 为对照组。根据图 2-35 可以发现，龄期在第 7d 时，对照组表面出现了极少点状分布的生物膜附着痕迹，到第 15d 时，试验组表面在气液交界面处开始出现肉眼可见、零零散散的生物膜，这是因为硫氧化细菌是好氧菌，因此最开始优先在气液交界面处附着。之后在龄期到达 30d 时，试验组气液交界处已经附着了大量连续不断的生物膜，并且生物膜附着的范围较之前开始扩大，呈向下覆盖趋势。这是因为 15～30d 期间，海水环境中氧气和营养物质十分充足，可维持附着在砂浆表面的微生物持续分泌胞外聚合物，生物膜的黏附力和附着范围不断增加，并且这期间生物膜内的溶解氧通过自上而下传递，有利于在气液交界面下方的生物膜沿着砂浆表面向下继续繁殖附着。

(A1) 7d

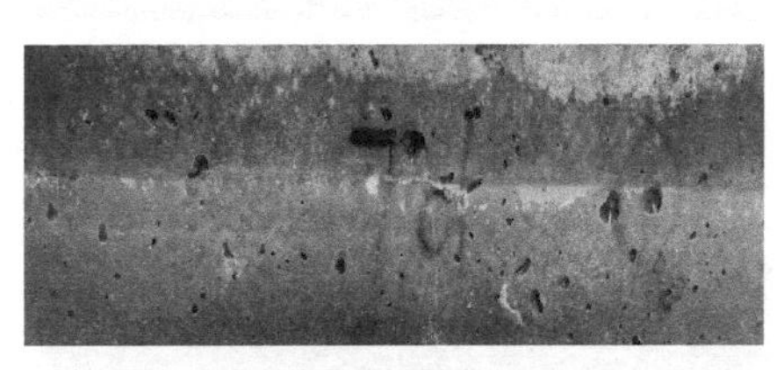

(B1) 7d

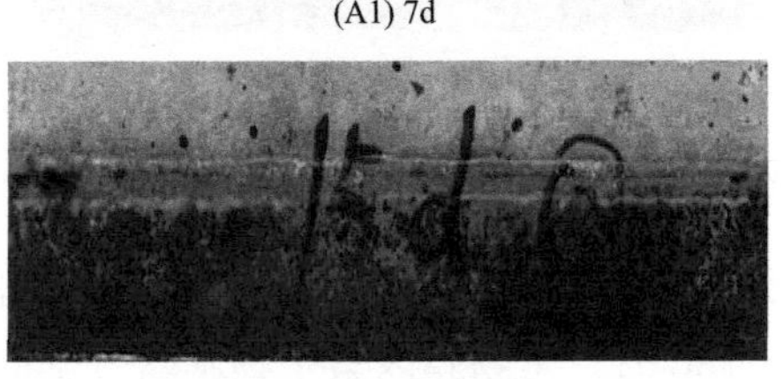

(A2) 15d

(B2) 15d

图 2-35　砂浆表面生物膜附着形貌及其演变过程（一）

(A3) 30d　(B3) 30d
(A4) 45d　(B4) 45d
(A5) 60d　(B5) 60d
(A6) 75d　(B6) 75d
(A7) 90d　(B7) 90d
(A8) 120d　(B8) 120d

图 2-35　砂浆表面生物膜附着形貌及其演变过程（二）

随着龄期的增长，到 75d 时砂浆的整个半浸部分几乎都被生物膜覆盖，但到 90d 时生物膜附着的区域明显减少。这是由于龄期在 30～75d 时，生物膜内微生物不断分泌的胞外聚合物促使生物膜不断叠加生长，大大增加了生物膜的厚度，这导致 75d 后海水中的氧气和营养物质难以渗透到生物膜的深处，深处的生物膜无法再继续分泌 EPS，因此部分生物膜对砂浆的黏附力开始减弱，生物膜开始脱落，从而在 90d 时出现砂浆表面部分生物膜附着变少的现象。

龄期到达 120d 时，在试验组试样气液交界面下方附着的生物膜再次增多。这期间海水中的溶解氧和营养物质再次满足了生物膜附着繁殖的需求，开始有新的生物膜附着。而对照组砂浆的表面在 7～90d 期间均没有出现明显的生物膜附着痕迹，仅在 120d 时出现了肉眼可见的零散生物膜，这是由于在后期对照组试验装置中混入了杂菌，砂浆表面的杂菌逐渐开始附着与繁殖。

(2) 厚度演变

图 2-36 为各龄期生物膜在超景深显微镜测量视角，图 2-37 是不同龄期的生物膜厚度演变情况。其中 A 为试验组，B 为对照组。由于试验组最早在 15d 开始初步附着少量的生物膜，故从 15d 开始测量生物膜厚度变化。

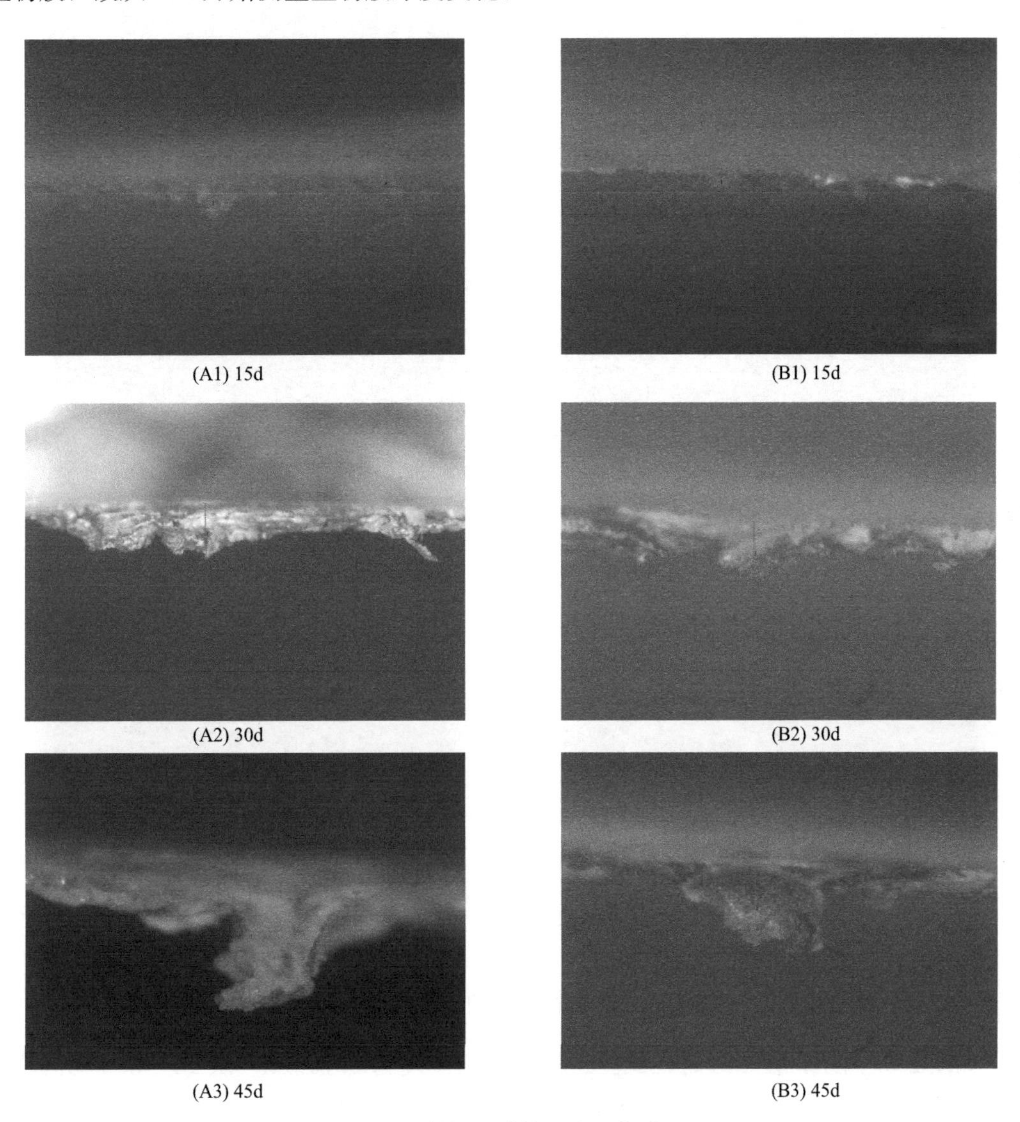

图 2-36 超景深显微镜下的生物膜（一）

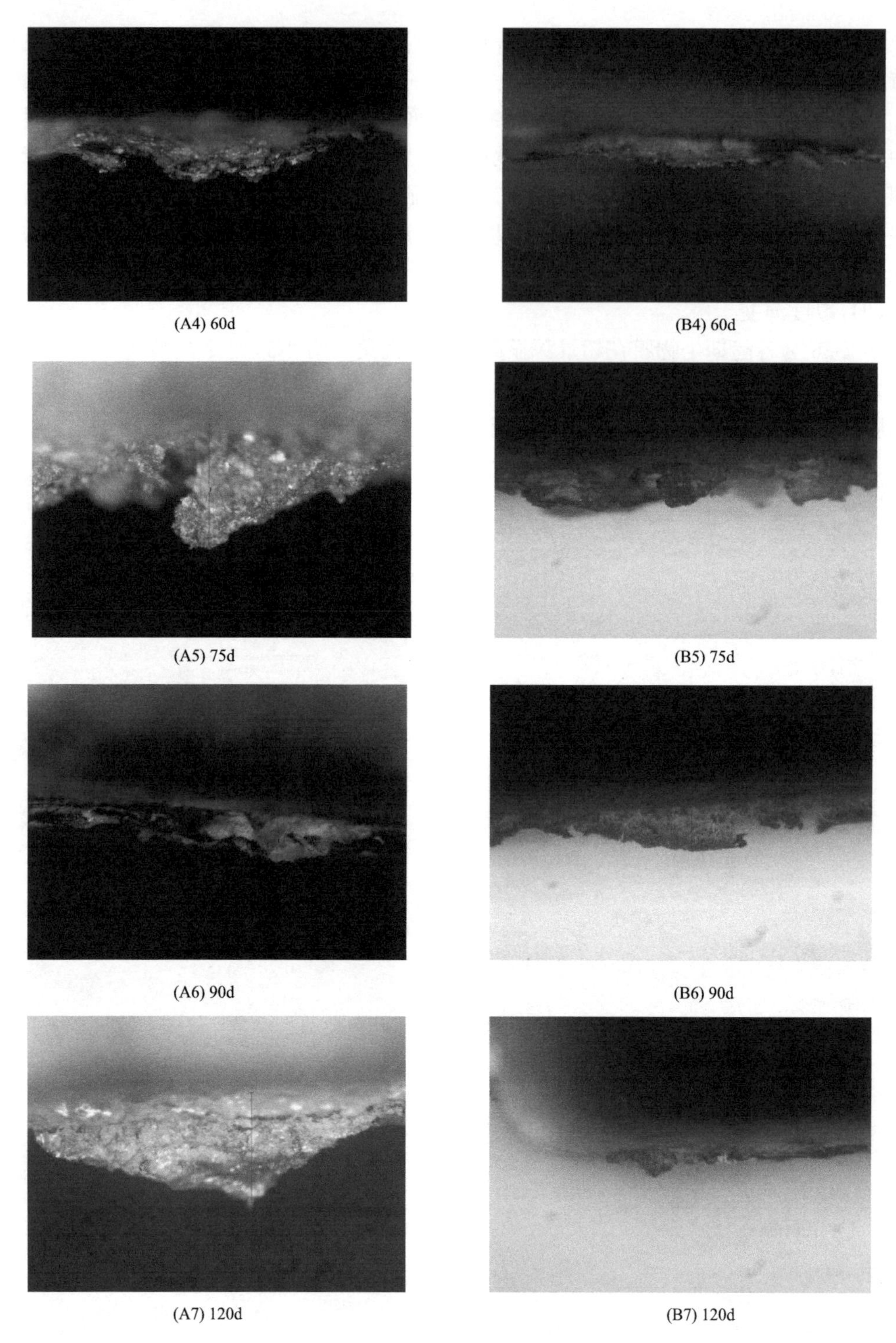

图 2-36　超景深显微镜下的生物膜（二）

如图 2-37 所示，在 15d 时，试验组的生物膜厚度为 0.16mm，从 15～30d 期间增长速度最快，期间内厚度增加至 0.73mm。这是因为，这期间海水中氧气充足，营养物质丰富，有利于最初在气液交界面处附着的微生物在砂浆表面持续繁殖分裂，从而不断分泌

EPS创造适宜自己生存繁殖的屏障，生物膜开始初期的快速附着。15～30d之间，生物膜厚度不断呈上升趋势，直至75d时，生物膜厚度达到了最高值1.70mm，这时的膜层已经趋于成熟。在这期间，生物膜内微生物继续繁殖分裂，不间断分泌EPS，氧气也持续通过气液交界面处的生物膜自上而下传递，给浸没在水面下方的生物膜内微生物带来了充足的氧气，微生物繁殖所需的营养物质也持续进入生物膜内部，给生物膜深处的微生物提供了分裂所需的能量，以上因素致使砂浆表面生物膜持续叠加生长，使得这个阶段内的生物膜厚度快速增加。

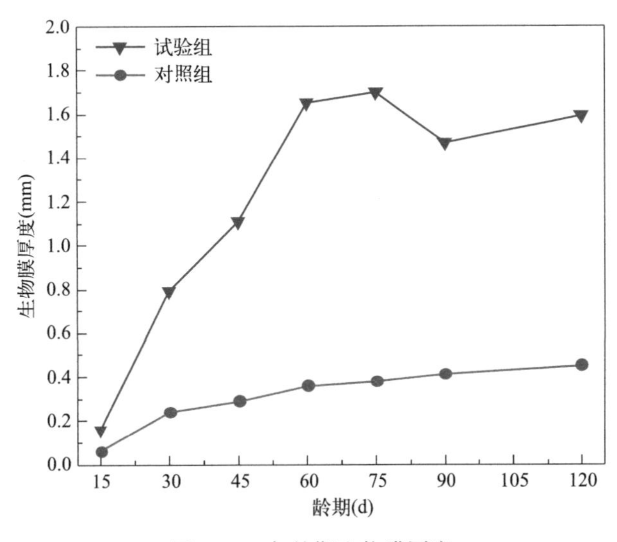

图2-37 各龄期生物膜厚度

75～90d这期间，生物膜厚度开始下降，并于90d后生物膜厚度缓慢增加，在120d时厚度增加至1.59mm。这是由于这期间生物膜增长的过多，海水环境中的营养物质难以维持如此众多生物膜的繁殖，部分营养物质难以渗透厚实的生物膜到达深处，致使生物膜的增长速度逐渐减缓，与砂浆表面的黏附力逐渐减弱，少量生物膜逐渐脱落。90d之后新的生物膜开始重新附着并繁殖，从而生物膜厚度演变规律呈现出先下降后再缓慢增加的现象。

另外，通过与对照组对比可发现，对照组的生物膜厚度始终远小于试验组，在120d时，对照组厚度最大为0.45mm，原因是后期对照组装置中会形成杂菌，从而使得对照组表面也形成了微量的生物膜。

3. 生物膜微观演变特征研究

(1) 多糖、蛋白质含量变化

在30d时，试验组表面出现大量生物膜，因此开始对生物膜内的多糖、蛋白质含量进行测定，图2-38为试验组试样表面附着生物膜各龄期内多糖、蛋白质含量变化情况。根据图2-38可以发现多糖、蛋白质含量变化趋势一致，均是先上升后下降，最后再上升。多糖在30d时为5.01mg/g，蛋白质为0.52mg/g，之后不断上升，在75d时达到峰值。在75d时，多糖为7.28mg/g，增长率为31.2%，蛋白质为1.79mg/g，增长率为70.9%。在30～75d期间内，生物膜已完成初步的黏附，海水环境中的微生物开始迅速繁殖，期间持续分泌EPS，生物膜厚度不断增加，并且附着范围也由气液交界面处向气液交界面下方蔓延，因此生物膜内的多糖、蛋白质含量呈上升趋势。75d 之后多糖、蛋白质含量开始下降，在 90d 时，多糖含量为 6.82mg/g，蛋白质含量为 1.54mg/g，之后再次上升，在 120d 时多糖含量为 7.03mg/g，蛋白质含量为 1.73mg/g。

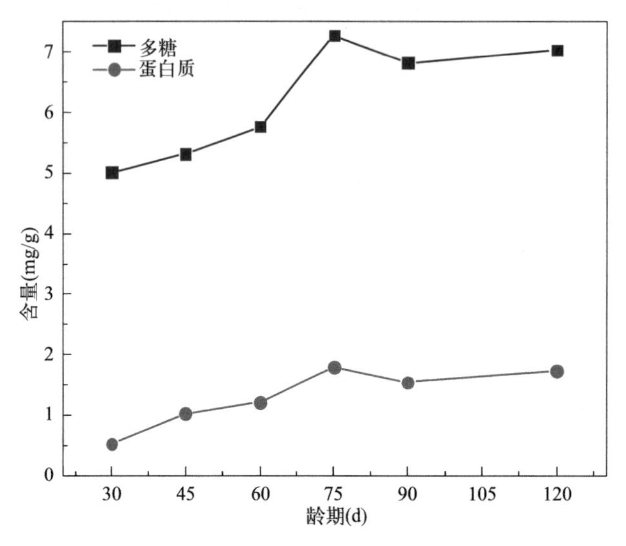

图 2-38　生物膜内多糖、蛋白质含量

(2) 微生物数量变化

由于在 30d 时试验组表面的生物膜开始大量附着繁殖，因此从 30d 起开始对试验组各龄期生物膜内的微生物数量进行测定，结果如图 2-39 所示。

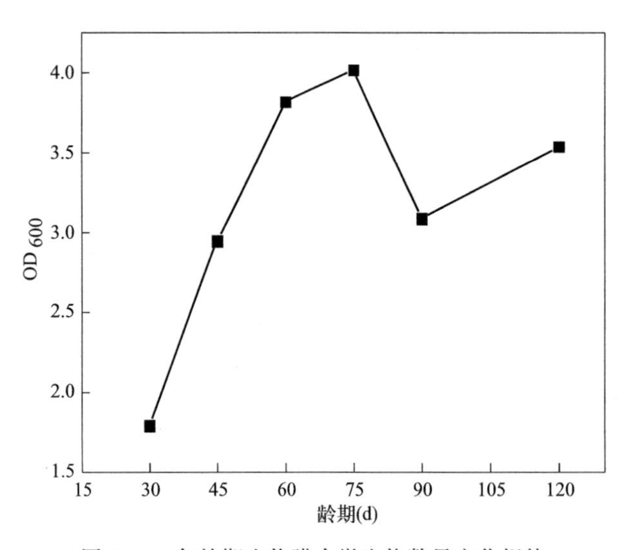

图 2-39　各龄期生物膜内微生物数量变化规律

如图 2-39 所示，龄期在 30～60d 期间 OD_{600} 呈快速上升趋势，OD_{600} 从 1.79 增加至 3.82。这说明 30d 后，生物膜开始进入快速生长期。60～75d 阶段内增长速度开始变缓，并在 75d 时 OD_{600} 达到了最高值，为 4.02。这说明 60d 后，生物膜逐渐趋于成熟，进入生长稳定期。在 75～90d 期间内，OD_{600} 开始下降，90d 时降至 3.09，这阶段内由于生物膜大部分脱落，溶解于乙醇溶液中的生物膜总量少，因此测得的生物膜内微生物数量也较少，这阶段即为生物膜的脱落期。龄期到达120d时OD_{600}再次上升，达到3.54，这阶段内新的生物膜重新附着生长，覆盖的范围与厚度都得到了增加，因此生物膜内的微生物数量开始上升，这时生物膜开启第二轮生长繁殖。

综上，虽然海水环境中砂浆表面的生物膜给微生物提供了一个相对安全稳定的生态环境，但是生物膜内微生物的繁殖仍受到营养物质、氧气等因素的影响，导致生物膜的附着演变是一个随着时间变化的动态过程，每轮变化过程中生物膜主要经历初步附着期、快速生长期、生长稳定期、脱落期四个阶段。

(3) 生物膜微观形貌分析

图2-40(a) 和图2-40(b) 为试验组在15d时的试样表面生物膜形貌，通过这两幅图可以看到，此时生物膜内部的微生物分布比较分散，有部分微生物开始聚集叠加，初步形成立体状菌落。图2-40(c) 和图2-40(d) 为试验组在30d时的试样表面生物膜形貌，通过这两幅图可以发现，生物膜内部疏松、多孔，这有利于营养物质、氧气的传输，并且此时生物膜内部已经具有大量成熟的三维立体结构细菌群落，细菌多呈卵状和气泡状，这与图2-41在超景深显微镜下观察的硫氧化细菌形貌相一致。图2-40(e) 和图2-40(f) 为对照组在30d时的试样表面生物膜形貌，可以看到在30d时对照组表面仍为砂石，没有形成明显的生物膜。这再次说明试验组表面生物膜的形成是硫氧化细菌作用的结果。

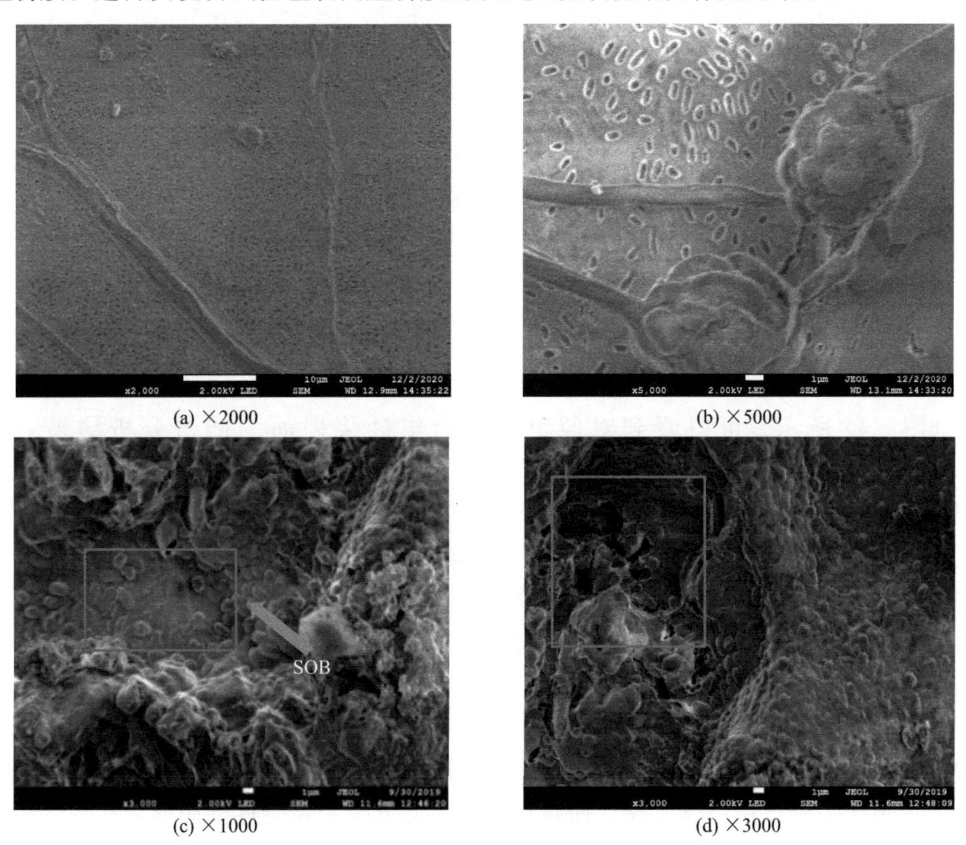

(a) ×2000　(b) ×5000　(c) ×1000　(d) ×3000

图2-40　海洋环境下砂浆表面生物膜微观形貌（一）

(e) ×1000

(f) ×3000

图 2-40　海洋环境下砂浆表面生物膜微观形貌（二）

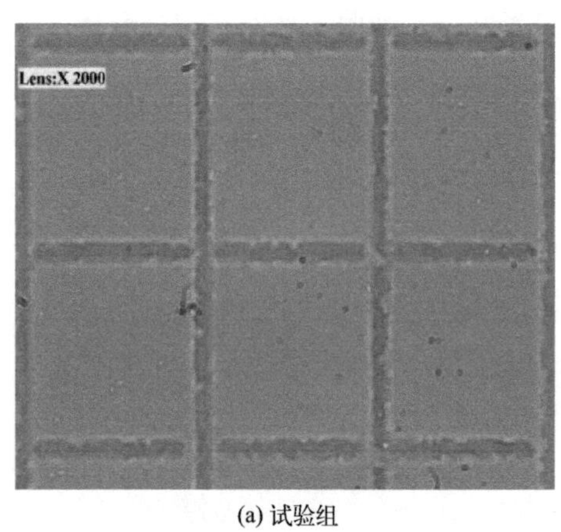

(a) 试验组

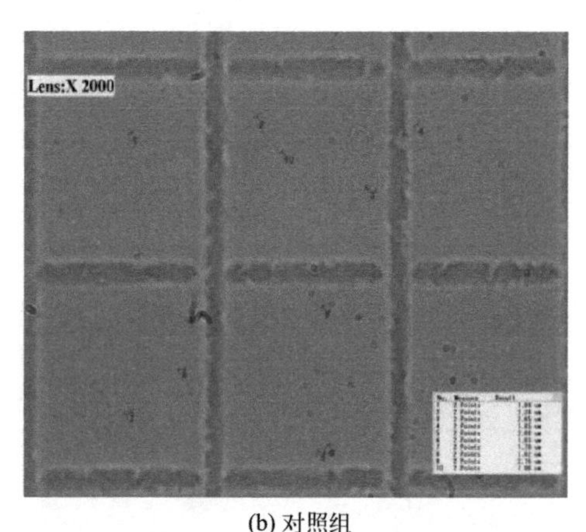

(b) 对照组

图 2-41　超景深显微镜下微生物形貌

（4）生物膜能谱分析

如图 2-42 所示，可以看到对照组和试验组砂浆表面的能谱分析结果。根据图 2-42(a) 可以发现，试验组表面在 30d 时已经出现 P 元素，但同时期的图 2-42(d) 对照组表面没有出现。原因就是 30d 时试验组表面已经生成大量生物膜，生物膜的组成物质里含有脂质，而 P 元素是脂质的组成元素，但同时期的对照组表面生成的生物膜微乎其微，因此不容易检测出生物膜中的元素含量。这也进一步说明检测出的 P 元素是生物膜内的，并非海水中的元素。通过图 2-42(a)～图 2-42(c) 可以发现，P 元素含量从 30d 的 5.93%增加到 60d 的 10.60%，这阶段的 P 元素含量几乎增长了一倍，而 120d 时 P 元素含量只比 60d 的增加了 2.37%。通过图 2-39 可以知道，30～60d 期间胞内微生物处于快速生长期，砂浆表面生物膜附着的量正在增大，但在 60d 之后的龄期内，生物膜不是一直在持续生长，而是在 75d 后部分生物膜会逐渐脱落，在 90d 后又重新附着新的生物膜。因此出现 P 元素在 30～60d 时含量差距大，而 60～90d 时含量差距小的现象。

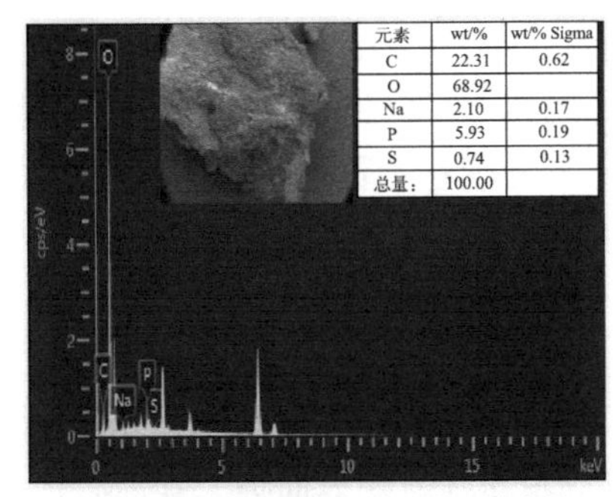

(a) 30d砂浆表面生物膜内各元素含量

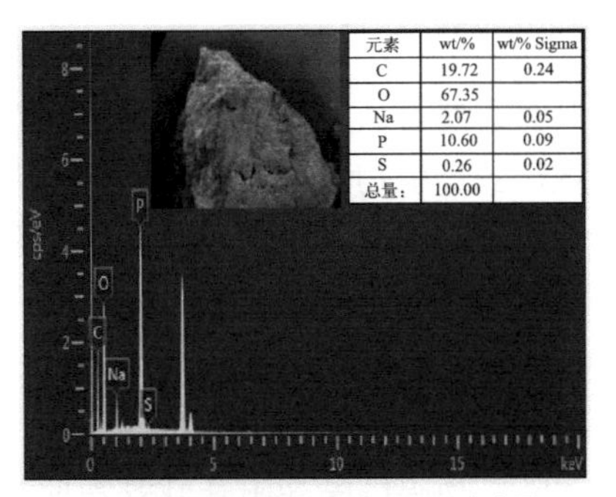

(b) 60d砂浆表面生物膜内各元素含量

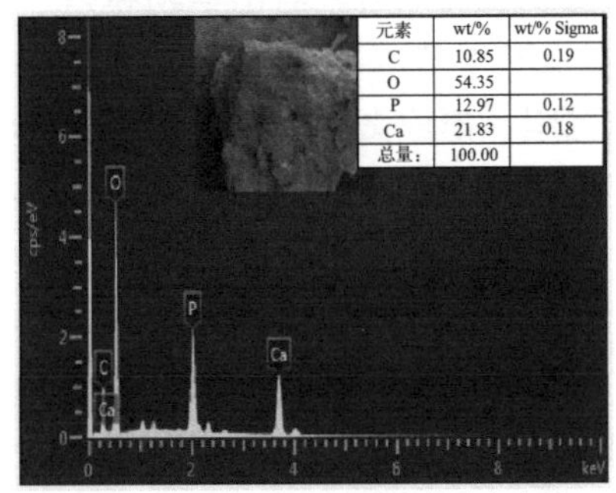

(c) 120d砂浆表面生物膜内各元素含量

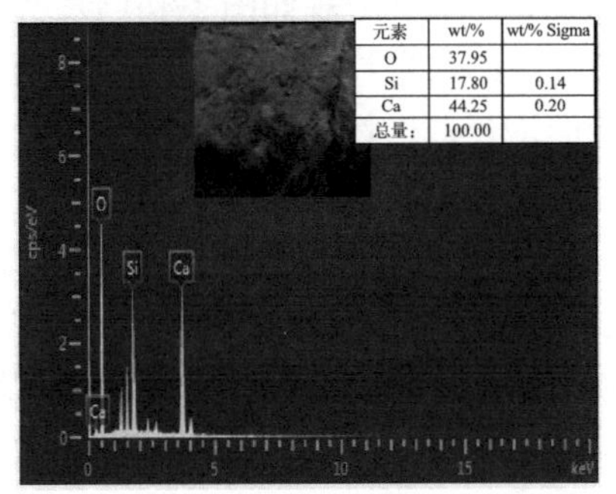

(d) 30d对照组砂浆表面生物膜内各元素含量

图2-42 龄期为30d、60d、120d时砂浆表面生物膜的EDS分析

本小节明确了海洋微生物在砂浆表面附着形成生物膜的过程及其演变特征。海水环境下第5d左右，硫氧化细菌在砂浆表面开始附着形成的生物膜，其主要成分是多糖、蛋白质和微生物，其中微生物主要以群落的形式附着在胞外聚合物内。砂浆表面的硫氧化细菌一个周期的生长阶段可分为四段，分别是第一阶段：0～30d的初步附着期，此时游离在海水中的硫氧化细菌初步在砂浆气液交界面处建立微生物群落，开始分泌胞外聚合物，创造适合繁殖分裂的屏障，即生物膜，30d时生物膜厚度为0.79mm。第二阶段：30～60d的快速生长期，生物膜内的硫氧化细菌通过摄取海水中的营养物质与氧气，开始叠加生长，形成三维立体状的微生物群落，厚度得到增加，生长范围由气液交界面处转向海水面下方，60d时生物膜厚度为1.65mm。第三阶段：60～75d的生长稳定期，微生物持续的繁殖致使生物膜大规模地黏附，生物膜附着规模逐渐与海水中的营养物质比例接近平衡，生长速度开始放缓，在75d时生物膜厚度达到峰值，为1.70mm。第四阶段：75～90d的脱落期，海水中的营养物质与氧气难以穿过厚实的生物膜到达膜的深处，并且营养物质消耗速度加快，生物膜无法维持胞外聚合物的分泌，生物膜开始脱落与消亡，在90d时生物膜厚度为1.47mm。90d后新的生物膜重新附着，在120d时生物膜厚度为1.59mm。

2.3.3 污水环境中硫氧化细菌生物膜在不同粗糙度砂浆表面的生长特性

生物膜在微生物腐蚀水泥基材料的过程中起到重要作用，其自身的附着过程和特性往往对水泥基材料产生一定的影响，并且腐蚀前期和后期试件表面粗糙度不同对生物膜附着过程及特性影响也不同。因此，研究粗糙度对硫氧化细菌在水泥基材料表面形成生物膜特征的影响具有重要意义。通过设置两组粗糙度，模拟试件腐蚀前期和后期的粗糙度，从生物膜宏微观形貌、生物膜厚度、成分含量，研究生物膜在不同粗糙度砂浆表面的黏附过程，从而确定生物膜成膜时间以及黏附过程总周期，探明粗糙度对其黏附过程和自身特性的影响。

1. 生物膜宏观演变特征研究

图 2-43 和图 2-44 为不同龄期下不同粗糙度试件表面生物膜宏观形貌。从图 2-43 可以看出 S 组 30d 生物膜已经黏附在砂浆表面且主要分布在气液交界面处。在超景深显微镜下观察 30d 生物膜宏观形貌如图 2-45(a) 所示。从图 2-45(a) 可以看出生物膜是一种透明且含有白色物质的黏稠物。60～120d 阶段生物膜宏观形貌基本与 30d 形貌相似。由于随着试验龄期的增长，生物膜会经历初始黏附、紧密黏附、形成微菌落、生物膜的成熟、生物膜的解体五个阶段。因此表明 S 组 30d 生物膜已经成熟，30d 以后变化不明显。从图 2-44 可以看出 30d SC 组砂浆气液交界面和下部浸没处均有生物膜且相对较薄。在超景深显微镜下观察 30d SC 组生物膜宏观形貌，如图 2-45(b) 所示。从图 2-45(b) 可以看出下部均有生物膜产生。这是因为混凝土表面相对粗糙，表面能大，具有吸水和吸附作用，且生物膜含水量达 97%，故生物膜吸附大量的水在重力作用下使得生物膜开始脱落。SC 组 60～120d 阶段生物膜宏观形貌同样与 30d 形貌相似。综上所述，粗糙度和龄期对生物膜的宏观形貌无明显影响。

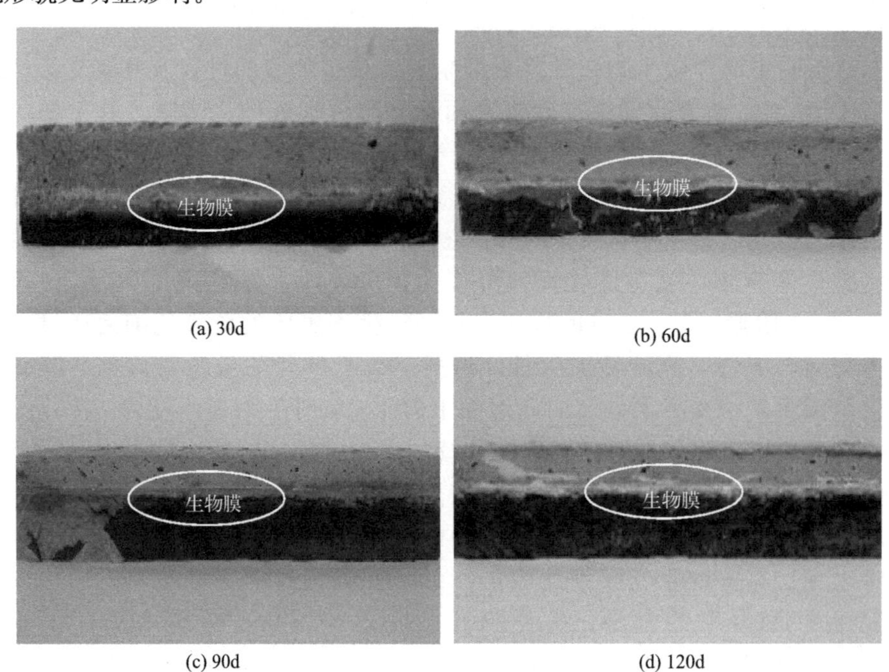

图 2-43 S 组生物膜宏观形貌

2. 生物膜微观演变特征研究

(1) 微观形貌

为进一步研究生物膜形貌，从微观角度对生物膜进行分析，结果如图 2-46 和图 2-47

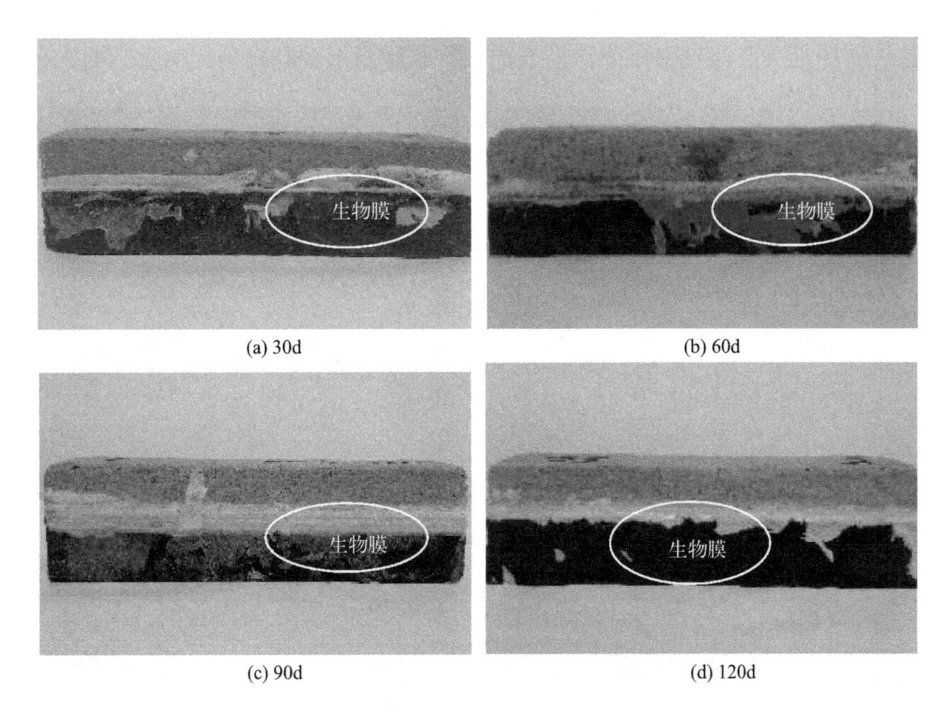

(a) 30d (b) 60d

(c) 90d (d) 120d

图 2-44 SC组生物膜宏观形貌

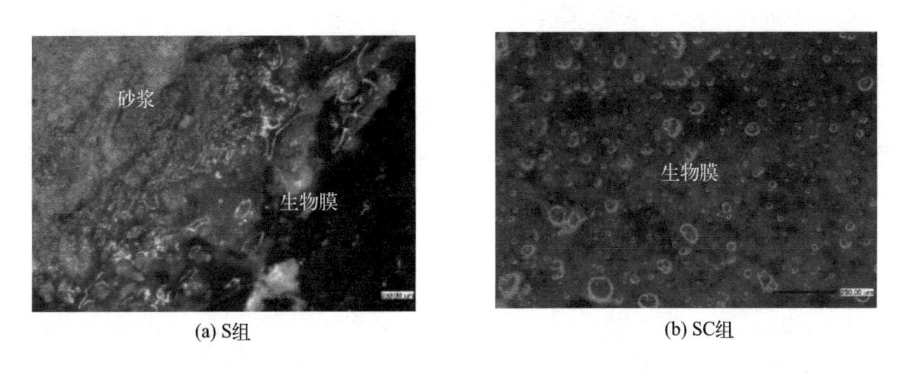

(a) S组 (b) SC组

图 2-45 生物膜超景深显微镜形貌

所示。图 2-46 为不同龄期下 S 组砂浆试件表面生物膜的微观形貌。由图 2-46(a) 可知，30d 生物膜是由大量片状分泌物构成的孔洞结构，这表明外界介质离子和微生物可以通过孔洞通道侵蚀砂浆表面；一些研究发现生物膜大部分含量为胞外聚合物（EPS），可以初步断定 A 区域为 EPS，结合 EDS 能谱分析 A 区域中 1 点位置，结果如图 2-46 所示。从图 2-42 可以看出 EDS 能谱图中主要含有 O、P、C 元素，初步判断 1 点位置含有有机物，结合上述分析可以断定此物质是 EPS。由图 2-46(b) 可知，60d 生物膜基本保持不变，可以观察到表面附着大量杆状细菌，内部仍具有分泌物叠层形成的复杂孔结构；由图 2-46(c) 和图 2-46(d) 可知，90～120d 生物膜微观形貌没有明显变化。这说明 S 组 30d 生物膜微观形貌已经成熟，外部包裹大量细菌，内部由大量片状分泌物（EPS）叠层复杂交错形成的孔洞结构体。图 2-47 为不同龄期下 SC 组砂浆试件表面生物膜的微观形貌。由图 2-47 可知，SC 组砂浆试件表面生物膜变化与 S 组砂浆试件表面生物膜变化基本相似。这说明粗糙度和龄期对砂浆试件表面生物膜微观形貌和结构无明显影响。

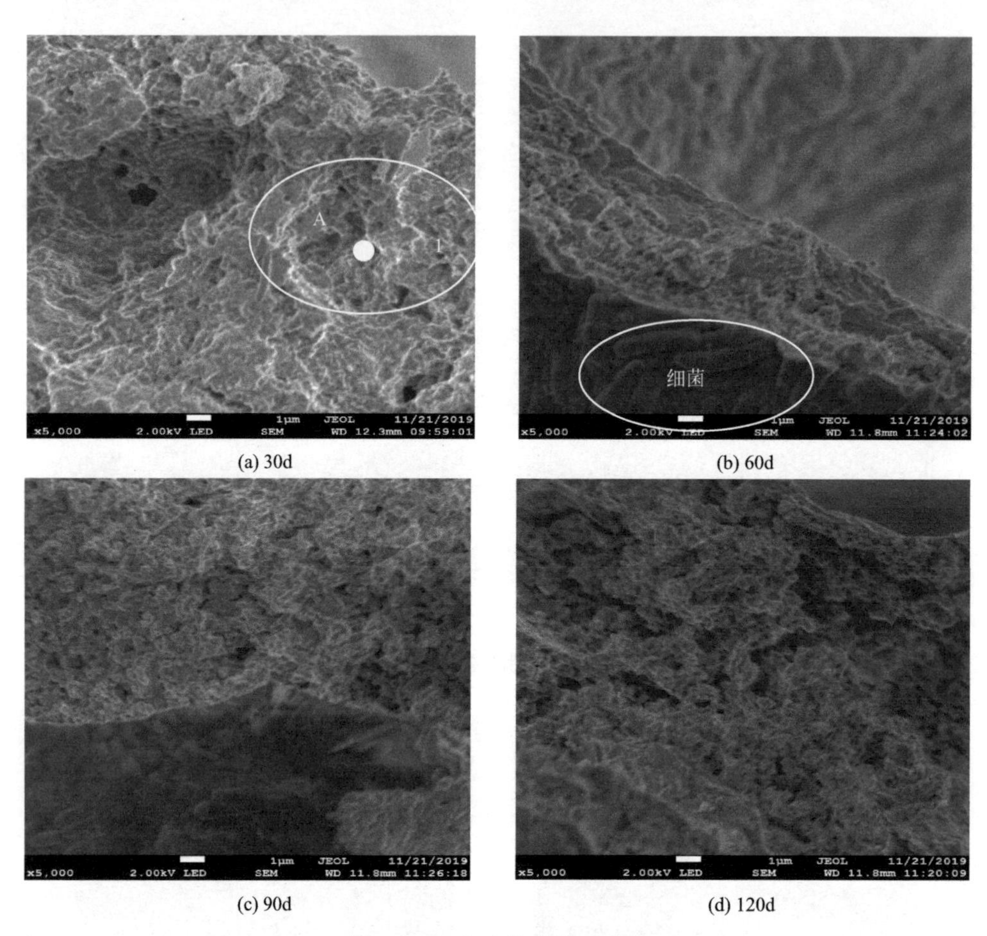

(a) 30d (b) 60d

(c) 90d (d) 120d

图 2-46 S 组生物膜微观形貌

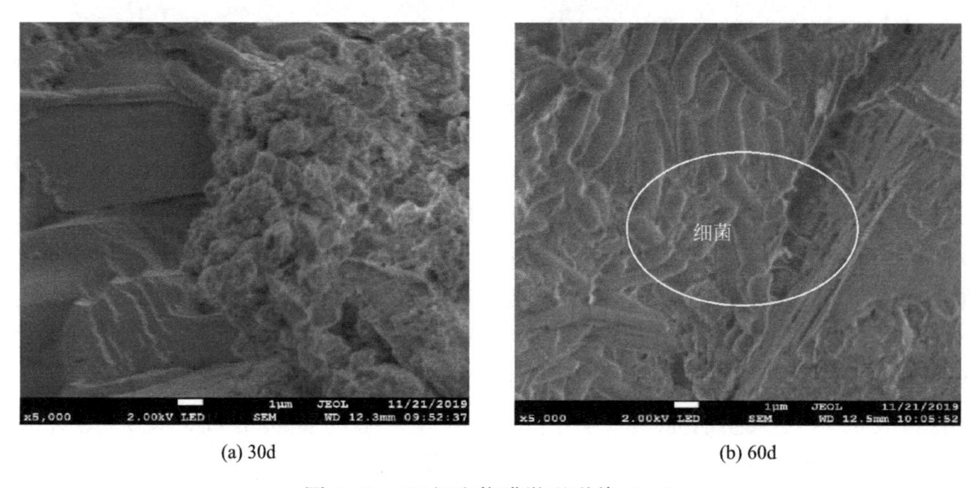

(a) 30d (b) 60d

图 2-47 SC 组生物膜微观形貌（一）

(c) 90d

(d) 120d

图 2-47 SC组生物膜微观形貌（二）

（2）微生物数量、蛋白质、生物膜厚度

图 2-48 和图 2-49 分别为不同龄期下不同粗糙度砂浆试件表面形成生物膜的微生物数量 OD 值（MP）、蛋白质 OD 值（P）、生物膜厚度（BT）的变化。无论是 S 组（表面粗糙度小）试件还是 SC 组（表面粗糙度大）试件，微生物数量 OD 值和生物膜厚度变化规律均一致。S 组微生物数量 OD 值和生物膜厚度变化为先降低后升高，而 SC 组微生物数量 OD 值和生物膜厚度变化为先升高后降低。而 S 组蛋白质含量 OD 值为先下降后上升，SC 组蛋白质含量 OD 值为逐渐上升。从图 2-48 可知，S 组砂浆试件 30～60d：微生物数量 OD 值、生物膜厚度、生物膜蛋白质含量 OD 值均降低，其中微生物数量 OD 值从 2.85 降低到 1.65，生物膜厚度从 2.13mm 降低到 1.57mm，生物膜蛋白质含量从 0.23 降低到 0.027。从而可以确定 30d S 组生物膜已发展到成熟阶段并向脱落阶段发展；60～90d：微生物数量 OD 值、生物膜厚度继续降低且 90d 降低到最低值，生物膜蛋白质含量升高，其中微生物数量 OD 值从 1.65 降到 1.24，生物膜厚度从 1.57mm 下降到 0.54mm，生物膜中蛋白质含量从 0.027 上升到 0.144。从而可以看出生物膜脱落阶段已经达到最高点，但是 90d 生物膜中微生物数量和厚度仍然具有一定的数值，这是由于中间有微生物不断继续黏附，而且微生物继续黏附速度慢于生物膜脱落速度，这也说明生物膜脱落阶段是部分脱落并不是完全脱落。然而蛋白质 OD 值上升，这是由于微生物数量下降，减缓了细菌生存空间压力，使得细菌生存空间充足，细菌代谢速率增快，致使蛋白质含量相对上升；90～120d：微生物数量 OD 值和生物膜厚度上升，生物膜蛋白质含量上升，其中微生物数量 OD 值从 1.24 上升到 1.56，生物膜厚度从 0.54mm 上升到 1.31mm，生物膜中蛋白质含量从 0.144 上升到 0.171，从而可以确定生物膜重新进入黏附阶段，120d 生物膜中微生物数量和厚度与 60d 基本相似，由此可以推断生物膜黏附龄期为 60d。其中该阶段蛋白质 OD 值缓慢上升，这是由于此阶段微生物数量相对较少，活性相对较低，所以蛋白质含量增长缓慢。综上所述，S 组：30～90d 生物膜处于脱落阶段，90d 为脱落阶段末端，脱落阶段

龄期为 60d。90d 以后生物膜处于黏附阶段，并且推断黏附龄期也为 60d。由此生物膜的生长脱落总周期为 120d。其中 30～120d S 组微生物数量 OD 值、生物膜厚度、生物膜蛋白质含量 OD 值如表 2-8 所示。

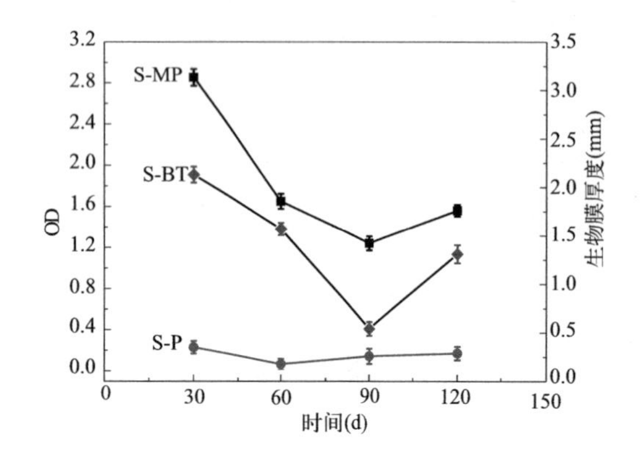

图 2-48 S 组生物膜的微生物数量、蛋白质含量、生物膜厚度

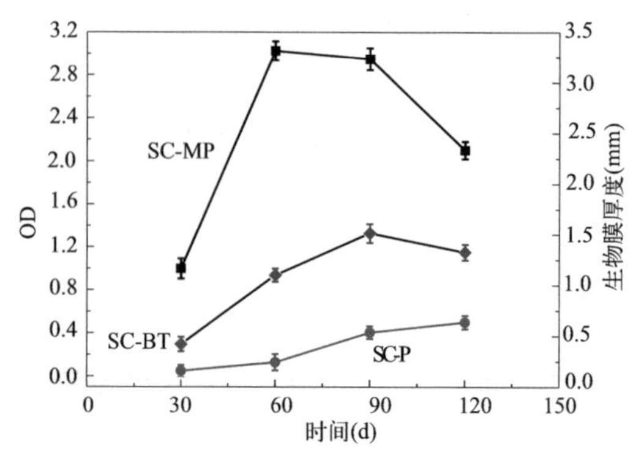

图 2-49 SC 组生物膜的微生物数量、蛋白质含量、生物膜厚度

S 组生物膜厚度及成分含量 **表 2-8**

时间(d)	微生物 OD 值	生物膜厚度(mm)	蛋白质 OD 值
30	2.85	2.13	0.23
60	1.65	1.57	0.027
90	1.24	0.54	0.144
120	1.56	1.31	0.171

从图 2-49 可知，SC 组砂浆试件 30～60d：微生物数量 OD 值、生物膜厚度、生物膜蛋白质含量 OD 值均上升。其中微生物数量 OD 值从 0.998 上升到 3.025，生物膜厚度从 0.29mm 上升到 1.10mm，生物膜蛋白质含量从 0.048 上升到 0.129。从而可以发现 30d SC 组生物膜仍处于黏附阶段，然而从宏微观形貌角度来分析 SC 组生物膜已经成熟，这是由于其自身表面粗糙度大，延长了生物膜在砂浆表面的黏附过程时间。60～90d：微生物数量 OD 值略有下降、生物膜厚度和蛋白质含量 OD 值逐渐升高，其中微生物数量 OD 值从 3.025 缓慢降到 2.949，生物膜厚度从 1.10mm 上升到 1.51mm，生物膜中蛋白质含量从 0.129 上升到 0.406。从而可以发现此阶段微生物数量保持相对平稳，生物膜厚度在 90d 达到最高值，黏附过程即将结束，此时黏附龄期为 60d。90～120d：微生物数量 OD 值和生物膜厚度下降，生物膜蛋白质含量平缓上升，其中微生物数量 OD 值从 2.949 下降到 2.101，生物膜厚度从 1.51 下降到 1.33，生物膜中蛋白质含量从 0.406 上升到 0.501。从而可以发现微生物数量下降对蛋白质含量并无太大影响，这是由于微生物数量相对较高，致使蛋白质含量未出现下降趋势。而此阶段生物膜已经处于脱落阶段，且 120d 生物膜中微生物数量和厚度与 60d 基本相似，由此可以推出生物膜在粗糙度大的砂浆表面黏附过程为 60d。综上所述，SC 组：30～90d 生物膜处于黏附阶段，90d 为黏附阶段末端，黏附阶段龄期为 60d。90d 以后生物膜处于脱落阶段，并且推断脱落龄期也为 60d。由此生物膜的生长脱落总周期为 120d。其中 30～120d SC 组微生物数量 OD 值、生物膜厚度、

生物膜蛋白质含量OD值如表2-9所示。

另外，从图2-48和图2-49中发现粗糙度小的试件表面生物膜厚度大于粗糙度大的试件表面生物膜厚度，这是由于粗糙度大的试件表面生物膜吸水变重，在重力作用下导致生物膜部分脱落。因此粗糙度对生物膜的特性具有一定的影响，粗糙度越大延长了微生物在试样表面的黏附时间，并且导致部分生物膜提前脱落。而对生物膜生长脱落总周期并无影响。

SC组生物膜厚度及成分含量 **表2-9**

时间(d)	微生物OD值	生物膜厚度(mm)	蛋白质OD值
30	0.998	0.29	0.048
60	3.025	1.10	0.129
90	2.949	1.51	0.406
120	2.101	1.33	0.501

粗糙度对成熟的生物膜宏微观形貌均无影响。两组试件30d试验龄期表面附着生物膜的宏微观形貌均已经成熟，之后的龄期两组试件表面生物膜宏微观形貌均无变化。从宏观角度发现生物膜是一种透明且含有白色物质的黏稠物且分布在气液交界面处；从微观角度发现生物膜外部包裹大量细菌，内部由大量片状分泌物（EPS）叠层复杂交错形成的孔洞结构体。粗糙度对生物膜生长脱落总周期并无影响，生物膜无论黏附在粗糙度大还是粗糙度小的砂浆试件表面，其生长脱落总周期均为120d。然而粗糙度对生物膜的特征有一定影响，粗糙度越大黏附时间越长，并且导致部分生物膜提前脱落。

第 3 章

培养基中水泥基材料的硫氧化细菌腐蚀行为与机理

3.1 试验方案及方法

1. 试验方案

试验采用硫氧化细菌菌液浸泡混凝土试样，浸泡方式采用半浸法，暴露空气部分标记1，侧表面气液交界面上下 5mm 区域标记 2，完全浸没液体部分标记 3，具体浸泡方式如图 3-1 所示。通过观察不同龄期不同位置处混凝土试样的宏观性能和微观性能变化来分析硫氧化细菌及其生物膜对混凝土的腐蚀作用，其中宏观性能包括混凝土的外观形貌和粗糙度变化、质量变化率和抗压强度；微观性能包括不同龄期和不同标记处的矿物组成及腐蚀深度、腐蚀产物的微观结构。试验设置对照组和试验组，其中对照组为灭菌后的无菌培养基，试验组为灭菌后的培养基＋硫氧化细菌培养至对数期的菌液，每组龄期设置两块试样。

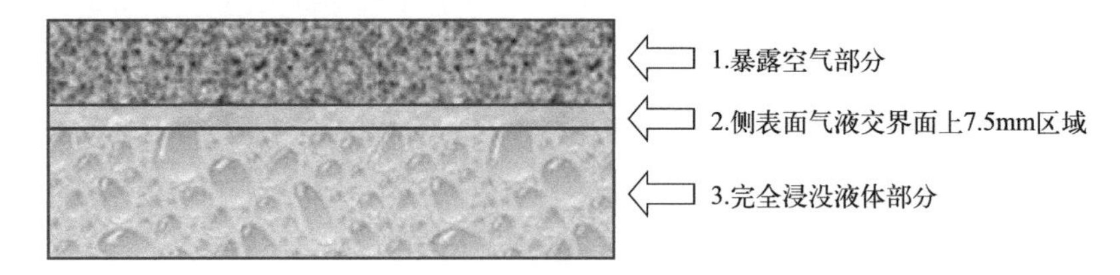

图 3-1　混凝土试样浸泡示意图

2. 试验方法

（1）粗糙度

采用超景深显微镜对混凝土试样不同标记处进行拍照并计算其粗糙度，通过浸泡菌液前后的粗糙度值，来表征腐蚀程度，其公式为式(3-1)：

$$C=(R_2-R_1)/R_1 \tag{3-1}$$

其中，C 是粗糙度变化值，R_1 是腐蚀前粗糙度值，R_2 是腐蚀后粗糙度值。

（2）质量变化率

首先将标准养护到 28d 的混凝土试样在浸泡菌液前称重得到质量 M_1，然后将浸泡至各龄期的试样取出称重得到质量为M_2，最后将两者差值M_2-M_1与浸泡前的质量M_1的比值得到质量变化率R，其公式为式(3-2)：

$$R=(M_2-M_1)/M_1 \tag{3-2}$$

其中，R是质量变化率，M_1是腐蚀前混凝土质量，M_2是腐蚀后混凝土质量。

(3) 抗压强度

按照《土工试验方法标准》GB/T 50123—2019进行无侧限抗压强度试验，采用电液式压力试验机对各龄期混凝土试样进行测试，加载速度控制在1.5kN/s，抗压强度取两组平行试样的平均值。

(4) 矿物组成

选用X射线衍射仪对不同龄期、不同标记处及不同深度的混凝土试样进行矿物组成分析，起始角度为5°，终止角度为60°，扫描步长为0.02°，扫描速度为10°/min，扫描范围选取5°～90°。

(5) 微观结构

对腐蚀后的混凝土试样进行微观结构分析，首先取腐蚀部位的混凝土试样，放置于80℃烘箱中干燥后研磨，然后采用JEC-3000FC AUTO FINE COATER全自动离子溅射仪对样品喷金、镀膜，再选用电子扫描显微镜拍摄腐蚀产物的微观形貌，最后采用EDS能谱根据样品表面不同元素发出来的特征X射线来分析元素的种类。

3.2 不同底物下硫氧化细菌对混凝土宏观性能的影响

为研究不同底物下培养的硫氧化细菌对混凝土试样的性能影响，分别用硫代硫酸钠和亚硫酸钠两种反应底物培养出的菌液浸泡混凝土试样，并测试混凝土的外观变化、质量变化率、抗压强度等宏观性能。

3.2.1 外观变化

分别以硫代硫酸钠和亚硫酸钠为反应底物培养出菌液浸泡混凝土试样，每15d观察一次混凝土试样的外观变化及硫氧化细菌的附着生长情况，如图3-2所示，其中A组为硫代硫酸钠试验组，B组为亚硫酸钠试验组。

观察图3-2(A)组可知，以硫代硫酸钠为底物培养的菌液在15d时已在混凝土表面的气液交界面处附着并形成黏稠状的生物膜，此时的混凝土试样外观没有明显变化；当浸泡龄期为30d时，混凝土试样表面分泌的生物膜更多，且混凝土试样液面下，即浸泡菌液的部位出现墨绿色的显色现象，原因是：硫氧化细菌为耗氧菌，在繁殖生长过程中消耗了菌液中溶解的氧气，而菌液中的氧气含量减少导致浸泡部分的水泥含量中的FeS和MnS等微量物质不被氧化而发生显色反应；当浸泡龄期继续达到45d、60d、75d、90d时，混凝土表面生物膜的附着范围更广，向液面下的混凝土区域扩展且厚度也在不断增加，而混凝土浸泡部分由墨绿色变为黑色，随着龄期的增加，显色现象更严重。

观察图3-2(B)组可知，混凝土试样在以亚硫酸钠为底物培养的硫氧化细菌菌液中浸泡

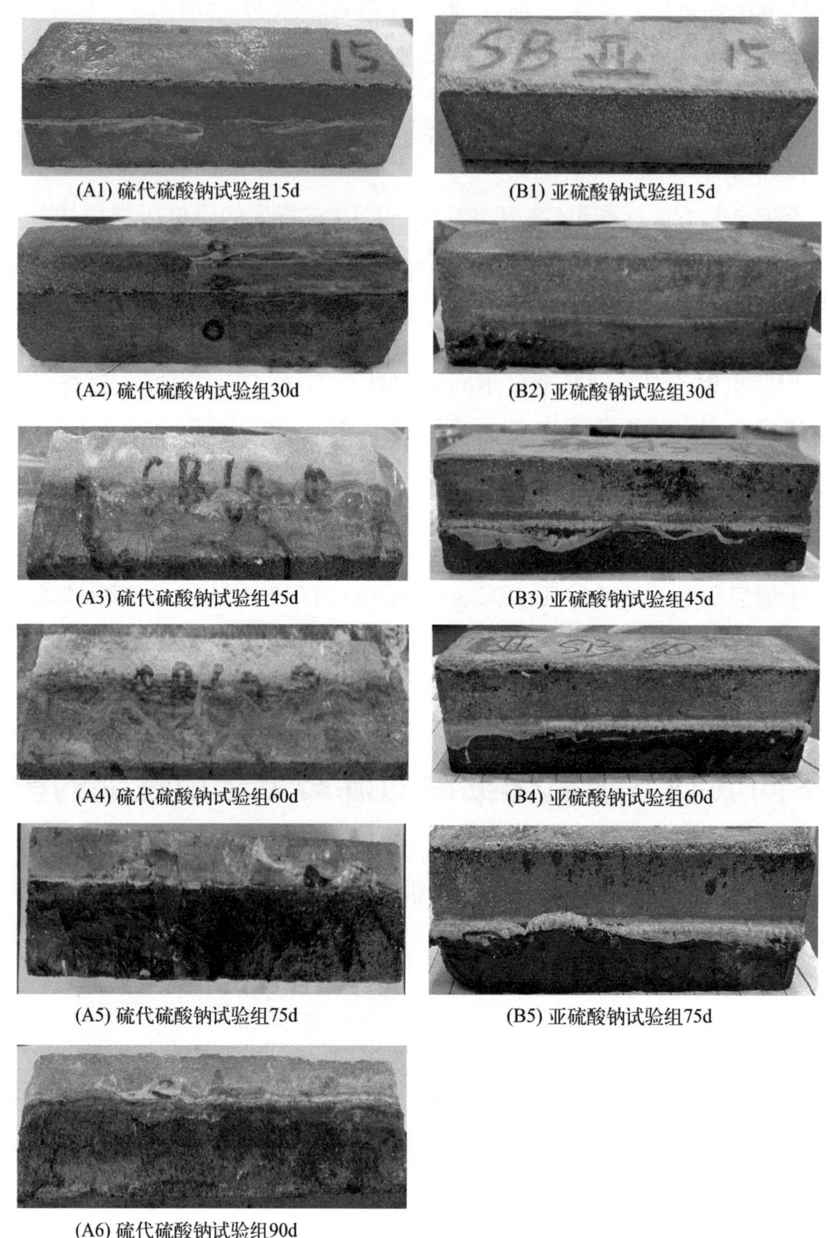

(A1) 硫代硫酸钠试验组15d　(B1) 亚硫酸钠试验组15d

(A2) 硫代硫酸钠试验组30d　(B2) 亚硫酸钠试验组30d

(A3) 硫代硫酸钠试验组45d　(B3) 亚硫酸钠试验组45d

(A4) 硫代硫酸钠试验组60d　(B4) 亚硫酸钠试验组60d

(A5) 硫代硫酸钠试验组75d　(B5) 亚硫酸钠试验组75d

(A6) 硫代硫酸钠试验组90d

图 3-2　两种底物下的外观形貌

15d 时没有附着物形成，混凝土外观上没有出现变化；当浸泡龄期为 30d 时，混凝土表面沿气液交界面出现线性的黄色絮状的硫酸钠晶体附着，且混凝土浸泡菌液的部位开始出现轻微显色反应；当浸泡龄期达到 45d 时，混凝土表面的硫酸钠晶体由淡黄色变为白色，由絮状变为云团状且厚度更大，此外除硫酸钠晶体外还出现类似硫代硫酸钠组的黏稠状物质，应是后期有生物膜的形成，此时混凝土试样浸泡部位全部出现显色反应；当浸泡龄期继续达到 60d、75d 时，混凝土表面的硫酸钠晶体厚度不断增加，但生物膜附着量没有明显增多，且混凝土表面浸泡菌液部位显色反应相对于硫代硫酸钠组更加明显，原因是溶液中的亚硫酸钠极易发生自然氧化反应：$2Na_2SO_3 + O_2 \rightleftharpoons 2Na_2SO_4$，溶液中的氧气消耗得更多所致。

3.2.2 质量变化率

分别以硫代硫酸钠和亚硫酸钠为反应底物培养出菌液浸泡混凝土试样，每15d测试一次混凝土试样的质量变化率，如图3-3所示，并设置以硫代硫酸钠和亚硫酸钠为反应底物的无菌培养基为对照组。

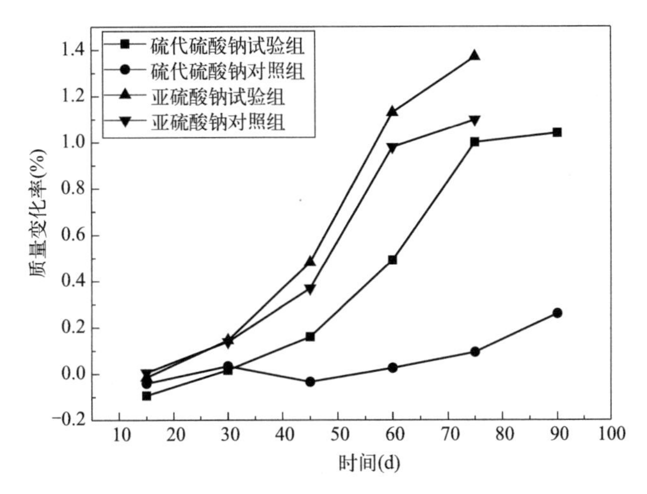

图3-3 混凝土试样在不同反应底物中浸泡不同时间后的质量变化率

图3-3为各组混凝土试样的质量变化率趋势，从图中可以看出：(1) 以硫代硫酸钠为反应底物时，试验组试样在45d前的质量变化不明显，15d、30d的质量增长率分别为−0.093%、0.017%，45d后的质量变化率明显增加，均超过了0.1%，其中45d、60d、75d的质量增长率分别达到0.16%、0.49%、1.0%，90d的质量增长率为1.04%，增长速率变缓；而对照组在60d后才出现质量变化率增加，在90d质量变化率才达到0.26%，原因是对照组溶液中的SO_4^{2-}含量较低，推测试验组的质量变化是由硫氧化细菌代谢产生的SO_4^{2-}侵蚀混凝土所形成的腐蚀产物造成的。(2) 以亚硫酸钠为反应底物时，试验组和对照组的质量变化率增长趋势接近，15～60d呈现明显增长的趋势，并在60d质量增长率达到了1.0%左右，随后质量增长放缓，质量变化的原因同样与SO_4^{2-}含量有关，亚硫酸钠组前期质量变化率较快的原因是试验组与对照组溶液中均含有大量的SO_4^{2-}，后期质量变化放缓的原因是SO_4^{2-}与混凝土内部的水化产物反应逐渐达到饱和。(3) 对比不同反应底物的试验组，可以看出两组试验组的增长趋势大致相同，但亚硫酸钠试验组的增长速率要明显大于硫代硫酸钠试验组，因为亚硫酸钠的自然氧化较快，在短时间内能迅速产生大量SO_4^{2-}。

3.2.3 抗压强度

分别以硫代硫酸钠和亚硫酸钠为反应底物培养出菌液浸泡混凝土试样，每15d测试一次混凝土试样的抗压强度，如图 3-4 所示，并设置以硫代硫酸钠和亚硫酸钠为反应底物的无菌培养基为对照组。

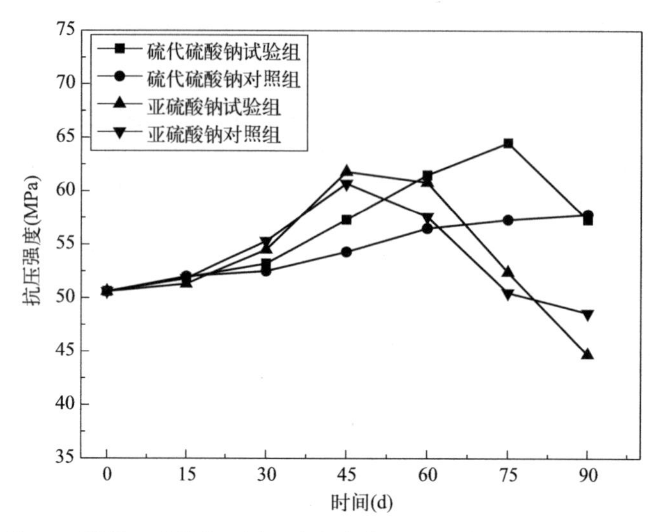

图 3-4　混凝土试样在不同反应底物中浸泡不同时间后的抗压强度

图 3-4 为各组混凝土试样的抗压强度变化趋势图，从图中可以看出：(1) 以硫代硫酸钠为反应底物时，试验组在 75d 之前的抗压强度均随着龄期的增加而增长，其中试验组的增长幅度要明显大于对照组，每 15d 的增长量分别为 1.3MPa、1.3MPa、3.9MPa、4.2MPa、3.0MPa，并在 75d 达到峰值 64.5MPa，随后在 90d 其抗压强度降至 57.3MPa，原因是硫氧化细菌代谢形成的 SO_4^{2-} 与混凝土的含钙化合物反应形成膨胀性产物石膏，改善了混凝土的内部结构，使抗压强度升高，当内部孔隙达到饱和后，继续生成的石膏造成了膨胀应力，使混凝土出现内部裂缝，进而破坏混凝土结构使抗压强度开始下降，而对照组的抗压强度在缓慢增长，与溶液中的 SO_4^{2-} 含量较低有关。(2) 以亚硫酸钠为反应底物时，试验组与对照组的抗压强度变化趋势大致相同，均在 45d 之前不断增大，在 45d 同时达到最大值，分别为 61.8MPa 和 60.7MPa，相差不大，两组在 45d 之后均开始下降，每个测试龄期的抗压强度差值都小于 3MPa，原因是以亚硫酸钠为反应底物时，试验组和对照组溶液中的 SO_4^{2-} 浓度相差不大，均主要来源于亚硫酸钠离子的化学氧化。(3) 相比于两种反应底物的试验组可以看出，两组的抗压强度变化趋势同样是先增长后降低，但亚硫酸钠试验组的增长速率更快，且更早达到最大值，原因是亚硫酸钠试验组溶液中的 SO_4^{2-} 浓度明显高于硫代硫酸钠试验组，而硫代硫酸钠试验组虽然增长速率较慢，但所达到的抗压强度最大值要大于亚硫酸钠试验组。

综上所述，混凝土的宏观性能，包括质量变化率及抗压强度的变化与溶液中的 SO_4^{2-} 浓度有关，而硫酸盐腐蚀为公认的混凝土破坏形式之一，当 SO_4^{2-} 浓度越高时，对混凝土试样的侵蚀就越快。

本节探明了硫氧化细菌对混凝土的腐蚀作用。混凝土试样在硫代硫酸钠环境下硫氧化细菌的生物腐蚀大于化学侵蚀，而在亚硫酸钠环境下，化学侵蚀要明显大于硫氧化细菌的生物腐蚀。首先亚硫酸钠试验组的质量变化率增长最快，且抗压强度在 45d 达到最大值

61.8MPa，亚硫酸钠对照组的质量变化率和抗压强度与试样组相差不大，说明硫氧化细菌对混凝土的影响不大，混凝土试样的破坏主要由于 SO_3^{2-} 自然氧化所形成的 SO_4^{2-} 侵蚀；其次，硫代硫酸钠试验组的质量变化率增长较慢，抗压强度最大值出现在75d，为64.5MPa，但硫代硫酸钠对照组的混凝土性能变化不大，说明硫代硫酸钠水解反应缓慢，大部分硫代硫酸钠作为硫氧化细菌的营养物质，转化形成 SO_4^{2-} 对混凝土试样造成了腐蚀。

3.3 硫氧化细菌及生物膜对混凝土性能的影响作用

目前，国际普遍认为污水管道的微生物腐蚀混凝土机理是：污水管道内的硫酸盐还原菌和硫酸盐氧化菌通过利用含硫化合物进行硫循环，产生生物硫酸，与混凝土中的含钙化合物反应形成石膏和钙矾石，进而造成膨胀破坏。那么，生物硫酸腐蚀与化学酸腐蚀的区别则在于生物膜在腐蚀过程中发挥的重要作用，生物膜为微生物提供了生长环境，并能够持续不断向混凝土内部输送腐蚀介质，因而造成的破坏程度要大于化学酸腐蚀。关于混凝土在腐蚀进程中的劣化行为研究已有许多，而关于生物膜在劣化过程中所发挥的作用，尤其是硫氧化细菌生物膜的作用则还未有之。因此，本节拟通过对比不同龄期生物膜附着位置与其他部位的性能差异，来分析硫氧化细菌及其生物膜对混凝土的腐蚀破坏作用，包括外观形貌变化、粗糙度变化、质量变化率和抗压强度等宏观性能以及矿物组成、腐蚀深度和微观形貌等微观性能。

3.3.1 宏观性能

1. 外观形貌

在上一章，观察了生物膜在混凝土表面的形成过程，而在这个过程中混凝土的外观也发生了相应的变化，结果如图3-5所示，其中A组为硫氧化细菌浸泡试验组，B组为无菌培养基对照组。

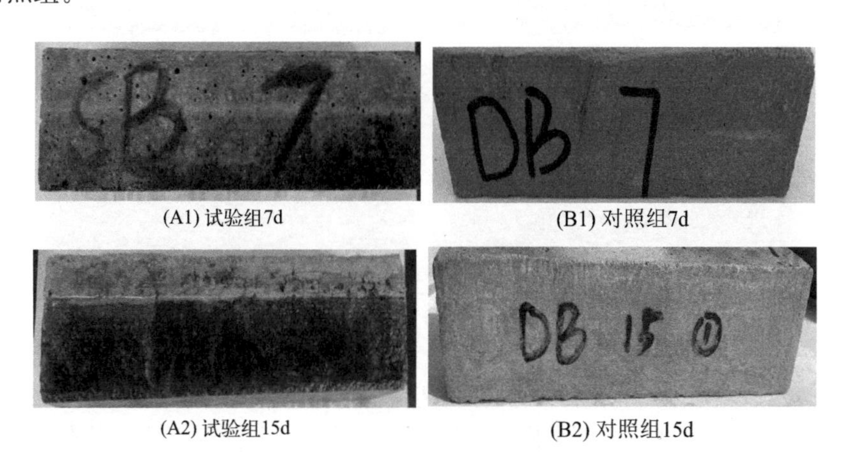

(A1) 试验组7d　(B1) 对照组7d

(A2) 试验组15d　(B2) 对照组15d

图3-5 混凝土试样的外观变化（一）

(A3) 试验组30d (B3) 对照组30d

(A4) 试验组45d (B4) 对照组45d

(A5) 试验组60d (B5) 对照组60d

(A6) 试验组75d (B6) 对照组75d

(A7) 试验组90d (B7) 对照组90d

(A8) 试验组105d (B8) 对照组105d

(A9) 试验组120d (B9) 对照组120d

图 3-5 混凝土试样的外观变化（二）

由图 3-5 可以看出：(1) 试验组试样在 7d，菌液浸泡部位局部出现颜色变化，自 15d 起至整个浸泡期内浸泡部位全部呈黑色，原因是硫氧化细菌为耗氧菌，其在代谢过程中消耗了溶液中的氧气，因而混凝土中的 FeS 和 MnS 等微量物质在低氧情况下发生了显色反应；试验组混凝土在浸泡 60d 前外观相对完好，表面平整，而从 75d 起浸泡部位出现颗粒状物体，随着浸泡时间的继续增长，浸泡部位表面的颗粒状物质越来越多且越来越粗糙，而暴露空气部位的外观及粗糙度没有变化，原因是腐蚀前期溶液中的 SO_4^{2-} 侵蚀混凝土，与内部含钙化合物反应形成腐蚀产物——石膏和钙矾石，而当腐蚀后期混凝土内部的含钙化合物反应完全，溶液中的 SO_4^{2-} 则主要以硫酸盐晶体形式在混凝土表面析出。当浸泡龄期达到 105d 时混凝土试样浸泡部位尤其是下底面及边角处的腐蚀现象更严重，开始出现水泥浆疏松、酥皮掉渣等情况，用手轻搓便能将边角处砂粒搓落，随着浸泡龄期的继续增加，混凝土表面破坏的情况更加严重。(2) 对照组混凝土试样在浸泡 60d 内没有明显的外观变化，在 75d 时浸泡部位局部出现显色反应，原因是外界耗氧微生物的进入，消耗了溶液内的部分氧气，而随着浸泡龄期的增加，显色反应没有发展至全部浸泡部位，说明杂菌的影响不大，在 105d 对照组混凝土表面同样开始出现粗糙度的变化且不断增多。

2. 粗糙度

为了量化混凝土表面粗糙度的变化程度，本文借助了超景深显微镜来实现混凝土表面粗糙度的计算，得到不同位置处腐蚀前后的表面图、超景深 3D 图，并根据公式 $C=(R_2-R_1)/R_1$ 计算出粗糙度，结果如表 3-1 所示。

混凝土表面粗糙度 表 3-1

位置	龄期	腐蚀前外观图	腐蚀前 3D 图	粗糙度	腐蚀后外观图	腐蚀后 3D 图	粗糙度	差值
暴露空气位置	15d			23.6			18.8	−4.8
	30d			15.8			16.7	0.9
	45d			30.5			26.5	−4
	60d			64.3			54.5	−9.8
	75d			25.6			20.9	−4.7
	90d			76.5			84.1	7.6
	105d			41.1			46.4	5.3
	120d			69.5			77.8	8.3

续表

位置	龄期	腐蚀前外观图	腐蚀前 3D 图	粗糙度	腐蚀后外观图	腐蚀后 3D 图	粗糙度	差值
生物膜附着处	15d			37.4			38.6	1.2
	30d			55.5			58.2	2.7
	45d			75.7			99.8	24.1
	60d	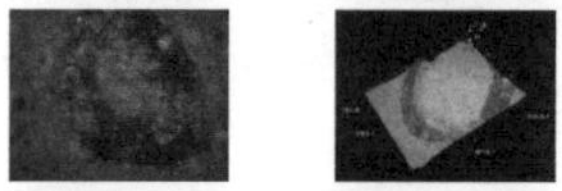		45.9	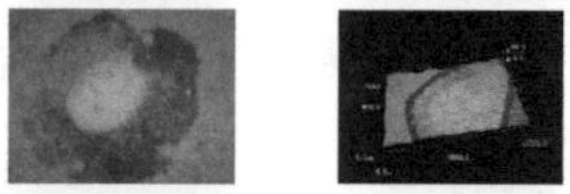		66.6	20.7
	75d	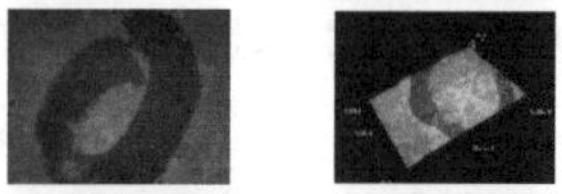		30.6			60.7	30.1
	90d			78.5	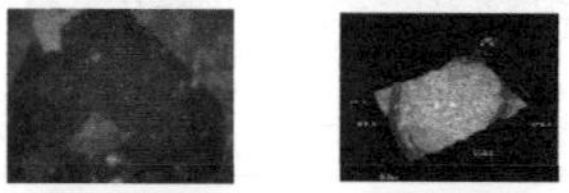		116.5	38
	105d			43.5			77.8	34.3
	120d	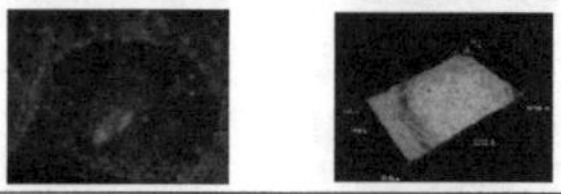		25.6	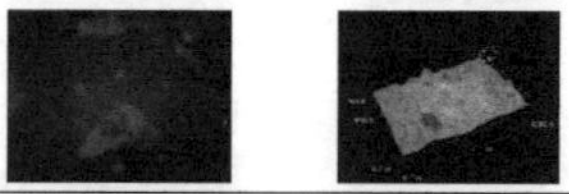		68.2	42.6
浸没菌液位置	15d			32.1			41.8	9.7
	30d	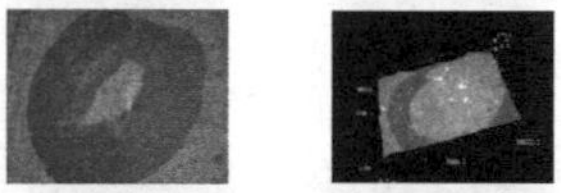		36.2			38.4	2.2
	45d			24.7			56.0	31.3
	60d			57.7			89.9	32.2
	75d			73.1			133.6	60.5
	90d			43.5	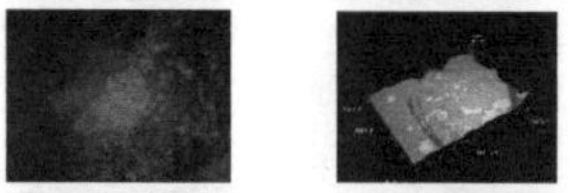		123.1	79.6
	105d			21.5			108.5	87
	120d			56.6			143.7	87.1

从表 3-1 可以看出，混凝土试样暴露空气的部位没有受到硫氧化细菌的侵蚀，其表面粗糙度没有明显变化，120d 内各龄期的前后粗糙度变化均不超过 10。而生物膜附着处及浸没菌液部位同一位置处腐蚀后的粗糙度要高于腐蚀前，且随着龄期的增加，粗糙度的增长越明显，但生物膜附着处的粗糙度增长幅度要小于浸没菌液处的粗糙度，在 60d 前生物膜附着处的粗糙度变化均不超过 30，60d 后的粗糙度变化均在 30 以上，在 120d 粗糙度变化值达到最大值为 42.6，而浸没菌液处的粗糙度变化在 45d 就达到了 31.3，且随着龄期的增加不断增长，在 120d 粗糙度变化达到了 87.1，明显高于生物膜附着处，因此推测混凝土表面的粗糙化与受到 SO_4^{2-} 侵蚀的程度有关，生物膜的附着在一定程度上减缓了混凝土的侵蚀，减缓了表面的粗糙化。

3. 质量变化率

每 15d 测试一次混凝土试样的质量变化率，如图 3-6 所示。

从图 3-6 中可以看出，混凝土试验组的质量增长率趋势随着时间不断增长。在 45d 前混凝土的质量变化率不明显，15d、30d、45d 的质量增长率仅分别为 −0.093%、0.017%、0.16%，此阶段可看作是腐蚀前期，SO_4^{2-} 对混凝土的侵蚀作用还不明显，而 45～75d 混凝土试样的质量变化率开始明显增加，60d、75d 的质量增长率分别达到 0.49%、1%，此阶段可看作是腐蚀中期，而 75d 后的质量增长率变缓，90d、105d、120d 的质量增长率分别为 1.04%、1.23%、1.31%，此阶段为腐蚀后期，推测混凝土质量增长率有两方面的原因，一是与腐蚀产物的形成量有关，在腐蚀前期（45d 之前）溶液中的 SO_4^{2-} 未渗透到混凝土的内部，所产生的腐蚀产物较少，因而质量增长率较低，在腐蚀中期（45～75d），硫酸根离子渗透进混凝土的内部，开始与水泥的水化产物反应形成大量的腐蚀产物，因此在该阶段的质量增长率迅速升高，而到了腐蚀后期（75d 之后），混凝土内部的水化产物反应较完全，所形成的腐蚀产物量逐渐达到饱和；二是与混凝土表面的生物膜形成有关，在腐蚀前期，生物膜形成较少且生物膜的结构中含有大量水分，多糖和蛋白质等有机成分较少，而腐蚀中期，生物膜形成进入快速增长期，厚度增长较快，且结构中多糖和蛋白质等有机物质组成含量越来越高，对混凝土整体的质量增长率也有所贡献，到了腐蚀后期，生物膜结构趋于成熟稳定，多糖和蛋白质等有机物质的变化不大，与混凝土质量增长率放缓变化一致，另外，腐蚀后期的生物膜结构较为致密，离子传输通道减少，对 SO_4^{2-} 的渗透具有一定的限制，因而所形成的腐蚀产物减少。最后，从对照组的质量变化率一直缓慢增长也可以看出，试验组的混凝土质量增长率与受到的硫酸盐侵蚀正相关。

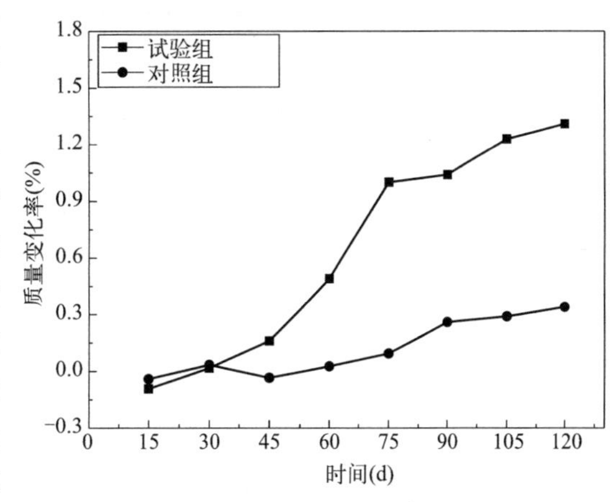

图 3-6 混凝土试样的质量变化率

4. 抗压强度

每 15d 测试一次混凝土试样的抗压强度，如图 3-7 所示。

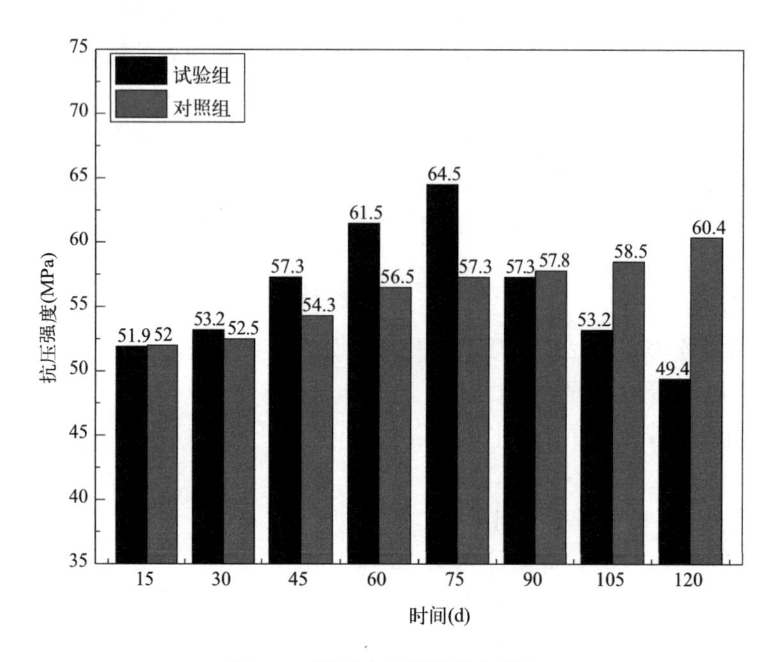

图 3-7 混凝土试样的抗压强度

从图 3-7 可以看出，在腐蚀阶段的中前期（75d 之前），试验组的抗压强度逐渐升高，由 15d 的 51. 9MPa 增长至 75d 的 64. 5MPa 并达到最高值，90d 以后的抗压强度则开始下降，说明此时混凝土试样已经受到腐蚀破坏，而对照组的抗压强度随着龄期的增加而缓慢增长。抗压强度的变化趋势基本与质量增长率的变化一致，说明了混凝土的性能变化主要是受到了硫酸盐的侵蚀，按照 MICC 腐蚀机理的解释：SO_4^{2-} 的渗透与混凝土内部的水化产物反应，形成膨胀性产物石膏和钙矾石，在腐蚀前期，SO_4^{2-} 的渗透缓慢，所形成的腐蚀产物较少，对混凝土的质量增长率及抗压强度影响不大，而腐蚀中期，SO_4^{2-} 的渗透加快，形成的腐蚀产物填充了混凝土的孔隙，使得内部结构更加密实，质量增长，抗压强度提高，而腐蚀后期，继续形成的腐蚀产物使孔隙逐渐达到饱和并在混凝土表面析出，使表面粗糙度出现变化，且在混凝土内部产生膨胀应力，出现裂缝，当内部裂缝逐渐贯穿导致了力学性能的下降。

3.3.2 微观性能

1. 矿物组成

为分析硫氧化细菌对混凝土的腐蚀机理，试验采用 XRD 测试混凝土试验不同位置随龄期的矿物组成变化，结果如图 3-8 所示。

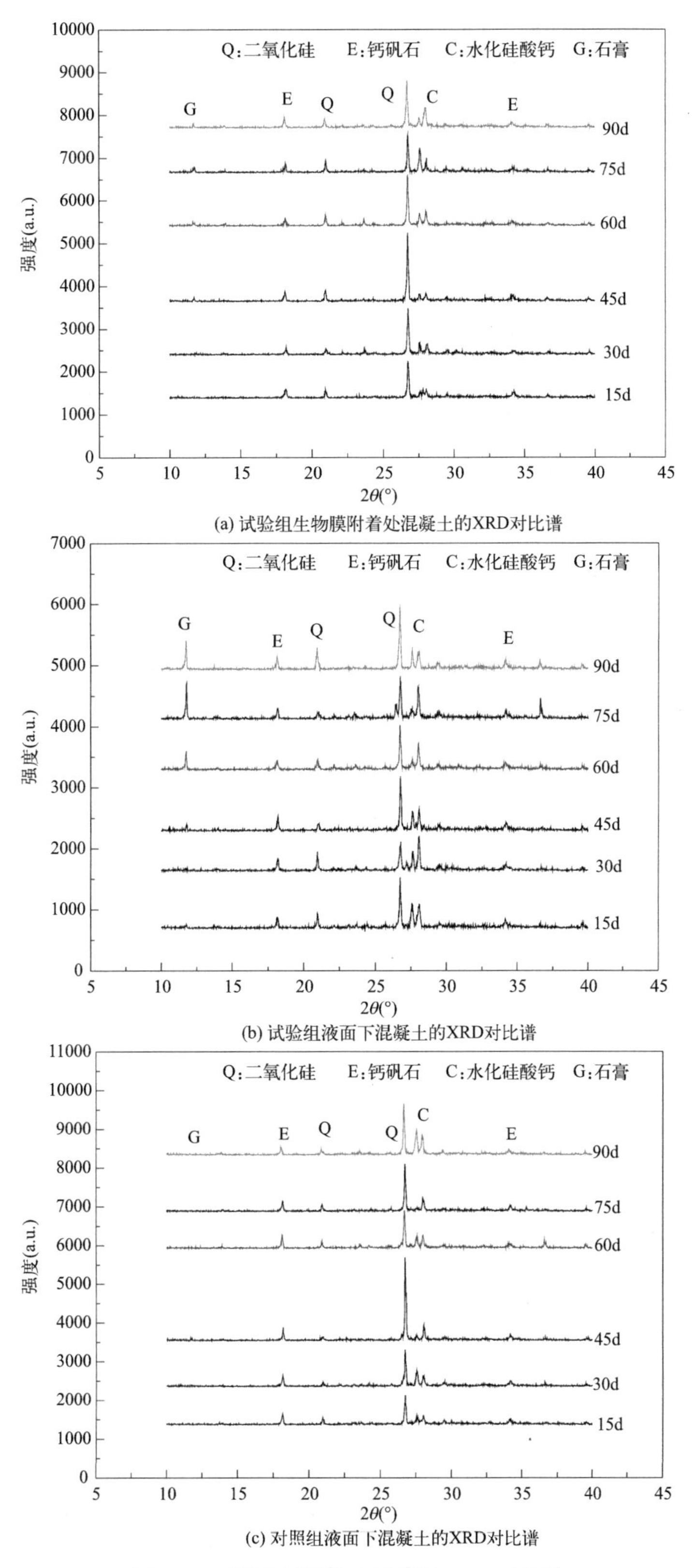

(a) 试验组生物膜附着处混凝土的XRD对比谱

(b) 试验组液面下混凝土的XRD对比谱

(c) 对照组液面下混凝土的XRD对比谱

图 3-8　不同位置混凝土试样的 XRD 对比谱

从图 3-8(a) 中可以看出，试验组生物膜附着处的混凝土试样的石膏衍射峰在 45d 出现，但峰型较小，说明含量不高且后期变化增长明显，而从图 3-8(b) 中可以看出，液面以下的混凝土试样同样在 45d 出现石膏的衍射峰，峰型虽小但较为明显，45d 之后的石膏衍射峰峰型有明显的升高趋势，衍射峰波峰较大且尖锐，说明该区域混凝土内部的石膏含量在腐蚀后期大量增长。从图 3-8(c) 可以看出，对照组液面下的混凝土试样在整个浸泡龄期内未出现明显石膏的衍射峰，说明石膏的形成与溶液中 SO_4^{2-} 浓度有关。从三组 XRD 图谱可以看出，在硫氧化细菌作用下，混凝土的主要产物为石膏，而钙矾石的衍射峰在各个位置均有出现，但没有明显的差异和变化。因此可以得出结论：硫氧化细菌对混凝土的腐蚀破坏主要由其代谢产物 SO_4^{2-} 侵入混凝土的内部，生成膨胀石膏，造成混凝土的性能变化，而试验组不同位置的石膏含量差异的原因主要有两方面：一是在静止环境下，硫氧化细菌代谢产生的 SO_4^{2-} 主要分布在溶液的底部；二是与生物膜的附着有关，生物膜的形成对 SO_4^{2-} 的渗透性产生一定影响。根据上文的结论，当生物膜的发展进入稳定期后，其内部的离子进出通道减少，因而进入混凝土内部的 SO_4^{2-} 受到一定的限制，说明成熟稳定的生物膜对混凝土起到一定的保护作用。

2. 腐蚀深度

由 XRD 定性分析结果表明，硫氧化细菌的腐蚀产物为石膏，且在腐蚀后期不断增多，为了解不同龄期的腐蚀产物的分布情况，因此对 45d 后试验组不同深度 0～5mm、5～10mm、10～15mm 的石膏含量进行 XRD 定量分析，结果如表 3-2 所示。

XRD 定量分析腐蚀产物含量表（%） **表 3-2**

位置	龄期(d)	腐蚀产物	0～5mm	5～10mm	10～15mm
试验组生物膜附着处	45	石膏	8.7	4.2	2.6
		钙矾石	91.3	95.8	97.4
	60	石膏	12.1	6.3	2.8
		钙矾石	87.7	93.7	97.2
	75	石膏	28.8	16.1	8.8
		钙矾石	71.2	83.9	91.2
	90	石膏	26.4	18.6	13.4
		钙矾石	73.6	81.4	86.6
试验组混凝土下表面	45	石膏	22.2	16.1	6.5
		钙矾石	77.8	83.9	93.5
	60	石膏	50.5	42.3	33.7
		钙矾石	49.5	57.7	66.3
	75	石膏	88.6	61.2	50.4
		钙矾石	11.4	38.8	49.6
	90	石膏	84.6	68.2	61.1
		钙矾石	15.4	31.8	38.9

续表

位置	龄期(d)	腐蚀产物	0～5mm	5～10mm	10～15mm
对照组混凝土下表面	45	石膏	10.6	9.2	9.7
		钙矾石	89.4	90.8	90.3
	60	石膏	9.6	9.0	8.8
		钙矾石	90.4	91.0	91.2
	75	石膏	12.7	10.3	9.9
		钙矾石	87.3	89.7	90.1
	90	石膏	13.2	11.0	10.4
		钙矾石	86.8	89.0	89.6

由表3-2可知，试验组的石膏相对含量随龄期的增加而增长，随深度的增加而递减，说明石膏的形成与外部 SO_4^{2-} 的渗透有关。但试验组不同位置的石膏含量增长速率却有明显差别，生物膜附着处的石膏相对含量增长较慢，在90d 0～5mm深度的石膏相对含量为26.4%，10～15mm深度的石膏相对含量仅占13.4%。而试验组混凝土下表面的石膏含量增长显著，45d时0～5mm、5～10mm、10～15mm深度的石膏相对含量分别为22.2%、16.1%、6.5%；60d时0～5mm深度的石膏相对含量达到50.5%，5～10mm深度的石膏相对含量为42.3%，10～15mm深度的石膏相对含量为33.7%；75d时5～10mm深度的石膏相对含量为88.6%，10～15mm深度的石膏含量为61.2%，10～15mm深度的石膏相对含量达到50.4%，均超过了50%；90d时0～15mm深度的石膏相对含量为84.6%，5～10mm深度的石膏相对含量为68.2%，10～15mm深度的石膏相对含量达到61.1%，与75d相比，表层的石膏相对含量相近，而5～15mm深度的石膏相对含量上升，说明此时下表面已受到的 SO_4^{2-} 侵蚀严重，腐蚀深度已达到混凝土试样的内部。

3. 微观形貌

采用SEM-EDS观察试验组混凝土试样的腐蚀产物微观形貌，结果如图3-9所示。

图3-9(a)是90d腐蚀产物的扫描电镜电子形貌图，图3-9(b)是腐蚀产物的面能谱分析总图，图3-9(c)是O元素分布图，图3-9(d)是Ca元素分布图，图3-9(e)是S元素分布图。从元素分布图中可以证实，该物质的主要元素构成是氧、钙、硫。标准 $CaSO_4 \cdot 2H_2O$ 试样的微观形貌主要为板状或针棒状，如图3-10所示，通过比对微观形貌可验证试验组中的腐蚀产物是 $CaSO_4 \cdot 2H_2O$。

本节研究了硫氧化细菌及其生物膜对混凝土的性能影响，通过宏观性能的外观形貌、粗糙度、质量变化率、抗压强度，微观性能的矿物组成、腐蚀深度和微观形貌等方面进行分析，得出以下结论：混凝土出现显色反应是由于硫氧化细菌的呼吸作用消耗了试验组溶液中的溶解氧，混凝土的性能变化与 SO_4^{2-} 的渗透形成腐蚀产物有关。生物膜的附着限制了 SO_4^{2-} 的渗透，因此该处的粗糙度变化程度低于混凝土底部，在45d前，生物膜对 SO_4^{2-} 的渗透影响不大，渗透深度较浅，因此形成的腐蚀产物较少，对混凝土的性能影响较小；而在45～75d，生物膜的快速增长促进了 SO_4^{2-} 的渗透，腐蚀深度和腐蚀产物加剧，因此增加了表面的粗糙度，提高了质量变化率和抗压强度；在75d之后，虽然生物膜的厚度阻碍了 SO_4^{2-} 的渗透，但对混凝土已经造成破坏，腐蚀产物的膨胀破坏造成混凝土

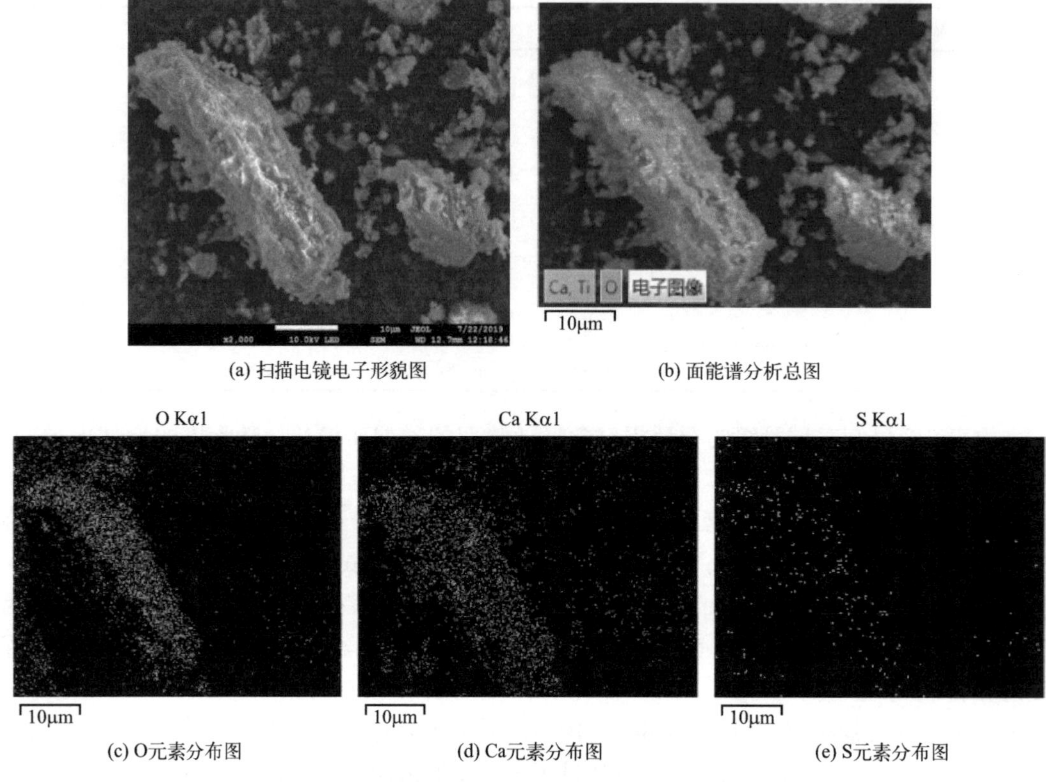

(a) 扫描电镜电子形貌图　(b) 面能谱分析总图

(c) O元素分布图　(d) Ca元素分布图　(e) S元素分布图

图 3-9　试验组腐蚀产物的微观形貌及能谱图

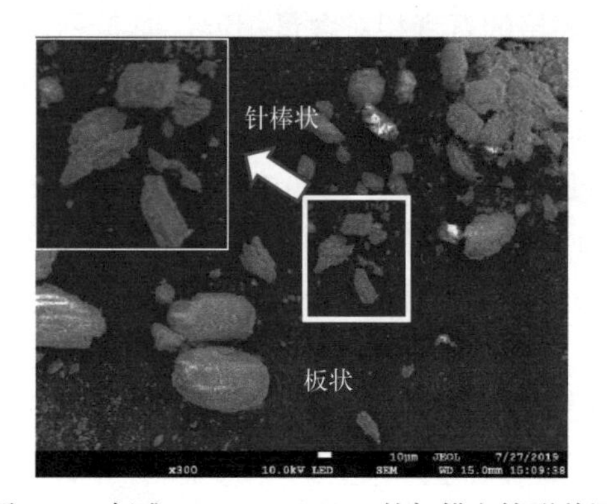

图 3-10　标准 $CaSO_4 \cdot 2H_2O$ 的扫描电镜形貌图

表面的酥皮和内部的胀裂，使得抗压强度不断下降。

第 4 章

污水环境中水泥基材料的硫氧化细菌腐蚀行为与机理

4.1 试验方案及方法

1. 试验方案

(1) 硫氧化细菌腐蚀混凝土试验方案

试验设置 7 个腐蚀龄期，分别为：出现粗糙/颜色变化、30d、60d、90d、120d、180d、240d。考虑到污水处理厂中大部分结构（如污水管道、初沉池、二沉池等）均为混凝土结构，污水流经这些混凝土结构后水位的高低、液面的波动、水流的湍急等都会使污水与管壁或者池壁形成气液交界面（干湿交替面）。因此，本章采用半浸和全浸两种不同浸泡方式模拟硫氧化细菌对混凝土的腐蚀破坏，浸泡方式示意图如图 4-1 所示。硫氧化细菌对混凝土的腐蚀破坏过程中试样分为腐蚀组和对照组。其中：

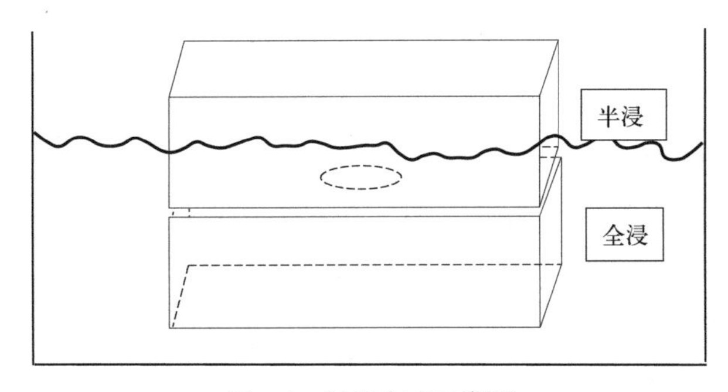

图 4-1 浸泡方式示意图

腐蚀组：在灭菌后的污水培养基中加入培养至四代的硫氧化细菌，将其振荡培养 4d 后加入 10g/L 硫代硫酸钠用于试验。在整个试验周期 240d 内，每隔 15d 换一次侵蚀溶液。SB240 表示腐蚀组半浸龄期为 240d 的混凝土试样，SQ240 表示腐蚀组全浸龄期为 240d 的混凝土试样。

对照组：灭菌后污水培养基加 10g/L 硫代硫酸钠。XDB240 表示对照组半浸龄期为

240d 的混凝土试样，XDQ240 表示对照组全浸龄期为 240d 的混凝土试样。

此外，为深入探明硫氧化细菌对混凝土的腐蚀破坏规律和腐蚀机制，试验过程中将测试环境介质的 pH 值、SO_4^{2-} 浓度和液面溶出物质及混凝土试样外观、粗糙度、质量、抗压强度、矿物组成和微观结构的演变规律。

（2）硫氧化细菌对砂浆性能的影响试验方案

将试验分为试验组（S）和对照组（D），试验组使用培养 4d 的微生物培养液，对照组使用灭菌污水培养基，保证封闭无杂菌进入。之后将两组试件分别放入试验装置中，使液体浸没试件一半，每隔一个循环 15d 更换一次液体，浸泡龄期分别为 30d、60d、90d、120d。其中，试验组试件气液交界面处记为 SS、对照组试件气液交界面处记为 DS。首先使用普通照相机、超景深显微镜、SEM 观察试件浸泡 30d 后表面宏微观形貌。其次采用阴离子色谱仪和 pH 计分别研究试验组和对照组液体介质（一个循环 1～15d）中 SO_4^{2-} 浓度和酸碱度变化。并且测试试件 28d 养护后的抗压强度及浸泡不同龄期（30d、60d、90d、120d）后的抗压强度。最后结合 XRD 和 TGA 分析试件浸泡 120d 后 SS 和 DS 的矿化产物。

（3）不同粗糙度下硫氧化细菌及其生物膜对砂浆性能的影响试验方案

试验设置两组不同粗糙度试件，其中一组标记为 S（粗糙度值为 32.61μm），另一组标记为 SC（粗糙度值为 103.60μm）。两组试件均放置装有培养 4d 微生物溶液装置中，15d 更换一次液体。浸泡龄期分别为 30d、60d、90d、120d。其中，S 组试件气液交界面处（附着生物膜）记为 SS、S 组试件侧面底部（未附着生物膜）记为 SX；SC 组试件气液交界面处（附着生物膜）记为 SCS、SC 组试件侧面底部（未附着生物膜）记为 SCX。首先，从宏观性能的角度分析，测试试件浸泡不同龄期（0、30d、60d、90d、120d）后的抗压强度，探究试件抗压强度随试验龄期的变化规律。然后从电化学角度分析，使用电化学工作站测量附着生物膜试样（YM）和去除生物膜试样（QM）电化学阻抗谱，揭示生物膜的特性和砂浆试件孔隙度的变化。最后从微观性能角度分析，采用 XRD、TG 分析仪、SEM、EDS 测量试件的矿物组成，探究试件矿物组成随试验龄期的变化，并揭示生物膜对砂浆性能的影响。

2. 试验方法

（1）环境介质的测试

将混凝土试样浸泡于含有硫氧化细菌、营养物（$Na_2S_2O_4$）、培养基的污水环境中，测试浸泡过程中溶液的 pH 值、SO_4^{2-} 浓度及液面溶出物质，pH 值采用精密 pH 试纸测试，SO_4^{2-} 浓度采用离子色谱仪（ICS-1500）测试，溶出物质用 XRD 分析。

（2）混凝土试样的表征

1）对已到腐蚀龄期试样采用 VHX-600K 型超景深电子显微镜拍照并计算其粗糙度值，通过对比腐蚀前后试样粗糙度值来表征腐蚀程度。结果用粗糙度变化率表征，计算公式为：

$$R=\frac{R_{a1}-R_{a0}}{R_{a0}}\times 100\% \tag{4-1}$$

式中　R——粗糙度变化率；

R_{a0}——腐蚀前粗糙度值（μm）；

R_{a1}——腐蚀后粗糙度值（μm）。

2）对已到腐蚀龄期试样称重，通过对比腐蚀前后的质量差来表征腐蚀程度。分析结果用质量损失率表征，计算公式为：

$$L=\frac{m_0-m_1}{m_0}\times 100\% \tag{4-2}$$

式中 L——质量损失率；

m_0——腐蚀前混凝土试样质量（g）；

m_1——腐蚀后混凝土试样质量（g）。

3）对腐蚀后试样进行矿物组成和微观结构分析，其中矿物组成分析，采用日本X射线衍射仪 Ultima IV，起始角度为5°，终止角度为90°，扫描步长为0.02°，扫描速度为8°/s。微观结构分析，采用JEC-3000FC AUTO FINE COATER 全自动离子溅射仪对样品喷金、镀膜，然后在JSM-7800F扫描电子显微镜下观察样品。

（3）砂浆试件表征方法

1）粗糙度

采用超景深显微镜型号对35个砂浆试件侧面中间部位测量粗糙度数据，并结合文献方法计算粗糙度值，然后去掉最大值和最小值再计算33个试件粗糙度的平均值。

2）抗压强度

按照《水泥胶砂强度检验方法（ISO法）》GB/T 17671—2021，使用压力试验机，加载速度控制在2.5kN/s，测试砂浆试件的抗压强度。

3）电化学阻抗

用切割机从浸泡试件表面取下长1cm、宽1cm、厚度2mm且附着生物膜的砂浆试样，并将试样中砂浆基体裸露部分用石蜡封住，使用电化学工作站中工作电极板与砂浆试样附着生物膜部分连接，使用与试验液体介质 SO_4^{2-} 浓度接近的硫酸钠溶液（3500mg/L）作为电解质溶液。采用电化学工作站交流电压为10mV，频率为0.1～1MHz，从电化学角度研究生物膜的特性和砂浆试件孔隙度的变化。电化学阻抗谱试验装置示意图如图4-2所示。

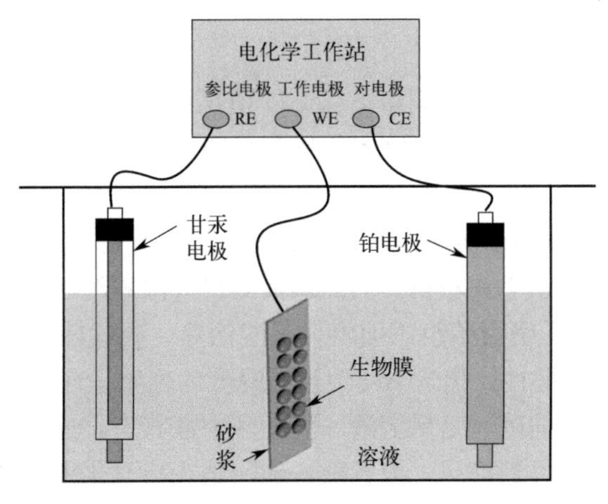

图4-2 电化学阻抗谱试验装置示意图

4）物质组成和微观形貌

①矿物组成

选取试件表面 1mm 试样，研磨成粒径小于 10μm 的粉末，使用 X 射线衍射仪，测试角度为 10°～80°，测速为 4°/min，对矿物组成进行测试。

②热分析

使用热重 TGA 分析仪，取 5～6mg 试样，放入坩埚中，样品不超过坩埚体积的三分之一，测温区间 0～800℃间接定量分析表面矿物组成。

③微观形貌

将样品烘干后，取小部分试样用导电胶将其粘贴在载物台上，使用电子扫描显微镜，喷金 120s，加速电压为 2kV，观察矿物组成形貌。

通常认为，污水管道微生物对混凝土腐蚀原因是硫酸盐还原菌将污泥中有机硫酸转化为低价硫，然后低价硫在硫氧化细菌作用下产生高价硫化氢气体，硫化氢气体与氧气接触生成硫酸造成了混凝土腐蚀。那么，污水中若仅存在其中一种微生物是否同样会造成混凝土的腐蚀破坏，目前国内尚未有相关研究。因此，本章拟研究其中一种微生物硫氧化细菌对混凝土的腐蚀破坏行为。通过对溶液 pH 值、SO_4^{2-} 浓度、液面溶出物质及试样外观、粗糙度、质量、抗压强度、矿物组成、微观结构和腐蚀速率的研究，以期探明硫氧化细菌对混凝土的腐蚀破坏规律和破坏机制。

4.2 硫氧化细菌对环境介质的影响

查阅大量文献发现，硫氧化细菌有将低价态硫氧化为高价态硫的能力，高价态硫可能为高价态的 SO_4^{2-}，也可能为中间态的硫单质。为探明硫氧化细菌作用下混凝土的腐蚀破坏规律和破坏机制。首先对混凝土试样所处的环境介质进行研究，其研究内容包括 pH 值、SO_4^{2-} 浓度和液面溶出物质。

4.2.1 pH 值

在腐蚀龄期 240d 内，每隔 1d 测得溶液 pH 值结果如图 4-3 所示。其中图 4-3(a) 为未添加硫氧化细菌的对照组溶液 pH 值变化情况，图 4-3(b) 为添加硫氧化细菌的腐蚀组溶液 pH 值变化情况。

由图 4-3(a) 可知，对照组溶液 pH 值始终低于 7.0，即显酸性。腐蚀组溶液，即图 4-3(b) pH 值则始终保持在 7.0 左右。而试验前测得灭菌后污水培养基在未添加硫代硫酸钠时的 pH 值为 6.7。这说明对照组添加硫代硫酸钠后，硫代硫酸钠发生自身水解，产生了 H^+，造成溶液逐渐呈酸性，出现 pH 值逐渐降低的现象。而腐蚀组溶液相对于对照组而言，则多加入了硫氧化细菌，结果溶液一直呈现中性状态，这说明，硫代硫酸钠的水解程度在硫氧化细菌作用下得到抑制，或者硫代硫酸钠在硫氧化细菌作用下发生了其他生化反应，导致其提供的 OH^- 数量增多，而 H^+ 数量减少，从而出现了腐蚀溶液最终呈现中性的现象。

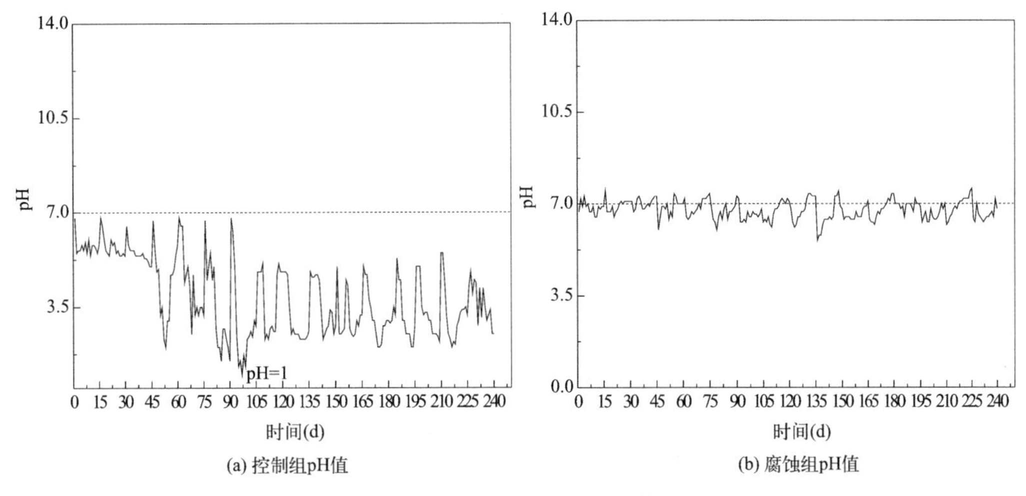

图 4-3　0～240d 溶液 pH 值

4.2.2　SO_4^{2-} 浓度

试验方案中已提到浸泡混凝土的环境溶液每隔 15d 更换一次，取浸泡过混凝土试样后 0、15d、30d、45d、60d、75d 的溶液，进行 SO_4^{2-} 浓度测试，结果如表 4-1 和图 4-4 所示。由于 SO_4^{2-} 浓度每隔 15d 测试结果相差不大，后期将不再进行测试。

SO_4^{2-} 浓度　　**表 4-1**

时间/d	SO_4^{2-} 浓度(mg/L)	
	控制组	腐蚀组
0	8587.15	2389.76
15	15672.49	3200.78
30	15064.24	2621.72
45	15644.67	2455.93
60	17536.94	3049.69
75	16680.56	3307.41

注：灭菌污水未加 $Na_2S_2O_3$ 时 SO_4^{2-} 浓度为 459.45mg/L。

由表 4-1 和图 4-4 可知，在对照组和腐蚀组中分别投入相同浓度 10g/L 且相同量的硫代硫酸钠时，对照组 SO_4^{2-} 浓度远大于腐蚀组 SO_4^{2-} 浓度。出现此现象的原因是：对照组硫代硫酸钠自身水解将其中的硫全部转化为 SO_4^{2-}，而腐蚀组硫代硫酸钠在硫氧化细菌的作用下将硫代硫酸钠中的低价态硫一部分转化为高价态 SO_4^{2-}，另一部分硫则转化为其他中间态硫所致。

4.2.3　溶出物质

对腐蚀组溶液表面溶出的黄色片状物质，进行超景深显微镜观察，结果如图 4-5(a)

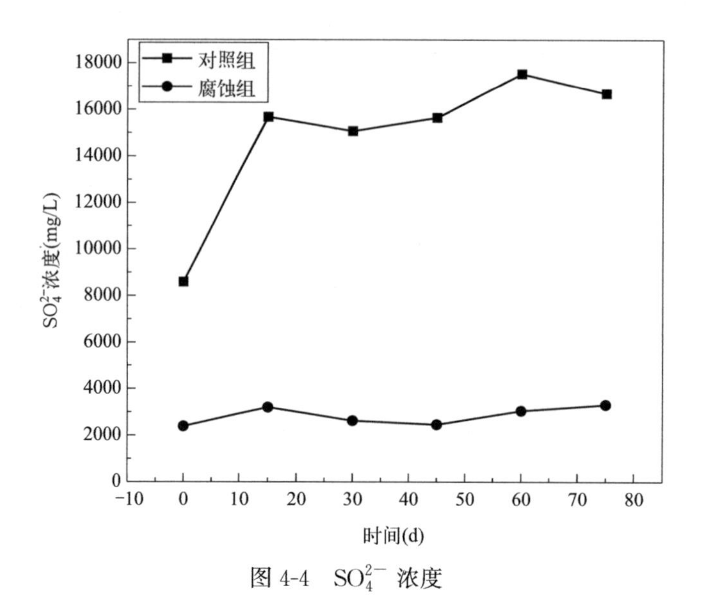

图 4-4 SO_4^{2-} 浓度

所示，矿物组成结果如图 4-5(b) 所示，而对照组溶液表面并未出现该溶出物质。

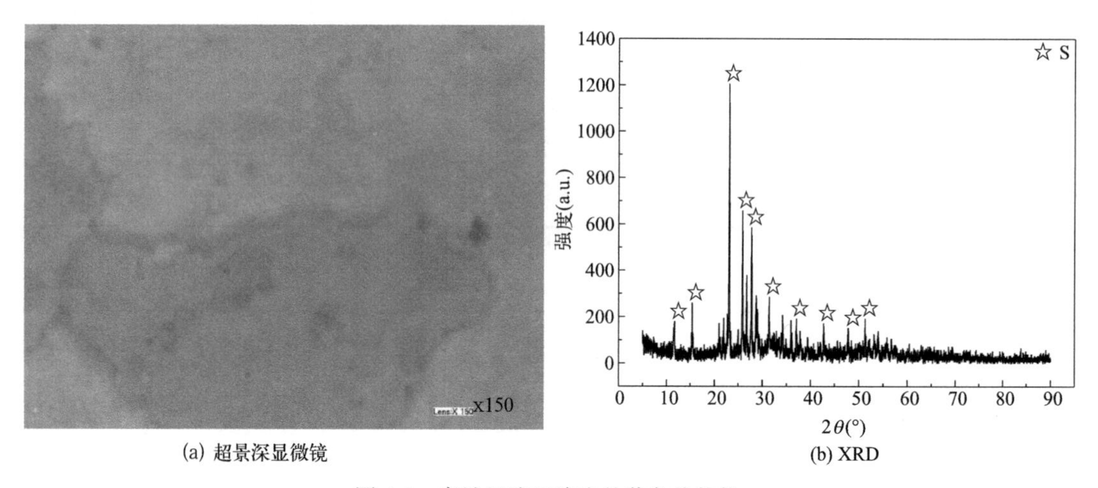

(a) 超景深显微镜 (b) XRD

图 4-5 腐蚀组液面溶出的黄色片状物

由图 4-5 可知，腐蚀组出现的黄色物质为硫单质。再结合溶液 pH 值及 SO_4^{2-} 浓度变化，发现与文献中描述的硫代硫酸钠水解反应结果吻合，即腐蚀组在微生物作用下，硫代硫酸钠发生的反应为：$4S_2O_3^{2-}+2H_2O+O_2 \longrightarrow 2S_4O_6^{2-}+4OH^-$，硫氧化细菌进一步代谢将 $S_4O_6^{2-}$ 中三硫代和二硫代产物转化为 SO_4^{2-}，另一部分 $S_2O_3^{2-}$ 转化为硫单质。而对照组发生的水解反应为：$S_2O_3^{2-}+H_2O+2O_2 \rightarrow 2SO_4^{2-}+2H^+$。上述反应解释了对照组溶液 pH 值呈现酸性，而腐蚀组溶液 pH 值呈现中性的原因，也进一步解释了对照组溶液中 SO_4^{2-} 浓度高于腐蚀组溶液 SO_4^{2-} 浓度的原因。

此外，对照组和腐蚀组发生上述反应也表明，对照组发生反应需要的氧气含量较腐蚀组更多，这也与实际二者溶液中的溶氧量相吻合。对照组溶液在高温灭菌后需氧微生物含量几乎为零，因此溶液溶氧充足。而腐蚀组溶液在加入硫氧化细菌后消耗大量的氧气，使溶液溶氧较少。

4.3　硫氧化细菌对混凝土宏观性能的影响

4.3.1　外观和粗糙度

1. 外观

图 4-6 为不同腐蚀龄期半浸环境下试样外观变化情况，每个龄期三行分别为：上表面、侧表面、下表面，每行从左到右分别为对照组未除表面物、对照组已除表面物、腐蚀组未除表面物、腐蚀组已除表面物的情况下试样表面状态。图 4-7 为不同腐蚀龄期全浸环境下试样外观变化情况。以出现变化标记为例。

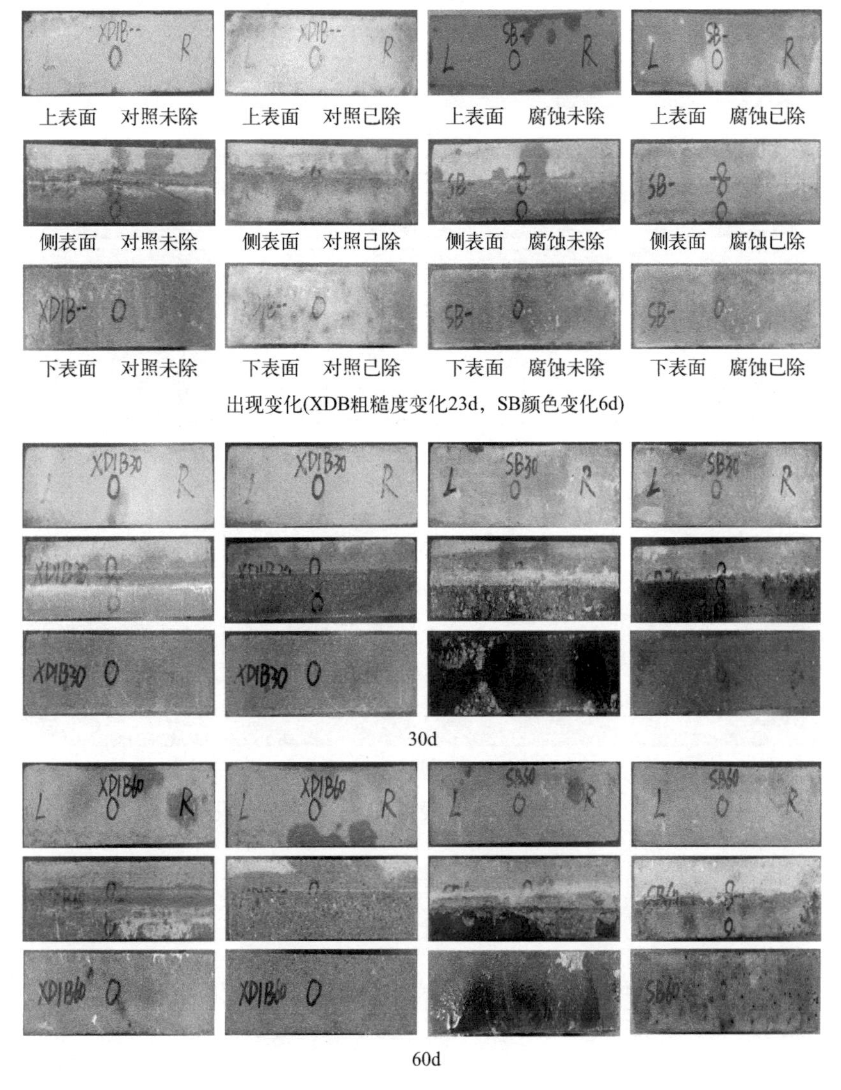

图 4-6　不同腐蚀龄期半浸环境下试样外观变化（一）

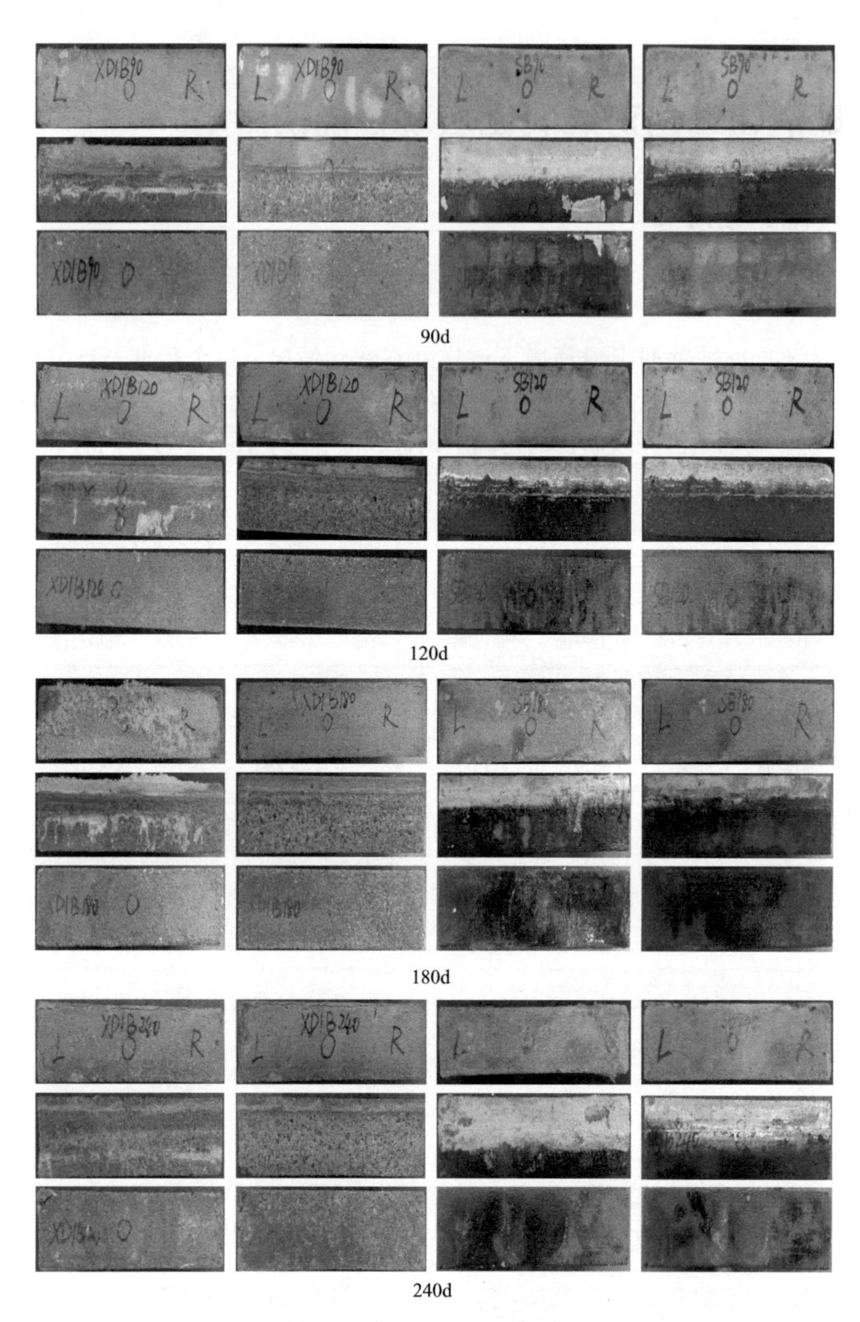

图 4-6　不同腐蚀龄期半浸环境下试样外观变化（二）

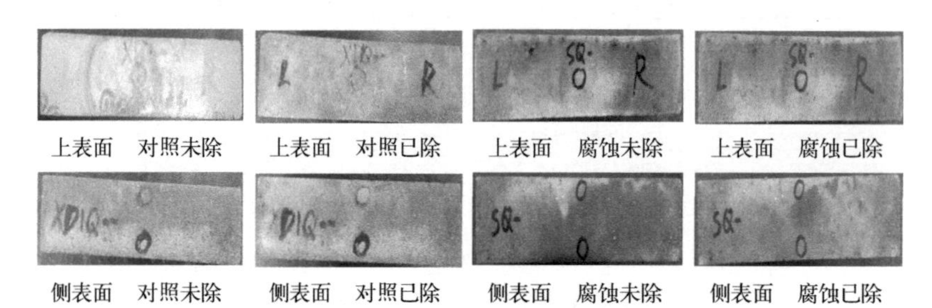

图 4-7　不同腐蚀龄期全浸环境下试样外观变化（一）

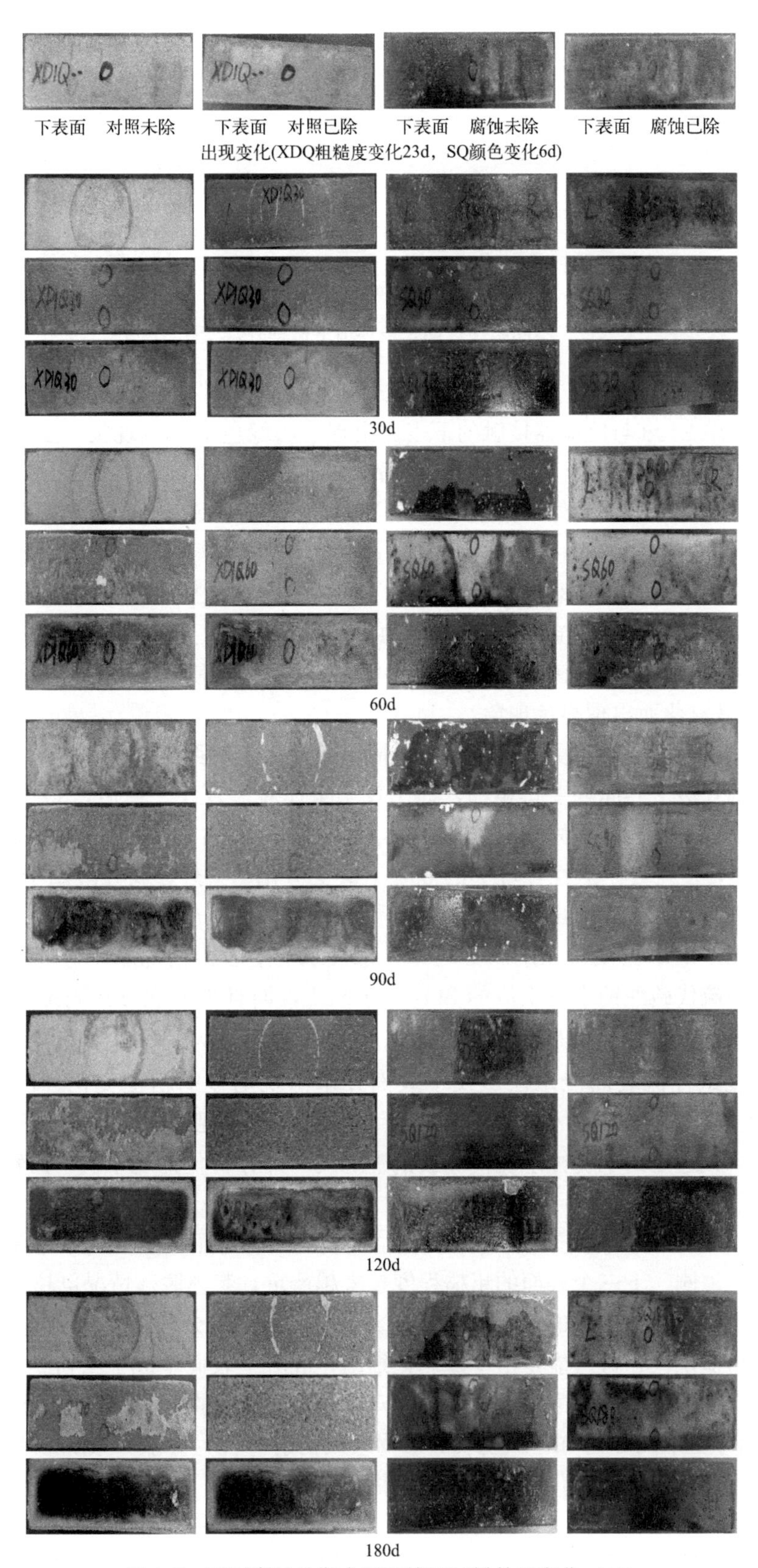

图 4-7　不同腐蚀龄期全浸环境下试样外观变化（二）

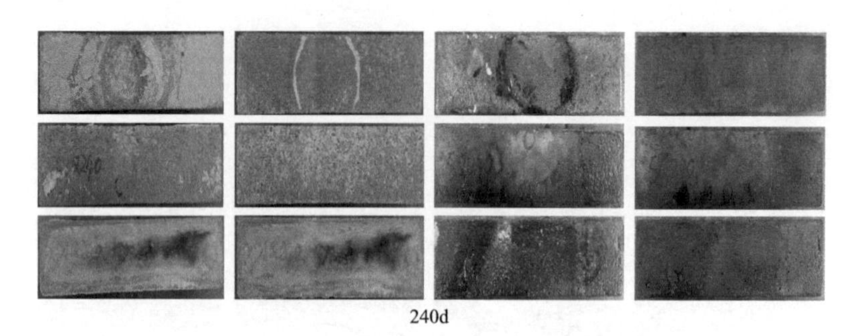

240d

图 4-7 不同腐蚀龄期全浸环境下试样外观变化（三）

观察图 4-6 和图 4-7 可知，对照组半浸试样到 240d 始终未出现颜色显现的现象，而全浸试样在 60～240d 与反应器接触的下表面出现了墨绿色的显色现象。出现此现象的原因是：对照组经高温灭菌后污水培养基中需氧微生物含量较少，使溶液中溶氧充足，导致除与器皿接触的全浸下表面外，其余半浸、全浸试样表面均无颜色出现。而与反应器接触的全浸下表面与溶液接触面积较少，氧气含量较低，导致混凝土试样水泥中含有的微量显色物质 FeS 和 MnS 不能被氧化，从而出现了图 4-7 中所示的墨绿色显色现象。腐蚀组试样无论是半浸还是全浸，在 6d 后的整个腐蚀龄期中均出现了颜色变化，这是由于硫氧化细菌作为一种兼性厌氧型细菌，消耗了溶液中溶解的氧气，使试样中含有的微量物质 FeS 和 MnS 不能被氧化而出现显色现象。

观察图 4-6 不同龄期半浸试样外观变化情况发现，①对照组半浸试样在腐蚀 23d 后，半浸侧表面的气液交界面处变得粗糙，即出现了浆体脱落现象。此后，30～240d 侧表面浸入液面的部分及下表面浆体脱落越来越严重。究其原因是：对照组溶液中硫代硫酸钠水解产生了 H^{+}，使得处于酸性环境下的混凝土遭受劣化。另外，腐蚀龄期 180d 时，对照组半浸试样未浸水的上表面出现了大量白色晶体，其矿物组成分析结果如图 4-8(a) 所示，微观结构如图 4-8(b) 所示。由图 4-8 可知，未浸水的上表面白色晶体为硫酸钠晶体。这是因为溶液中硫代硫酸钠水解生成的 SO_4^{2-} 与 Na^{+}，而且半浸泡方式满足硫酸钠物理盐结晶条件。因此，溶液中大量的 SO_4^{2-} 和 Na^{+} 进入混凝土内部结晶并析出硫酸钠晶体。②腐蚀组半浸试样侧表面浸水区域及下表面并未出现明显的粗糙变化。在腐蚀龄期为 240d 时，试样上表面出现了少量白色晶体，表明腐蚀组出现硫酸钠晶体试件较对照组延缓且含量较少，这是由于腐蚀组硫代硫酸钠中的硫一部分转化为硫单质，而转化为 SO_4^{2-} 含量相比对照组更少所致。

观察图 4-7 不同龄期全浸试样外观变化情况发现，①对照组全浸试样随着腐蚀龄期的增加，试样上、侧、下三个表面的粗糙程度越来越严重，浆体脱落情况也越来越严重，这是由于硫代硫酸钠水解形成的酸性环境所致。②腐蚀组全浸试样在腐蚀龄期 240d 内并未出现明显的粗糙现象，这可能是由于硫氧化细菌在混凝土表面生成了生物膜所致。在 60d 时全浸上表面出现了镜面似的成膜状物质，对该物质进行矿物组成和微观结构分析，结果如图 4-9 所示。由图 4-9 可知，该物质的矿物组成衍射峰较为分散，微观形貌为微生物细胞形态，因此该物质为硫氧化细菌形成的生物膜。

2. 粗糙度

图 4-10 为试样在不同浸泡状态下不同位置的标记示意图。混凝土腐蚀破坏往往会出

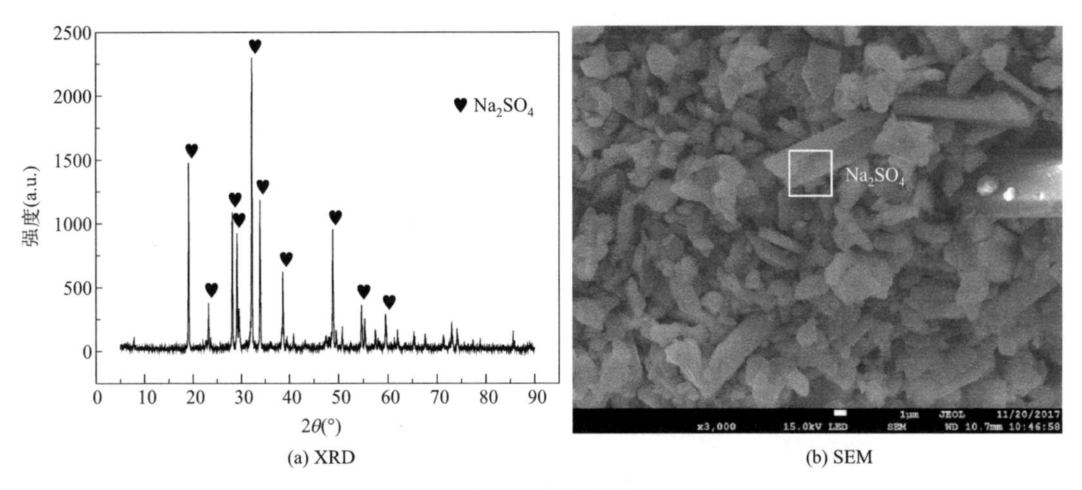

(a) XRD　　(b) SEM

图 4-8　白色晶体

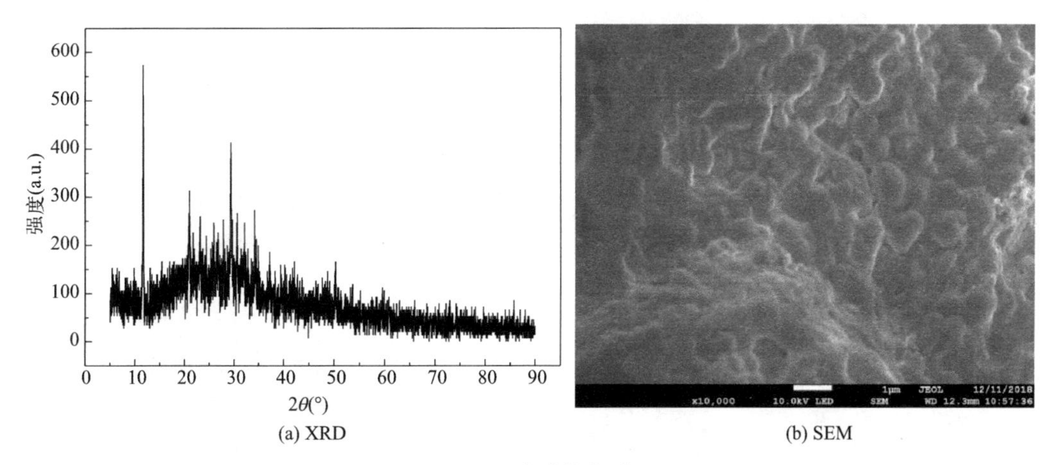

(a) XRD　　(b) SEM

图 4-9　成膜状物质

现浆体脱落、骨料外露等现象，为了量化这一变化程度，本书借助超景深显微镜的 3D 模块，发明了一种混凝土表面粗糙度计算方法，依据上述计算方法计算得到试样不同位置粗糙度值 Ra，见表 4-2。表 4-2 中包括以下内容：腐蚀前 30 倍超景深图、腐蚀前 3D 图、腐蚀前试样表面粗糙度值（用 B Ra 表示）、腐蚀后 30 倍超景深图、腐蚀后 3D 图、腐蚀后试样表面粗糙度值（用 A Ra 表示）。

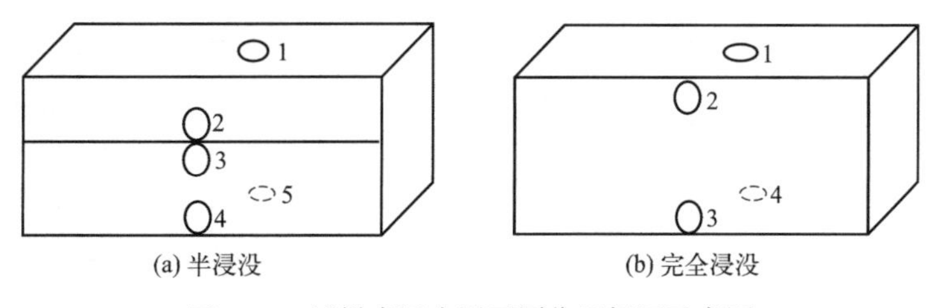

(a) 半浸没　　(b) 完全浸没

图 4-10　试样半浸全浸不同位置标记示意图

龄期为 240d 试样粗糙度值 表 4-2

样品/位置		腐蚀前 30 倍图像	腐蚀前的 3D 图	B Ra/μm	腐蚀后 30 倍图像	腐蚀后的 3D 图	A Ra/μm
XDB	1	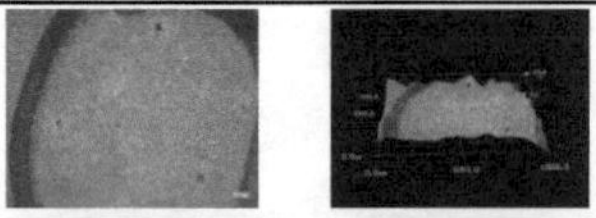		83.4	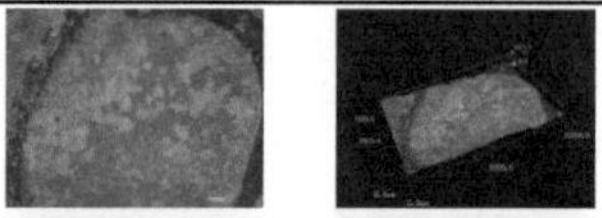		114.8
	2	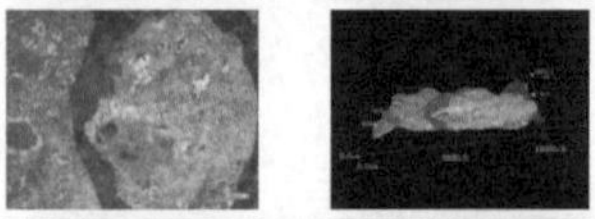		61.2	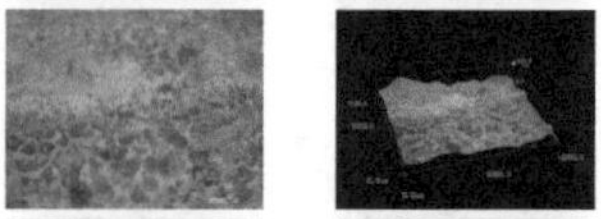		95.1
	3	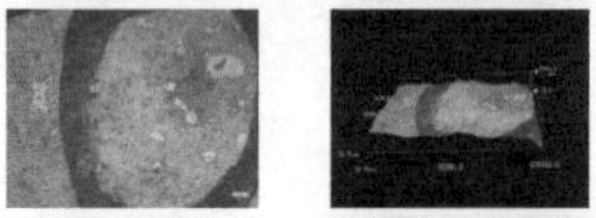		40.6	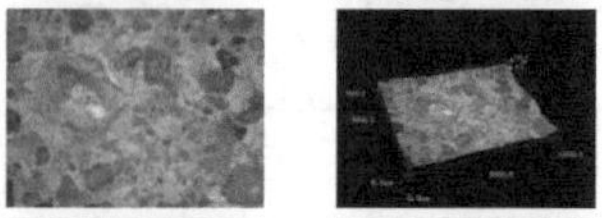		73.8
	4	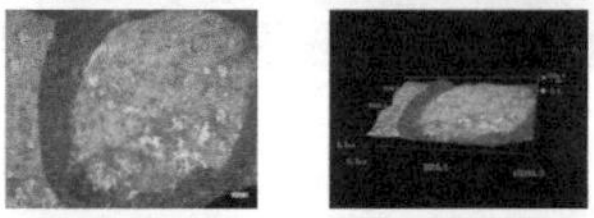		18.2	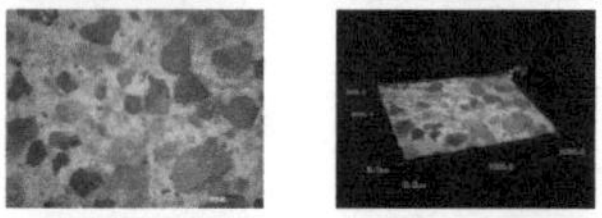		88.9
	5	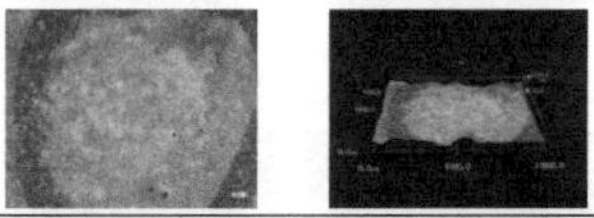		23.9	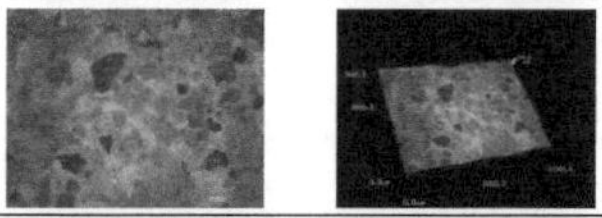		61.9
SB	1	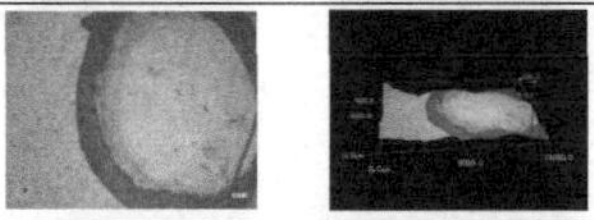		105.6	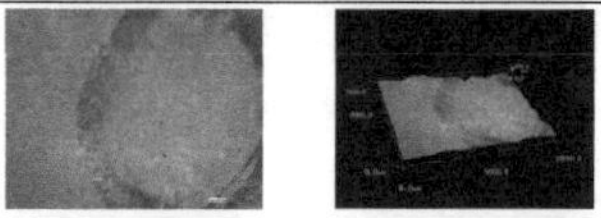		71.0
	2	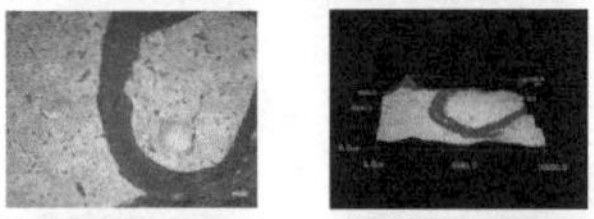		42.7	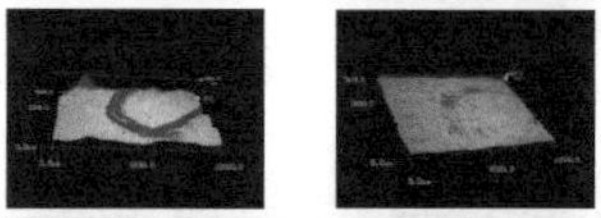		21.1
	3	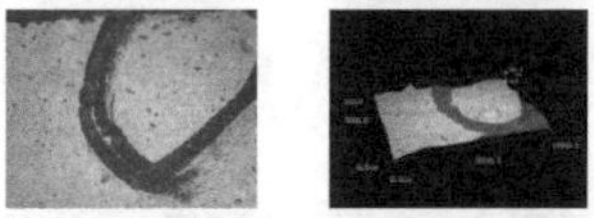		126.8	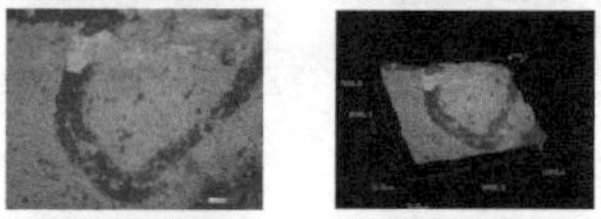		52.4
	4	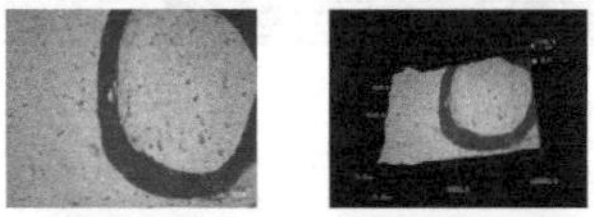		77.8	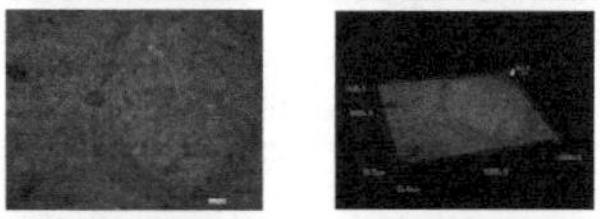		12.0
	5	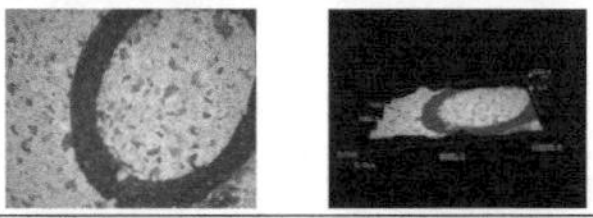		66.2	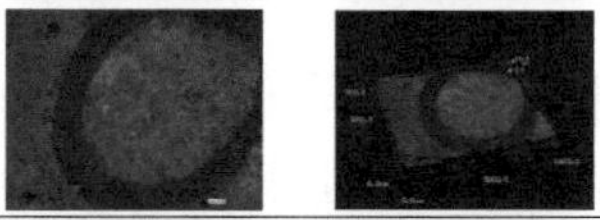		33.2
XDQ	1	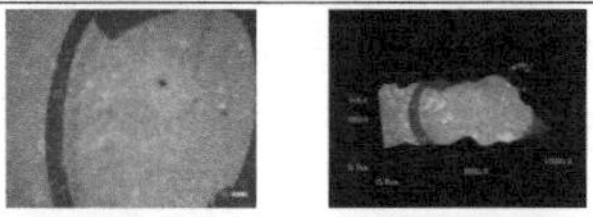		53.2	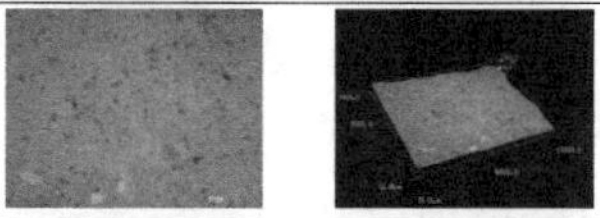		235.5
	2	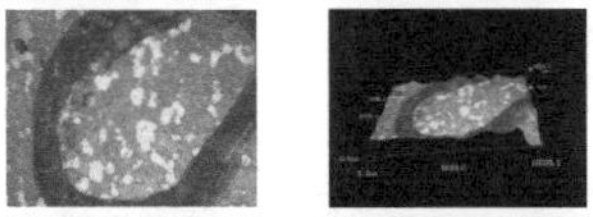		27.5	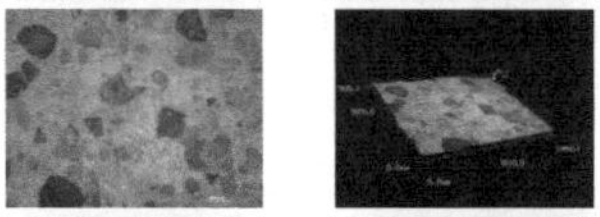		78.8
	3	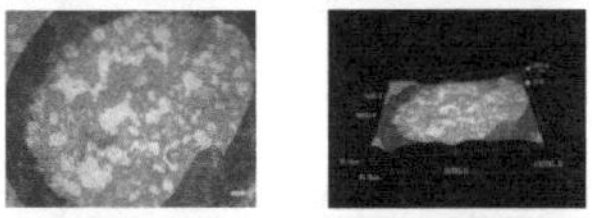		148.7	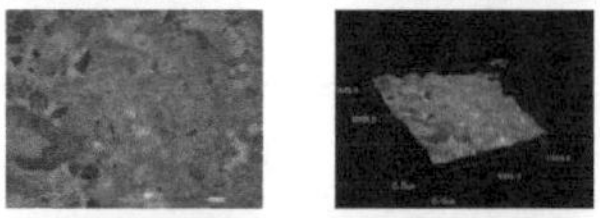		66.8
	4	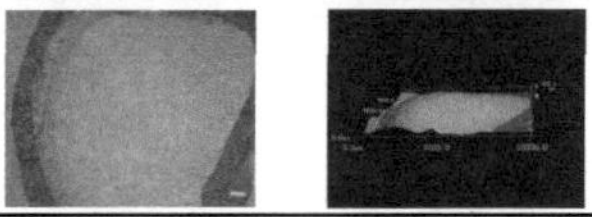		44.9	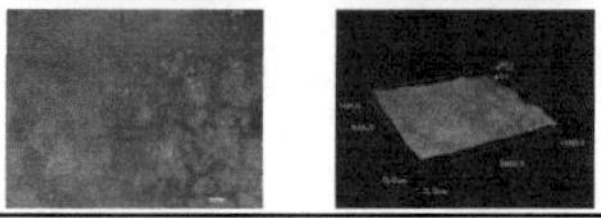		69.7

续表

样品/位置		腐蚀前 30 倍图像	腐蚀前的 3D 图	B $Ra/\mu m$	腐蚀后 30 倍图像	腐蚀后的 3D 图	A $Ra/\mu m$
SQ	1			52.5			68.5
	2			42.6			77.7
	3			48.4			93.2
	4			30.5			55.2

根据公式(4-1) 计算各位置处的粗糙度变化率，最后计算整个试样的粗糙度变化率(各位置粗糙度变化率的平均值)，龄期为 240d 计算结果见表 4-3。其余龄期（出现变化、30d、60d、90d、120d、180d）粗糙度变化率计算类似于 240d，结果见表 4-3。

粗糙度变化率 **表 4-3**

龄期/d	粗糙度变化率/%			
	XDB	SB	XDQ	SQ
出现变化	−4.0	2.8	69.5	93.2
30	93.1	−44.6	48.2	−31.4
60	109.9	57.5	49.1	31.6
90	−3.6	14.7	28.0	13.8
120	−13.1	22.0	8.0	−9.7
180	73.2	−10.4	111.7	−8.6
240	49.8	−55.3	13.9	71.7

注：表中“—”表示试样腐蚀后变密实。

从图 4-5、图 4-6 不同腐蚀龄期外观演变中可以看出，试样表面受生物膜附着、盐晶体析出等影响，使混凝土试样表面粗糙度值在龄期 180d 之前的结果较不稳定。当腐蚀龄期到达 240d 时，混凝土试样表面粗糙度变化明显，因此对腐蚀龄期 240d 的粗糙度变化率进行分析。观察表 4-3 中腐蚀龄期 240d 粗糙度变化率可知，①对照组半浸和全浸试样均变粗糙，这与图 4-5、图 4-6 外观变化结果一致。出现对照组试样变粗糙的原因是：溶液中硫代硫酸钠水解产生酸性 H^+，使混凝土试样中碱性的水泥水化产物氢氧化钙被破坏，导致浆体物质脱落，砂子等骨料物质外露。②腐蚀组半浸试样在腐蚀龄期为 240d 时变密实。究其原因是，腐蚀组溶液中硫代硫酸钠在硫氧化细菌作用下，生成了较少的 SO_4^{2-}。当较少的 SO_4^{2-} 进入混凝土半浸试样后，一方面物理盐结晶反应占主导，生成的硫酸钠晶体使混凝土结构更加致密，另一方面也可能发生化学反应生成了钙矾石等物质使结构更加密实。腐蚀组全浸试样在腐蚀龄期 240d 时变粗糙，可能的原因是试样表面形成的生物膜，造成表面凹凸不平，且去除时未能完全去除。

4.3.2 质量和抗压强度

图 4-11、图 4-12 分别为对照组和腐蚀组混凝土试样质量损失率和抗压强度演变规律。由图 4-11、图 4-12 可知：

①240d 时，腐蚀组半浸比对照组半浸试样质量增加了 133%。腐蚀组半浸抗压强度 66.5MPa 高于对照组半浸抗压强度 53.3MPa，即提高了约 25%。出现上述现象的原因：腐蚀组半浸试样生成的 SO_4^{2-} 进入混凝土内部，在其内部孔隙生成少量的硫酸钠晶体，填充了混凝土孔隙，使其更加密实，抗压强度也随之升高。对照组半浸试样同样也发生了硫酸钠结晶的物理反应，但其 SO_4^{2-} 浓度高于腐蚀组，导致硫酸钠含量高于腐蚀组，促进了物理盐结晶反应向生成芒硝（即十水硫酸钠晶体）的方向进行。文献表明，硫酸钠不会造成混凝土破坏，而芒硝却会导致混凝土试样膨胀破坏。此外，对照组溶液中生成了侵蚀性 H^+。在上述两者共同作用下，导致了试样质量损失高于腐蚀组，抗压强度低于腐蚀组。

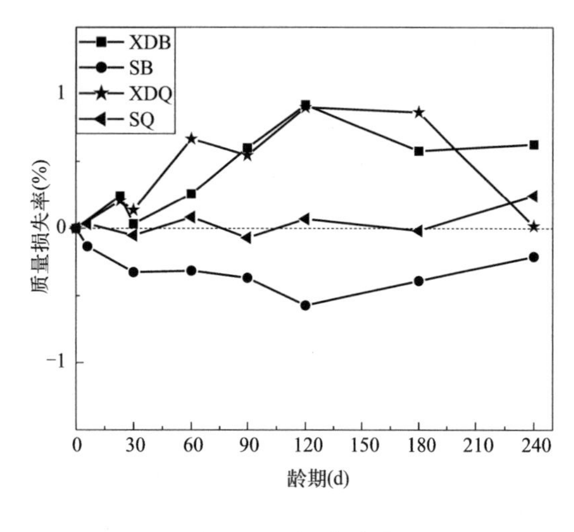

图 4-11　质量损失率

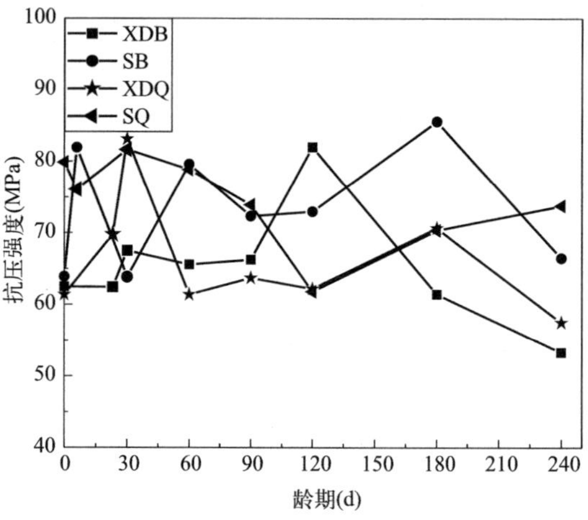

图 4-12　抗压强度

②当龄期为 240d 时，图中腐蚀组全浸试样质量损失 0.2%与对照组全浸试样质量损失 0.02%相差不多，但抗压强度 73.8MPa 却比对照组全浸试样 57.5MPa 高，提高了约 28%。这是由于腐蚀组全浸试样所处溶液中，硫代硫酸钠在硫氧化细菌作用下，生成少量的 SO_4^{2-}，再加上硫氧化细菌在混凝土表面附着形成生物膜，阻碍了 SO_4^{2-} 进入混凝土内部，因此生成了少量的钙矾石、石膏等物质。而对照组全浸试样所处的溶液中，硫代硫酸钠水解产生大量的 SO_4^{2-} 和 H^+，H^+ 对混凝土的侵蚀性破坏使 SO_4^{2-}

更容易渗入混凝土内部，生成大量的钙矾石和石膏，因此腐蚀组全浸试样和对照组全浸试样质量损失相差不多，而对照组由于钙矾石和石膏膨胀性物质较多，导致抗压强度较低。

4.4 硫氧化细菌对混凝土微观性能的影响

4.4.1 矿物组成

为进一步探明硫氧化细菌造成混凝土腐蚀破坏的机理，对腐蚀龄期 240d 时距表面 0～5mm 深度的试样进行矿物组成分析，结果如图 4-13 所示。

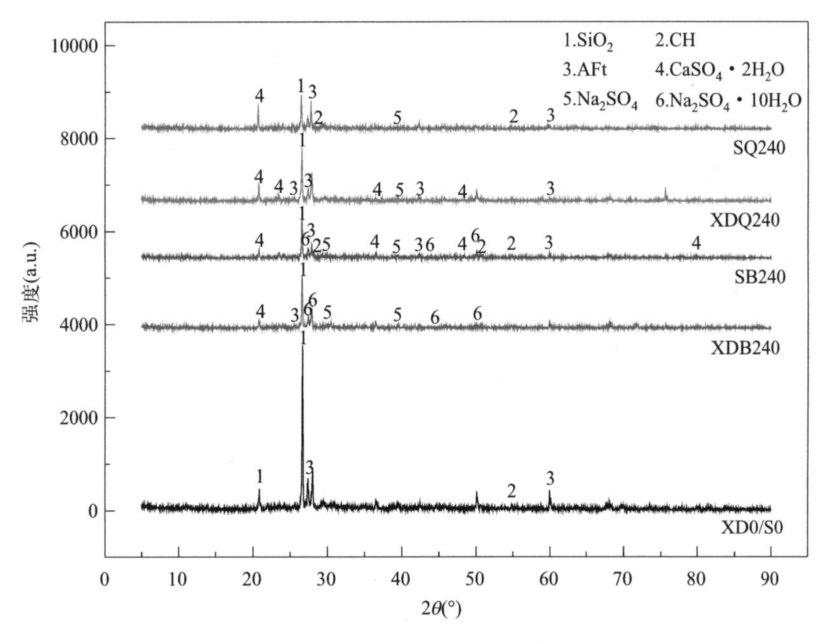

图 4-13 试样距表面 0～5mm 深度试样的矿物组成

由图 4-13 可知，随着龄期的增加，(1) 对照组和腐蚀组半浸试样中钙矾石、石膏衍射峰较低，而硫酸钠和芒硝衍射峰较尖锐。这说明半浸试样存在的气液交界面为物理盐结晶提供了条件，当 SO_4^{2-} 进入半浸试样后，大部分 SO_4^{2-} 首先发生了物理盐结晶反应，只有少部分 SO_4^{2-} 发生化学反应生成钙矾石、石膏等，该结论在文献中已有证明。此外，观察图 4-13 还可以发现，对照组试样中硫酸钠和芒硝相对含量高于腐蚀组。究其原因，一方面是对照组生成的侵蚀性 H^+ 导致混凝土表面粗糙，混凝土试样密实度下降，大量的 SO_4^{2-} 更容易进入混凝土内部进行反应，另一方面是腐蚀组形成的 SO_4^{2-} 含量低于对照组所致。(2) 对照组和腐蚀组全浸试样中出现大量钙矾石、石膏等化学反应物质，而硫酸钠和芒硝含量较少，这说明全浸试样无气液交界面存在，不能为物理盐结晶转化提供适宜条件，当溶液中 SO_4^{2-} 进入混凝土试样后，发生化学反应生成了钙矾石和石膏等水泥水化产物。另外，对照组全浸试样中钙矾石、石膏相对含量比腐蚀组更高，究其原因：一方面是

对照组生成的 SO_4^{2-} 远远大于腐蚀组，而且生成了侵蚀性 H^+，导致对照组全浸试样有钙矾石、石膏生成，另一方面是腐蚀组在硫氧化细菌作用下形成了生物膜，阻碍了 SO_4^{2-} 进入混凝土试样内部，再加上 SO_4^{2-} 含量较少，混凝土中原本存在的氢氧化钙很少与 SO_4^{2-} 结合，因此腐蚀组生成钙矾石和石膏含量较低。

4.4.2 微观结构

对 XDB240、SB240、XDQ240、SQ240 试样取样，借助扫描电子显微镜观察，结果如图 4-14 所示。

由图 4-14(a) 和图 4-14(b) 可知，对照组、腐蚀组半浸试样中存在少量针棒状钙矾石和块状石膏，而存在大量芒硝晶体，在腐蚀组半浸试样中还出现了白色的硫酸钠晶体。这是由于半浸试样存在气液交界的干湿循环条件，当有 SO_4^{2-} 进入混凝土内部时，大部分发生了物理盐结晶反应。此外，对比图 4-14（a）和图 4-14（b）还发现，对照组半浸样品中芒硝晶型更加完全，腐蚀组半浸试样中芒硝为絮体状不完全晶型，这充分说明了对照组半浸试样中硫酸钠晶体与其水合物芒硝间转化比腐蚀组更加剧烈。这是由于对照组溶液中硫代硫酸钠水解生成大量 SO_4^{2-}，大量 SO_4^{2-} 进入混凝土内部，硫酸钠晶体大量出现，随着硫酸钠晶体的累积，物理盐结晶反应向生成其水合物芒硝的方向进行，导致芒硝晶体大量出现且晶型更加完全。腐蚀组溶液中硫代硫酸钠在硫氧化细菌作用下生成了少量 SO_4^{2-}，少量 SO_4^{2-} 进入混凝土内部后生成了白色硫酸钠晶体，发生物理盐结晶反应较缓慢，所以只有少量芒硝晶体生成，且晶型不完全。

由图 4-14(c) 和图 4-14(d) 可知，对照组、腐蚀组全浸试样均无芒硝出现，而是有大量钙矾石、石膏出现，腐蚀组还出现了氢氧化钙。这是由于全浸试样无气液交界面为物理盐结晶提供条件，当 SO_4^{2-} 进入试样后，试样发生了化学反应。另外，图 4-14（c）中钙矾石含量远远高于图 4-14(d) 中，形成这样的原因：对照组全浸试样，硫代硫酸钠水解形成了侵蚀性 H^+ 和大量 SO_4^{2-}，水解产生的 SO_4^{2-} 远远高于腐蚀组，侵蚀性 H^+ 使混凝土试样表面浆体脱落，导致 SO_4^{2-} 更易进入混凝土内部，从而形成大量钙矾石、石膏。腐蚀组在硫氧化细菌作用下，硫代硫酸钠水解生成了 SO_4^{2-} 和其他高价态硫离子，以致生成的 SO_4^{2-} 低于对照组，再加上硫氧化细菌作用，使混凝土表面附着有生物膜，阻碍了 SO_4^{2-} 进入混凝土内部，所以生成的钙矾石、石膏含量较少，少量的 SO_4^{2-} 未能与混凝土中的氢氧化钙结合完全，而且硫代硫酸钠水解产生的 OH^- 也保证了氢氧化钙的稳定存在，所以腐蚀组试样中，不仅有少量钙矾石、石膏出现，还出现了氢氧化钙。

4.4.3 腐蚀速率

由 XRD 定性分析结果表明：混凝土内部新生成的产物有钙矾石、石膏、芒硝、硫酸钠，对腐蚀龄期为 240d 的试样不同深度 0～5mm、5～10mm、10～15mm 进行定量分析，结果如表 4-4 所示。结合微观结构分析，可知腐蚀龄期为 240d 时，半浸试样对照组内部

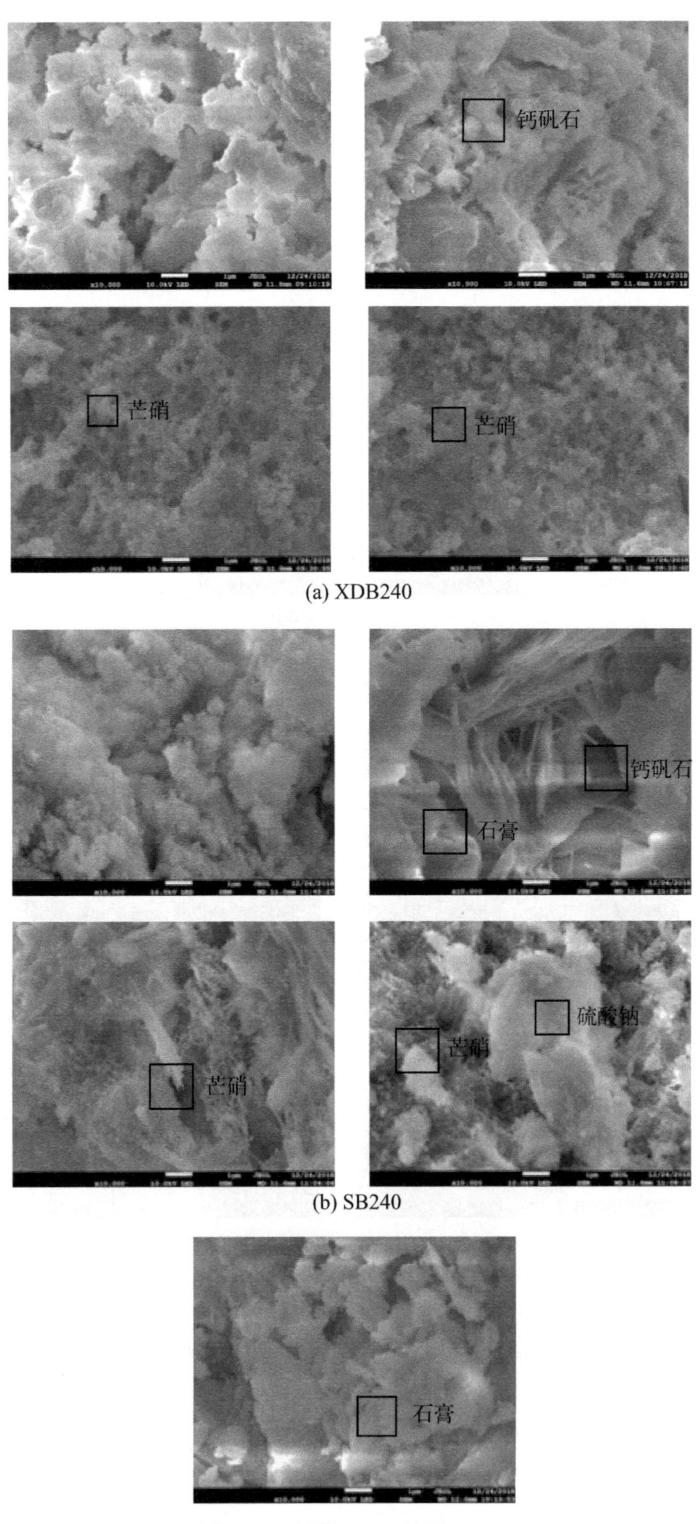

图4-14　试样SEM结果（一）

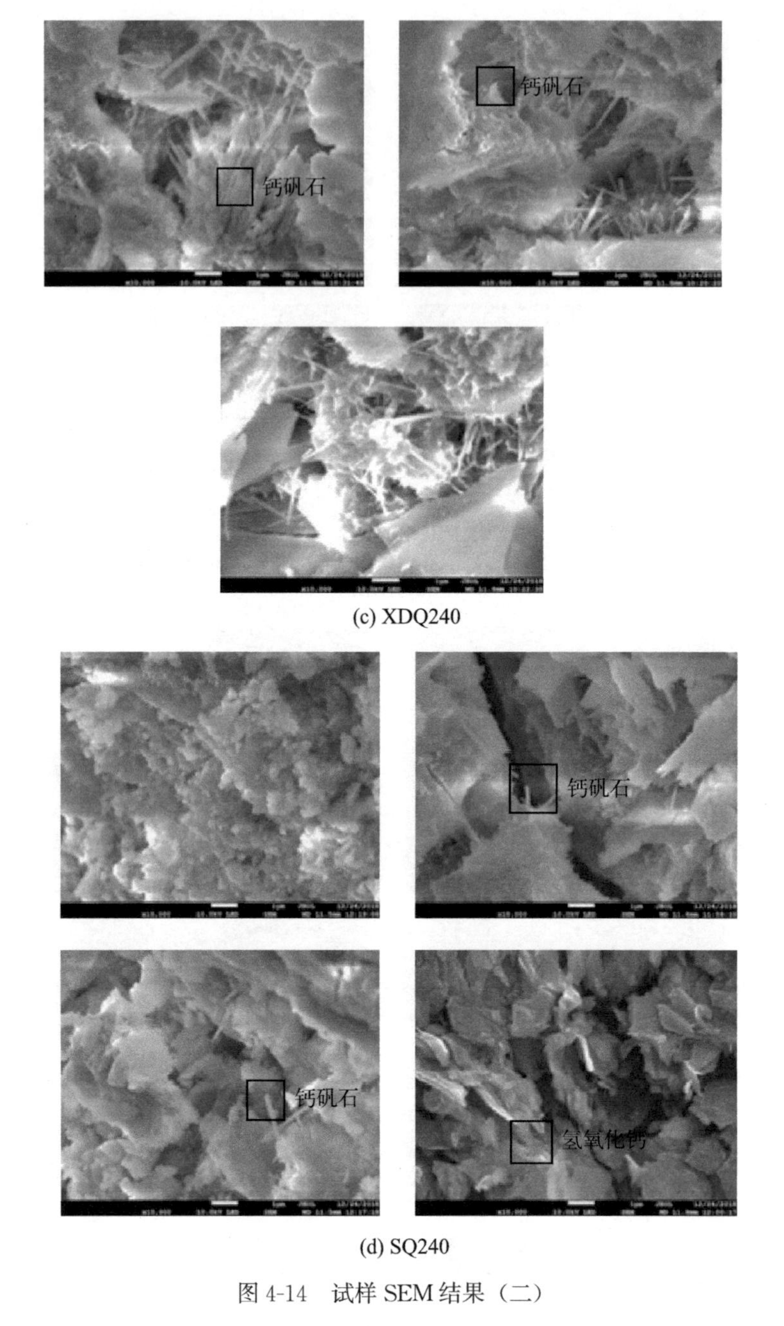

(c) XDQ240

(d) SQ240

图 4-14　试样 SEM 结果（二）

晶体主要是芒硝，而腐蚀组内部晶体主要是硫酸钠晶体。全浸试样对照组内部晶体主要是石膏，而腐蚀组内部晶体主要是钙矾石晶体。

由表 4-4 可知，其中 XDB240 不同位置不同深度芒硝含量如表 4-5 所示。SB240 不同位置不同深度硫酸钠晶体含量如表 4-6 所示。XDQ240 不同深度不同位置石膏含量如表 4-7 所示。SQ240 不同位置不同深度钙矾石含量如表 4-8 所示。

腐蚀龄期240d时试样不同深度XRD定量分析结果 **表4-4**

样品	位置	深度(mm)	钙矾石AFt	石膏 $CaSO_4 \cdot 2H_2O$	芒硝 $Na_2SO_4 \cdot 10H_2O$	无水芒硝 Na_2SO_4	配合程度 R(%)
SB0		0～5	86.9	2.9	4.2	6.0	9.96
		5～10	70.9	11.6	9.1	8.4	12.76
		10～15	72.5	12.1	5.9	9.5	10.44
XDB240	1	0～5	82.5	1.6	4.6	11.3	12.58
		5～10	69.9	10.8	7.8	11.5	15.01
		10～15	78.6	4.4	2.6	14.4	13.4
	2	0～5	77.5	3.3	9.7	9.5	11.66
		5～10	76.2	14.5	2.4	6.9	10.15
		10～15	28.8	1	1.9	68.3	12.21
	3	0～5	68.8	1.4	1.3	28.5	12.65
		5～10	95.3	3.5	0.8	0.4	13.62
		10～15	88.4	0.1	5.6	5.9	13.04
	4	0～5	90.3	2.6	0.7	6.4	13.74
		5～10	90.9	2.4	3.7	3	13.41
		10～15	97.1	0	2.3	0.6	7.19
	5	0～5	82.9	0.3	5.7	11.1	13.05
		5～10	84.6	0.1	7.2	8.1	13.85
		10～15	94.7	0	0.4	4.9	13.93
SB240	1	0～5	63.8	15.7	13.1	7.4	13.66
		5～10	92.8	2.2	1.1	3.9	13.31
		10～15	88.2	2.1	1.9	7.8	15.80
	2	0～5	95.9	1.5	0.8	1.8	12.53
		5～10	94.8	2.0	2.9	0.3	11.34
		10～15	53.5	6.7	3.8	36.0	13.09
	3	0～5	94.0	0.1	2.5	3.4	11.71
		5～10	89.9	0.0	0.3	9.8	17.58
		10～15	91.4	0.0	0.4	8.2	15.22
	4	0～5	89.2	0.0	0.7	10.1	14.35
		5～10	85.5	10.6	2.6	1.3	11.95
		10～15	83.7	2.0	8.7	5.6	10.78
	5	0～5	64.9	0.1	3.0	32.0	12.78
		5～10	78.9	0.1	11.5	9.5	13.94
		10～15	92.9	0.0	0.2	6.9	12.26

续表

样品	位置/深度 (mm)		钙矾石 AFt	石膏 $CaSO_4 \cdot 2H_2O$	芒硝 $Na_2SO_4 \cdot 10H_2O$	无水芒硝 Na_2SO_4	配合程度 R(%)
XDQ240	1	0～5	88.9	0.2	5.4	5.5	13.02
		5～10	88.4	0.2	10.5	0.9	20.33
		10～15	93.2	0.0	3.1	3.7	14.74
	2	0～5	92.9	2.1	2.9	2.1	13.14
		5～10	94.3	0.0	3.2	2.5	13.25
		10～15	83.2	1.2	0.8	14.8	17.20
	3	0～5	51.3	1.2	4.7	42.8	13.05
		5～10	89.3	2.7	2.5	5.5	12.11
		10～15	59.9	0.1	9.2	30.8	24.59
	4	0～5	90.0	4.1	5.7	0.2	11.31
		5～10	26.1	0.0	2.6	71.3	14.38
		10～15	90.3	0.2	0.9	8.6	16.24
SQ240	1	0～5	77	8.4	6.1	8.5	12.21
		5～10	80.1	10.4	8.5	1	16.39
		10～15	85.4	0.1	3	11.5	11.66
	2	0～5	81.6	0.1	7.3	11	9.91
		5～10	84.4	0.1	2.5	13	10.76
		10～15	90	3.3	5.3	1.4	11.06
	3	0～5	91.4	4.2	3.9	0.5	13.35
		5～10	86.5	2.6	6	4.9	9.6
		10～15	84.4	0.1	2.5	13	10.76
	4	0～5	94.2	0.1	5.3	0.4	11.08
		5～10	86.6	7.7	4.5	1.2	11.25
		10～15	84.8	3.2	4.6	7.4	11.51

XDB240 芒硝含量（%） **表 4-5**

位置深度(mm)	1	2	3	4	5
0～5	4.6	9.7	1.3	0.7	5.7
5～10	7.8	2.4	0.8	3.7	7.2
10～15	2.6	1.9	5.6	2.3	0.4
平均值	5.00	4.67	2.57	2.23	4.43

由表 4-5 可知，腐蚀龄期到达 240d 时，对照组半浸试样不同位置侵蚀速率为位置 1>2>5>3>4。这是因为对照组半浸溶液中 SO_4^{2-}，从位置 3、4、5 各方向渗入混凝土后，在未充水半浸上表面，即位置 1、位置 2 大量析出，造成该位置混凝土结构疏松，优先出现腐蚀破坏。其次为位置 5，是因为位置 5 作为半浸试样下表面，SO_4^{2-} 渗入该位置比侧

表面的位置 3 和位置 4 更容易。

SB240 硫酸钠含量（%） **表 4-6**

位置深度(mm)	1	2	3	4	5
0～5	7.4	1.8	3.4	10.1	32.0
5～10	3.9	0.3	9.8	1.3	9.5
10～15	7.8	36.0	8.2	5.6	6.9
平均值	6.37	12.70	7.13	5.67	16.13

由表 4-6 可知，腐蚀龄期到达 240d 时，腐蚀组半浸试样不同位置侵蚀速率为位置 5＞2＞3＞1＞4。这是因为腐蚀组位置 5 作为半浸试样下表面，进入溶液需要排开溶液，受到溶液的浮力，导致该位置 SO_4^{2-} 渗入更容易。位置 2 作为气液交界面上方未充水的部分，硫酸钠晶体析出比气液交界面下方充水的位置 3 更容易，这是由于硫酸钠晶体在未充水位置析出更容易，位置 1 的腐蚀速率大于位置 4 也是这个原因。而位置 1 之所以硫酸钠含量较少，是因为 SO_4^{2-} 通过位置 3、4、5 进入混凝土后，只有少量通过渗透压传输至位置 1。

XDQ240 石膏含量（%） **表 4-7**

位置深度(mm)	1	2	3	4
0～5	0.2	2.1	1.2	4.1
5～10	0.2	0.0	2.7	0.0
10～15	0.0	1.2	0.1	0.2
平均值	0.13	1.13	1.33	1.43

由表 4-7 可知，腐蚀龄期到达 240d 时，对照组全浸试样不同位置侵蚀速率为位置 4＞3＞2＞1。这是因试样上表面的位置 1 和上侧表面的位置 2 极易被污水中存在沉积物质覆盖，阻碍了 SO_4^{2-} 的传输，而下侧表面的位置 3 和下表面的位置 4 不易沉积物质，因此出现了上述腐蚀速率顺序。

SQ240 钙矾石含量（%） **表 4-8**

位置深度(mm)	1	2	3	4
0～5	77	81.6	91.4	94.2
5～10	80.1	84.4	86.5	86.6
10～15	85.4	90	84.4	84.8
平均值	80.83	85.33	87.43	88.53

由表 4-8 可知，腐蚀龄期到达 240d 时，腐蚀组全浸试样不同位置侵蚀速率为位置 4＞3＞2＞1。这是因为腐蚀组溶液中硫氧化细菌在全浸试样上表面位置 1、上侧表面位置 2 极易附着，生成生物膜，阻碍了膜内外的 SO_4^{2-} 交换，腐蚀速率较缓慢。而在下侧表面位置 3 和下表面位置 4 生物膜不易附着，因此 SO_4^{2-} 容易进入，造成腐蚀速率较快。

通过分析硫氧化细菌作用前后的混凝土试样外观、粗糙度、质量、抗压强度、矿物组成、微观结构和腐蚀速率演变规律，明确了不同浸泡方式下的硫氧化细菌腐蚀混凝土破坏规律。结果表明，未加硫氧化细菌的对照组半浸试样，自浸泡起未出现颜色变化，而是在腐蚀 23d 后气液交界面处变粗糙，到 240d 时，抗压强度为 53.3MPa，腐蚀速率由快到慢依次为上表面位置、气液交界面上方位置、下表面位置、气液交界面下方、侧表面下方。未加硫氧化细菌的全浸试样，除下表面外均未出现颜色变化，240d 时抗压强度为 57.5MPa，试样腐蚀速率由快到慢依次为下表面位置、侧表面下方位置、侧表面上方、上表面位置。

加入硫氧化细菌 240d 后的半浸试样从浸泡 6d 起出现墨绿色，抗压强度为 66.5MPa，比未加硫氧化细菌半浸试样抗压强度提高了约 25%。试样腐蚀速率由快到慢依次为下表面位置、气液交界面上方位置、气液交界面下方位置、上表面位置、侧表面下方位置。加入硫氧化细菌 240d 后全浸试样从浸泡 6d 起出现墨绿色，抗压强度为 73.8MPa，比对照组全浸试样抗压强度提高了约 28%，试样腐蚀速率由快到慢依次为下表面位置、侧表面下方位置、侧表面上方位置、上表面位置。此外，还发现半浸试样腐蚀更严重，抗压强度比全浸试样降低了约 10%。

4.5 硫氧化细菌对砂浆性能的影响

4.5.1 表面形貌

1. 宏观形貌

试件浸泡 30d 后表面宏观形貌如图 4-15 所示。图 4-15(a) 为试验组试件的表面形貌。从图 4-15(a) 可以看出在 30d 时，试件表面已经形成黏稠物质，主要分布在气液交界面处。这种黏稠物质是由细菌自身分泌物和细菌聚集在一起形成的有组织的群体，即生物膜。放大黏稠物质的形貌，在超景深显微镜下观察结果如图 4-16 所示，从图 4-16 可以观察到黏稠物质是透明状态。图 4-15(a) 中试件下部呈黑色，这是因为试验组中硫氧化细菌为好氧型，在代谢过程中消耗了液体中的氧气使得微量元素在缺氧环境下未被氧化而沉积在砂浆表面，从而显黑色。图 4-15(b) 为试验组试件使用结晶染色紫染色后的表面形貌，从图 4-15(b) 可以看出试件表面黏稠物被染色，可判断黏稠物含有大量的硫氧化细菌，进而初步判断黏稠物为生物膜。将表面黏稠物刮下，研磨提取萃取液。使用考马斯亮蓝法和苯酚硫酸法测定萃取液，结果如图 4-17 和图 4-18 所示。从图 4-17 中发现未加入萃取液的试管显褐色（图 4-17a），加入萃取液的试管显蓝色（图 4-17b），证明黏稠物含有蛋白质。从图 4-18 中发现未加入萃取液的试管显橙色（图 4-18a），加入萃取液的试管显橙红色（图 4-18b），证明黏稠物含有多糖。因此可以进一步判断试验组表面形成生物膜。图 4-15(c) 为对照组试件的表面形貌。从图 4-15(c) 可以看出试件表面没有黏稠物。图 4-15(d) 为对照组试件使用结晶染色紫染色后的表面形貌，从图 4-15(d) 可以看出试件表面没有明显被染色的痕迹。因此可以判断对照组试件表面在该龄期时没有形成生物膜。

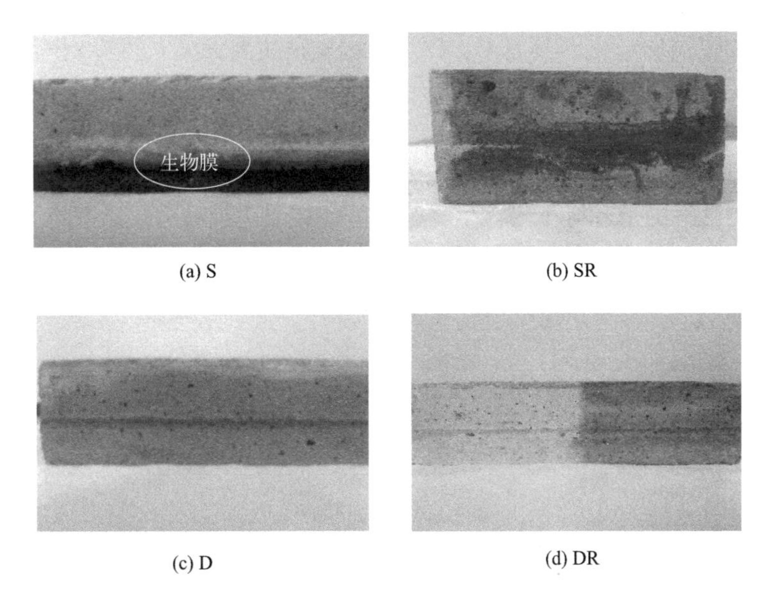

图 4-15 砂浆试件表面宏观形貌

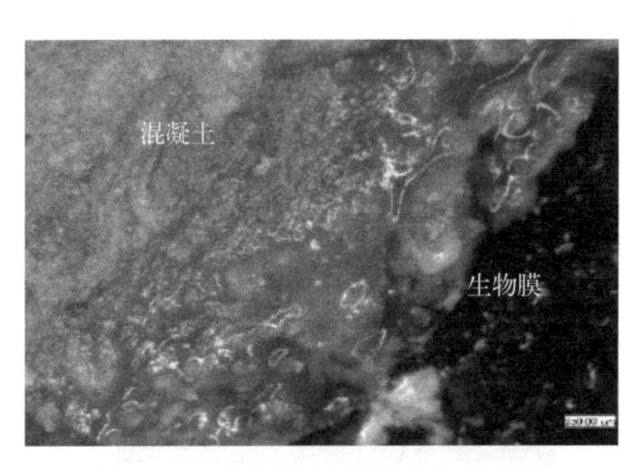

图 4-16 黏稠物超景深显微镜形貌

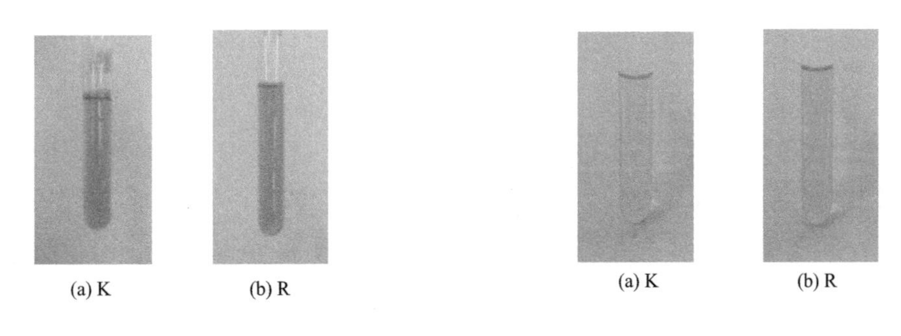

图 4-17 考马斯亮蓝染色

图 4-18 苯酚硫酸法染色

2. 微观形貌

为进一步研究生物膜表面形貌及硫氧化细菌对砂浆性能的影响，试件浸泡 30d 后表面微观形貌如图 4-19 所示。图 4-19(a) 为试验组试件表面形貌，从图 4-19(a) 可以发现试件表面 A 区域有一层薄膜。对 A 区域 1 点和 B 区域 2 点进行 EDS 分析，结果如图 4-20 所示。从图 4-20(a) 可知，A 区域 1 点处含有 P、Na、O、C 这四种元素，这是因为生物膜中含有多糖和蛋白质，它们具有 C、O、H 这三种主要元素，可以判断 A 区域为生物膜。从图 4-20b 可知，B 区域 2 点主要含有 Si、Al、O、Ca 这四种元素，可以判断 B 区域为砂浆基体。对图 4-19(a) 中 A 区域局部放大，结果如图 4-19(b) 所示。从图 4-19(b) 可以发现生物膜结构复杂具有许多孔洞。Lawrence 等和 Stewart 等也发现生物膜结构非常复杂，有许多孔洞通道和微生物。生物膜可能使硫氧化细菌和代谢产物 SO_4^{2-} 通过孔洞通道，从而对砂浆性能造成影响。图 4-19(c) 为对照组试件表面形貌，从图 4-19(c) 可以发现试件表面没有生物膜。

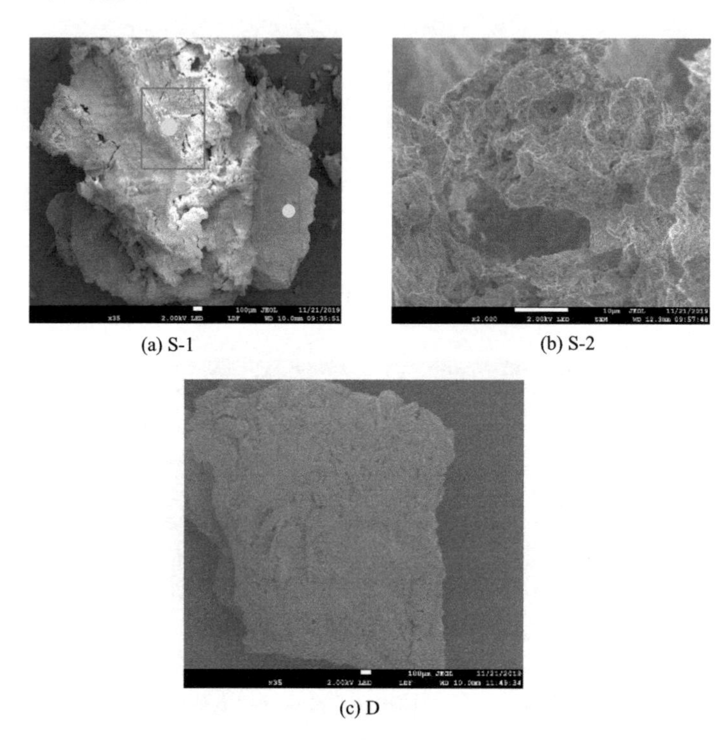

(a) S-1　(b) S-2　(c) D

图 4-19　砂浆试件表面 SEM 形貌

4.5.2　试验液体介质特性

采用阴离子色谱仪分析试件所处液体环境中的 SO_4^{2-} 浓度，结果如图 4-21 所示。由图 4-21 发现，试验组 1～9d SO_4^{2-} 浓度在逐渐增加，在第 6d 明显增加，SO_4^{2-} 浓度为 3999.26mg/L。9～15d SO_4^{2-} 浓度变化基本趋于平缓，13d SO_4^{2-} 浓度最高为 4500.26mg/L。而对照组 SO_4^{2-} 浓度 1～3d 变化不明显，在第 4d 明显增加，SO_4^{2-} 浓度为 6001.11mg/L。随后一直呈上升趋势，在第 14d 出现最高值，SO_4^{2-} 浓度为 10663.71mg/L，从第 15d 开始出现下降趋势。结合两组 SO_4^{2-} 浓度变化趋势，可以表明试验选择 15d 更换一次液体是合理的。同时可以发现，试验组 SO_4^{2-} 浓度明显低于对照组 SO_4^{2-} 浓度，而且试验组和对照组中的液体 SO_4^{2-} 浓度均超过 1400mg/L，属于硫酸盐侵蚀环境中的严重腐蚀范围。具体分析如下：

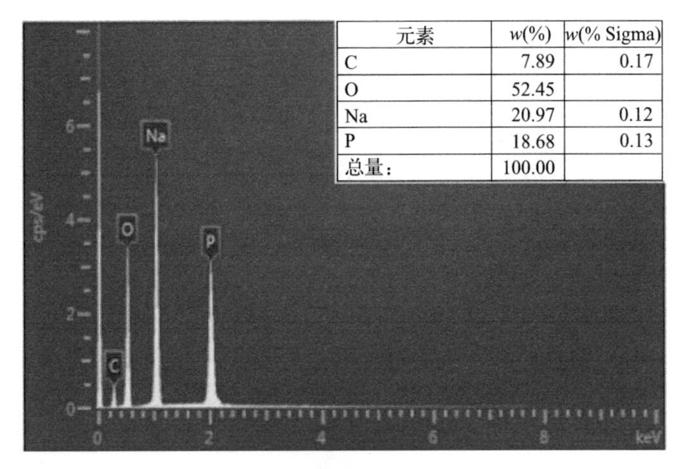

元素	w(%)	w(% Sigma)
C	7.89	0.17
O	52.45	
Na	20.97	0.12
P	18.68	0.13
总量：	100.00	

(a) 1点能谱分析

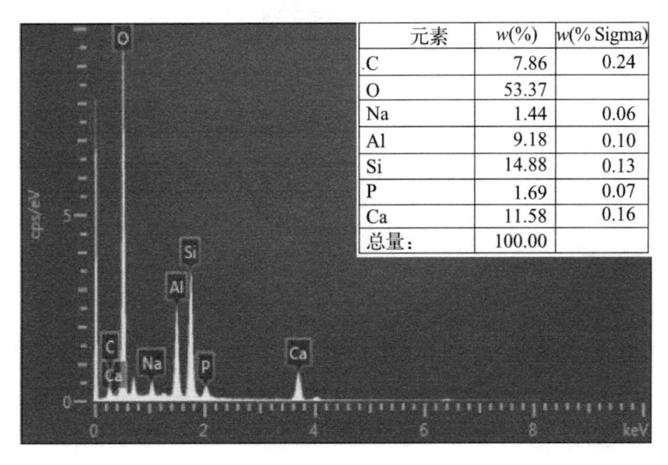

元素	w(%)	w(% Sigma)
.C	7.86	0.24
O	53.37	
Na	1.44	0.06
Al	9.18	0.10
Si	14.88	0.13
P	1.69	0.07
Ca	11.58	0.16
总量：	100.00	

(b) 2点能谱分析

图 4-20　砂浆试件表面EDS分析

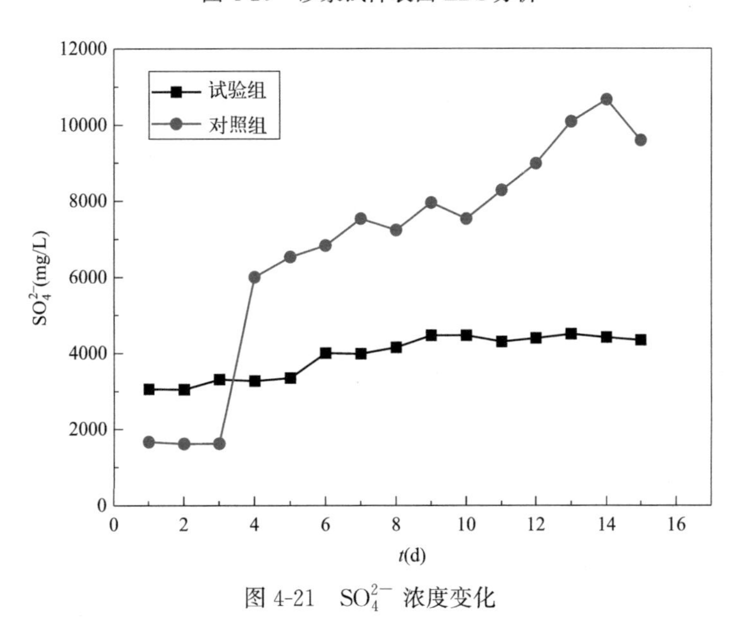

图 4-21　SO_4^{2-} 浓度变化

试验组：液体介质 pH 值一直在 7 左右变化。主要是灭菌后的污水培养基接种硫氧化细菌后，硫代硫酸钠在硫氧化细菌作用下发生分解。当氧气浓度高时，硫代硫酸钠发生如下反应：

$$S_2O_3^{2-}+2H_2O+O_2 \longrightarrow 2SO_4^{2-}+2H^+ \tag{4-3}$$

当氧气浓度受限时，硫代硫酸钠发生如下反应：

$$2S_2O_3^{2-}+O_2 \longrightarrow 2SO_4^{2-}+2S \tag{4-4}$$

微生物培养液放入试验装置后，氧气浓度受限发生反应(4-4)，故试验组液体介质呈中性。

对照组：液体介质 pH 值一直在 4 左右变化。主要是污水培养基在灭菌过程中，处于高温且隔绝空气的条件下，培养基中的硫代硫酸钠在高温和氧气的作用下会发生如下氧化反应：

$$2Na_2S_2O_3+3O_2 \xlongequal{\triangle} 2Na_2SO_4+2SO_2 \tag{4-5}$$

产生的 SO_2 在高温下易溶于水，形成亚硫酸，亚硫酸易被氧化生成硫酸。而硫代硫酸钠在酸性条件下会发生分解反应：

$$S_2O_3^{2-}+2H^+ \longrightarrow SO_2+S+H_2O \tag{4-6}$$

生成的 SO_2 会继续溶解氧化生成硫酸，故对照组液体介质呈酸性。

4.5.3 抗压强度变化

试件抗压强度随液体浸泡时间的变化如图 4-22 所示。由图 4-22 可知，砂浆试件抗压强度变化无论是试验组（S）还是对照组（D）均是先升高后降低。试验组试件浸泡 0～90d 抗压强度呈增加趋势，从 55.0MPa 增加到 63.1MPa；试件浸泡 90～120d 抗压强度呈下降趋势，从 63.1MPa 降低到 61.5MPa。对照组试件浸泡 0～60d 抗压强度呈增加趋势，从 55.0MPa 增加到 64.1MPa；试件浸泡 60～120d 抗压强度呈下降趋势，从 64.1MPa 降

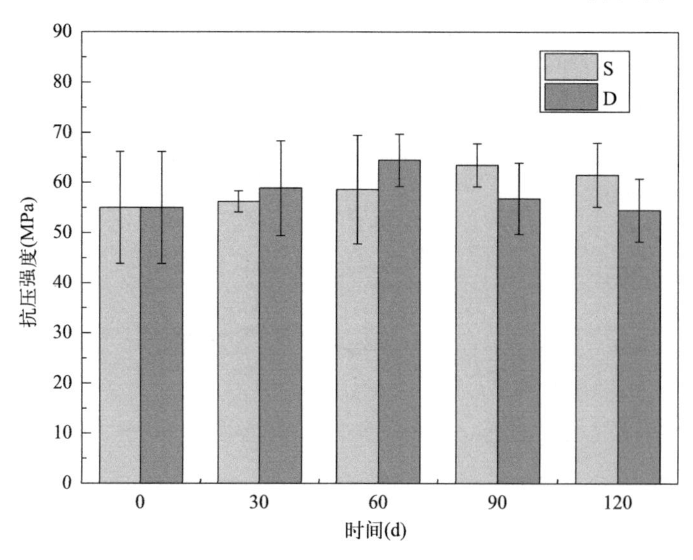

图 4-22 试件抗压强度随浸泡时间的变化图

低到54.5MPa。两组试件抗压强度均先升高后下降可能是试件内部形成矿化产物石膏。试验组试件抗压强度变化小于对照组，可能是由于试验组中硫氧化细菌发生代谢反应所致。

4.5.4 微观性能分析

试件抗压强度30～120d呈先上升后下降趋势，因此分析120d试件矿物组成更具有典型性。试件浸泡120d后表面矿物组成XRD图谱如图4-23所示。由图4-23可知，试验组发现明显碳酸钙衍射峰，对照组的碳酸钙衍射峰并不明显，主要是因为硫氧化细菌为好氧型，代谢作用会产生二氧化碳，使得二氧化碳与砂浆发生碳化反应，砂浆中性劣化，硫氧化细菌可以在砂浆表面生长。

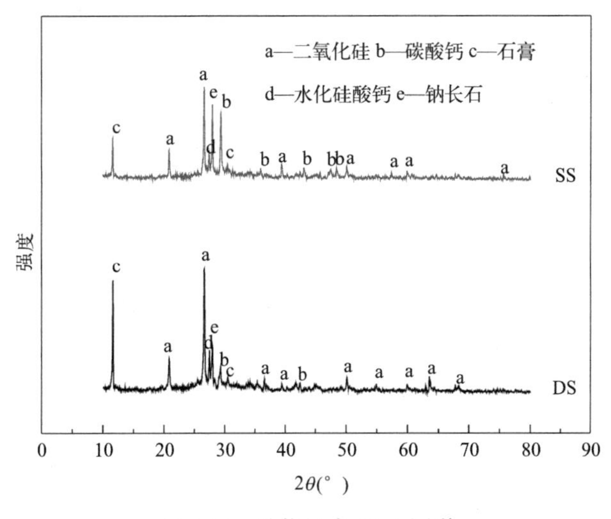

图4-23 矿物组成XRD图谱

另外，两组试验中均有明显的石膏衍射峰。石膏生成受pH值和SO_4^{2-}浓度共同影响，SO_4^{2-}浓度≥1400mg/L，pH≤12.45，石膏会大量生成。反应方程式如下：

$$Ca(OH)_2+SO_4^{2-}+2H_2O = CaSO_4 \cdot 2H_2O+2OH^- \tag{4-7}$$

而钙矾石会受pH值影响，当溶液pH值在11.5～12.0时，钙矾石将会分解成石膏。反应方程式如下：

$$3CaO \cdot Al_2O_3 \cdot 3CaSO_4 \cdot 32H_2O+4SO_4^{2-}+8H^+ = 4CaSO_4 \cdot 2H_2O+2Al(OH)_3 \cdot 12H_2O \tag{4-8}$$

试验组中SO_4^{2-}浓度最高为4500.26mg/L，pH值为7。对照组中SO_4^{2-}浓度最高为10663.71mg/L，pH值为4。因此，两组试验均以石膏生成为主。SS石膏衍射峰比DS石膏衍射峰低。由TGA分析发现150～250℃为石膏脱水区间，SS石膏脱水含量为1.860%，DS石膏脱水含量为2.649%，可以间接定量分析得出SS石膏含量比DS石膏含量低。图4-24为试件矿物组成微观形貌，其中图4-24(a)为SS矿物组成微观形貌，图4-24(b)为DS矿物组成微观形貌。由图4-24(a)可知，C区域有明显的板状物质。使用EDS分析C区域中3点的元素，结果如图4-25所示。从图4-25可以看出，C区域3点元素含有 Ca、S、P、O、C 五种元素，而且以 Ca、S、O 这三种元素为主，可以初步判断这些明显板状物质为石膏。一些研究表明，石膏微观形貌大多数是柱状或板状形态。而图 4-24(b) 同样有板状物质，因此可以说明两组试验均有石膏产生。从图 4-24 可以发现，SS 石膏含量明显少于 DS 石膏含量，说明试验组石膏含量低于对照组石膏含量。

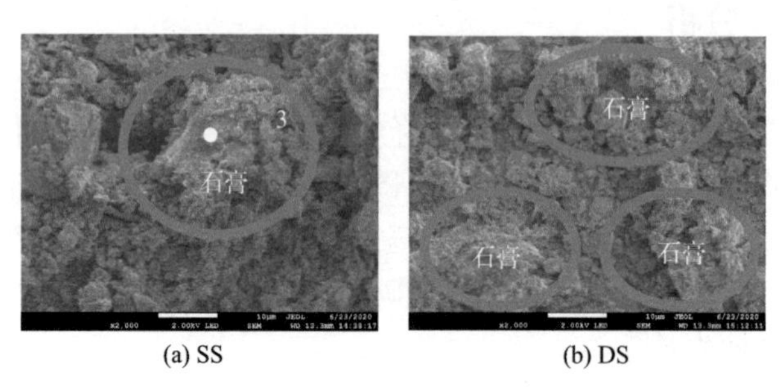

(a) SS　　(b) DS

图 4-24　矿物组成 SEM 形貌

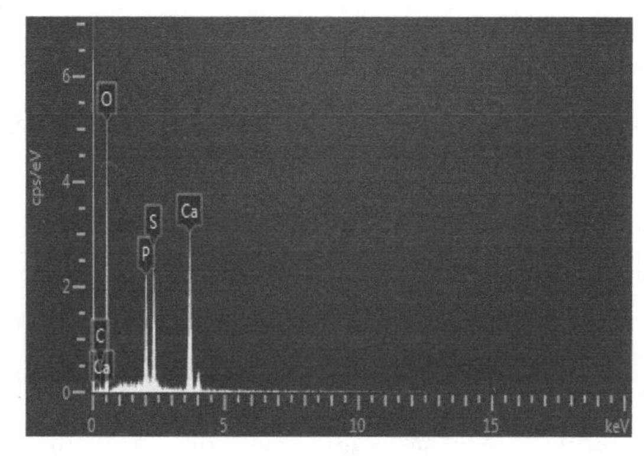

图 4-25　3 点能谱分析

4.5.5　微生物与混凝土表面相互作用

由两组试验可知，在相同底物用量下，试验组 SO_4^{2-} 含量低于对照组 SO_4^{2-} 含量，试验组抗压强度变化没有对照组抗压强度变化明显，试验组石膏含量低于对照组石膏含量，这主要是由于试验组中添加的微生物代谢转化硫代硫酸钠的速率慢于对照组中单纯的硫代硫酸钠化学分解反应速率，从而微生物可以起到缓蚀砂浆性能的作用。尽管微生物对砂浆性能起到缓蚀作用，但对于处于微生物环境下的水泥基材料仍会受到生物硫酸盐腐蚀，具体作用机制如下。

硫氧化细菌在砂浆表面发生反应如下：

$$2S_2O_3^{2-} + O_2 \longrightarrow 2SO_4^{2-} + 2S \tag{4-9}$$

其中 $S_2O_3^{2-}$ 有一个 S 显 0 价，一个 S 显+4 价，SO_4^{2-} 中的 S 显+6 价。因此 $S_2O_3^{2-}$ 为电子供体，失去两个电子，经过硫氧化细菌转给电子受体 SO_4^{2-}，其中硫氧化细菌为电子携带中间体，故硫氧化细菌显负电。而砂浆中 Ca^{2+} 占大部分，显正电，硫氧化细菌显负电且为好氧型，大部分硫氧化细菌会由于电性作用聚集到气液交界面处的砂浆表面，经过硫氧化细菌代谢作用形成生物膜，而生物膜中有大量的硫氧化细菌附着且有大量的孔洞，由硫氧化细菌代谢转化硫代硫酸钠而成的 SO_4^{2-} 通过孔洞通道，对砂浆表面的氢氧化钙进行靶向破坏。

小结

通过普通照相机、超景深显微镜、电子扫描显微镜、结晶染色紫法、考马斯亮蓝法、苯酚硫酸法证明了污水环境下硫氧化细菌 30d 在砂浆气液交界面处形成生物膜，而浸泡在单纯灭菌污水环境中的试件表面则没有发现生物膜的形成。通过阴离子色谱仪、pH 计，探明了硫氧化细菌将硫代硫酸钠代谢转化为生物硫酸盐，并且微生物代谢转化硫代硫酸钠的速率慢于单纯的硫代硫酸钠化学分解反应速率。含有硫氧化细菌的污水环境中液体介质的 SO_4^{2-} 浓度和砂浆试件抗压强度破坏程度及石膏含量均低于单纯灭菌污水环境。这说明相对于单纯灭菌污水环境而言，微生物起到缓蚀砂浆的作用。

4.6 不同粗糙度下硫氧化细菌及其生物膜对砂浆性能的影响

由于粗糙度会对硫氧化细菌在水泥基材料表面形成的生物膜特征产生影响，因此微生物腐蚀对不同粗糙度水泥基材料性能的影响也不同，故探究不同粗糙度下微生物和生物膜对水泥基材料的影响十分必要。通过设置两组粗糙度混凝土，模拟腐蚀前后期混凝土粗糙度表面，从而研究硫氧化细菌及生物膜对不同粗糙度混凝土性能的影响。

4.6.1 抗压强度

S 粗糙度试件和 SC 粗糙度试件抗压强度随液体浸泡时间的变化如图 4-26 所示。从图 4-26 可以看出，砂浆试件抗压强度变化无论是 S 粗糙度试件还是 SC 粗糙度试件均是先升高后降低。S 试件浸泡 0～90d 抗压强度呈增加趋势，从 55.0MPa 增加到 63.1MPa，这是由于试件内部孔隙度被腐蚀产物填充，导致抗压强度有所升高。但是腐蚀产物生成是比较缓慢的过程，所以在 90d 时抗压强度升高到最大；试件浸泡 90～120d 时抗压强度呈下降趋势，从 63.1MPa 降低到 61.5MPa，这是由于试件内部孔隙逐渐被腐蚀产物填充，当腐蚀产物达到一定程度时，对砂浆试件内部结构产生影响，致使砂浆抗压强度出现微弱降低。SC 试件浸泡 0～90d 抗压强度呈增加趋势，从 55.0MPa 增加到 67.3MPa，这说明试件内部孔隙被填充，抗压强度提高；试件浸泡 90～120d 时抗压强度呈下降趋势，从 67.3MPa 降低到 66.5MPa，这说明腐蚀产物快速大量生成，使得孔隙结构出现破坏趋势，砂浆试件抗压强度呈现微弱下降。总体来看，SC 试件粗糙度抗压强度变化比 S 试件粗糙度抗压强度变化明显。这是因为：(1) SC 试件经过打磨后骨料和水泥石裸露，直接与生物膜和硫氧化细菌接触，更容易产生更多的石膏，导致砂浆试件抗压强度变化明显。而 S 试件外部有水泥净浆层保护，因此试件抗压强度变化不明显。(2) 对于整体试件而言，主要遭受生物膜和外界 SO_4^{2-} 的侵蚀，而 S 试件生物膜仅在气液交界面生长，SC 试件生物膜在气液交界面和浸没处均有生长。所以 SC 遭受的腐蚀比 S 试件更严重。生物膜在腐蚀中起到主导作用，故对抗压强度产生一定的影响。

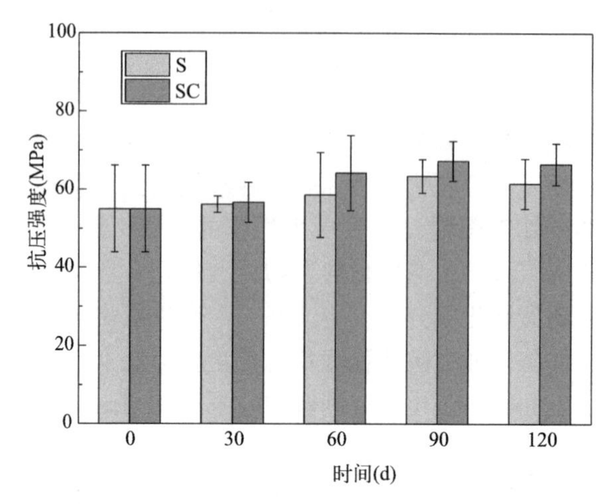

图 4-26　砂浆试件抗压强度随浸泡时间的变化

4.6.2　电化学阻抗谱

1. 电化学阻抗拟合

选用史美伦电化学等效电路模型 $R_Y(Q(R_NW))$ 进行拟合，等效电路模型如图 4-27 所示。其中，R_Y 指通过砂浆孔隙电解质的电阻或者通过砂浆和生物膜组合体的电解质的电阻；Q 指电解质溶液与电极之间存在的双层电容；R_N 指电解质溶液与电极之间的电阻；W 指电解质溶液与电极之间的 Warburg 电阻。

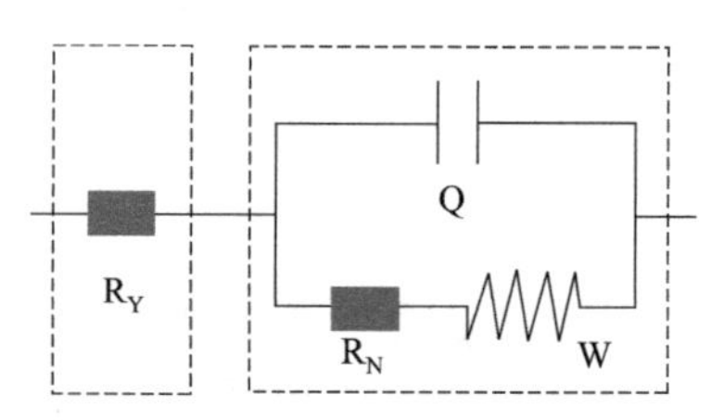

图 4-27　电化学阻抗谱的史美伦等效电路

选用文献中顾平提出的电化学等效电路模型 $R_Y(Q_1R_{N1})(Q_2R_{N2})$ 进行拟合，等效电路模型如图 4-28 所示。其中，M 指通过砂浆（砂浆和生物膜组合体）的电解质，K 指砂浆（砂浆和生物膜组合体），L 指砂浆和电极板界面。R_Y 指通过砂浆孔隙电解质的电阻或者通过砂浆和生物膜组合体的电解质的电阻；Q_1 指砂浆（砂浆和生物膜组合体）"固-液相"界面上存在的双层电容；R_{N1} 指砂浆（砂浆和生物膜组合体）的电阻；Q_2 指砂浆与电极之间存在的双层电容；R_{N2} 指砂浆与电极之间的电阻。

选用文献中新型电化学等效电路模型 $R_Y(Q_1(R_{N1}W_1))(Q_2(R_{N2}W_2))$ 进行拟合，等效电路模型如图 4-29 所示。其中，M 指通过砂浆（砂浆和生物膜组合体）的电解质，K 指砂浆（砂浆和生物膜组合体），L 指砂浆和电极板界面。R_Y 指通过砂浆孔隙电解质的电阻或者通过砂浆和生物膜组合体的电解质的电阻；Q_1 指砂浆（砂浆和生物膜组合体）"固-液相"界面上存在的双层电容；R_{N1} 指砂浆（砂浆和生物膜组合体）的电阻；W_1 指砂浆（砂浆和生物膜组合体）"固-液相"界面上电荷扩散的 Warburg 电阻；Q_2 指砂浆与电极之间存在的双层电容；R_{N2} 指砂浆与电极之间的电阻；W_2 指砂浆与电极之间电阻的 Warburg 电阻。

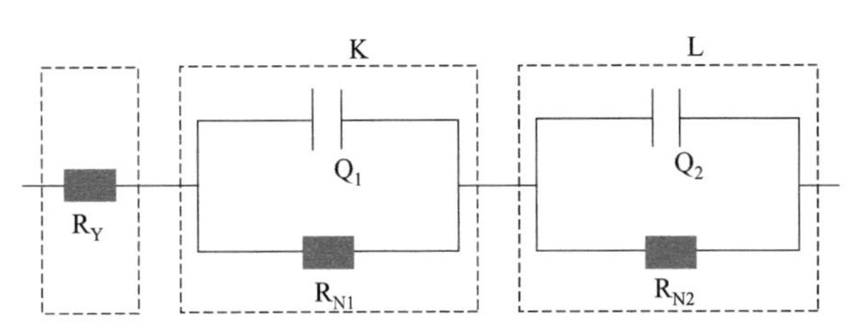

图 4-28　电化学阻抗谱的顾平等效电路

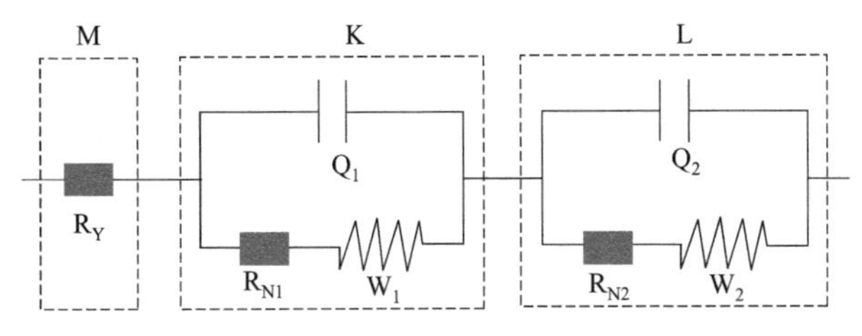

图 4-29　电化学阻抗谱的新型等效电路

以 ZSimpWin 软件对三种模型拟合曲线和试验所测数据进行比较，结果如图 4-30 所示，其中 Zr 为阻抗实部，Zi 为阻抗虚部。从图 4-30 可以看出，$R_Y(Q_1R_{N1})(Q_2R_{N2})$和$R_Y(Q_1(R_{N1}W_1))(Q_2(R_{N2}W_2))$等效电路模型的拟合曲线与 30dYM 和 QM 的砂浆片试样测量的实际数据比较吻合。而$R_Y(Q_1R_{N1})(Q_2R_{N2})$拟合中的 chsq 数据值为 1.90×10^{-4}，$R_Y(Q_1(R_{N1}W_1))(Q_2(R_{N2}W_2))$拟合中的 chsq 数据值为 1.85×10^{-4}，chsq 数据值表示值越小拟合度越好，因此 $R_Y(Q_1(R_{N1}W_1))(Q_2(R_{N2}W_2))$模型拟合较好。另外，$R_Y(Q_1(R_{N1}W_1))(Q_2(R_{N2}W_2))$模型考虑了固液界面间电荷扩散电阻，使得模型更接近实际情况，故选择 $R_Y(Q_1(R_{N1}W_1))(Q_2(R_{N2}W_2))$模型。从图 4-30(c) 和图 4-30(d) 可知，$R_Y(Q_1(R_{N1}W_1))(Q_2(R_{N2}W_2))$等效电路模型的拟合曲线与 QM 的砂浆片试样和 YM 的砂浆生物膜组合体试样测量的实际数据都比较吻合，这说明在等效电路模型中生物膜的存在可以视为砂浆片试样的一部分。

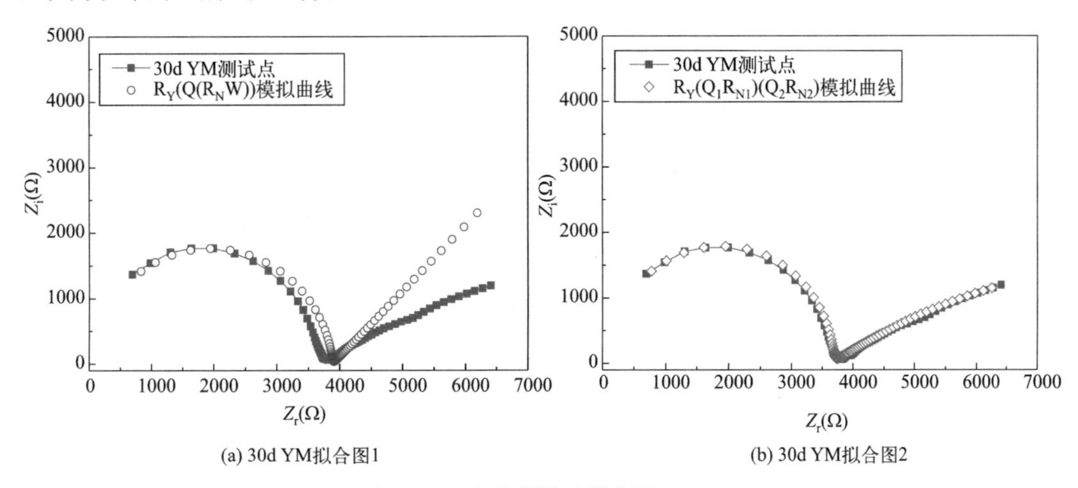

图 4-30　电化学阻抗拟合图（一）

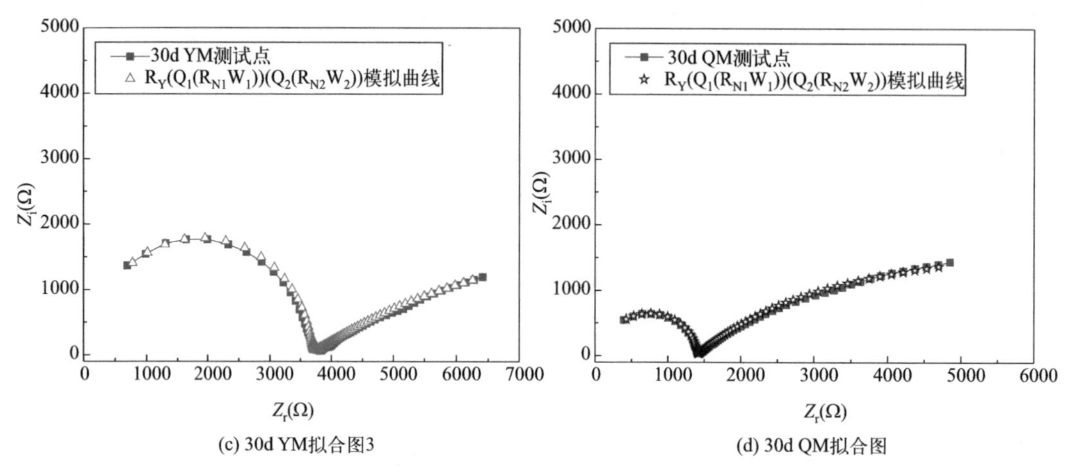

(c) 30d YM拟合图3　　(d) 30d QM拟合图

图 4-30　电化学阻抗拟合图（二）

2. 电化学阻抗谱分析

图 4-31、图 4-32 为 S 组和 SC 组 YM、QM 的电化学阻抗谱图。通过图 4-31、图 4-32 可以看出，阻抗谱图前半部分是半圆，后半部分是直线。其中半圆半径的大小主要代表模型电路总内阻大小，直线倾斜度的大小代表固液界面电子扩散电阻大小。由图 4-31、图 4-32 和表 4-9、表 4-10 可知，30～120d 的 YM 曲线半圆半径均比 QM 曲线半圆半径小，说明 30～120d 的 YM 内阻小于 QM 内阻。这可能是生物膜自身含水量高达 97%，同时具有吸附离子和运输离子等特征，使得生物膜含有大量的离子电荷，从而增强了附着生物膜试样的导电性。因此，附着生物膜试样内阻低于去除生物膜试样内阻。同时根据上述结果，可进一步推出试验过程中生物膜能够吸附液体介质中 SO_4^{2-}，并且吸附到的 SO_4^{2-} 可以与砂浆表面的基体物质发生反应，降低砂浆的耐久性。另外，30～120d 的 YM 和 QM 曲线半圆半径均逐渐增大，说明试样总内阻随试验龄期逐渐增大。这是因为液体中硫氧化细菌代谢产生的 SO_4^{2-} 与砂浆中氢氧化钙反应生成膨胀性的物质将孔隙填充，使得试件随浸泡龄期的增加，内部孔隙减小，总内阻增大，阻抗谱图半圆半径变大。30d 的 QM 曲线半圆半径与 0d 曲线半圆半径比较吻合，这说明可能是 30d 试样内部膨胀性物质不足以填充大量孔隙，对砂浆内部孔隙影响不明显。此外，由图 4-31、图 4-32 和表 4-9、表 4-10 还可以发现，S 组半圆半径均低于 SC 组半圆半径，说明试件表面越粗糙，生成的膨胀性物质越多，内部孔隙越少，总内阻越大。为了确切说明试样总内阻随试验龄期逐渐增大和试样表面越粗糙内阻越大，通过模型拟合出 R_{N1} 值（砂浆试样内阻值），如表 4-11 所示。两组 R_{N1} 均随龄期逐渐增大，S 组 R_{N1} 值小于 SC 组 R_{N1} 值。这确切说明随试验龄期砂浆试样内部孔隙减少；试件表面越粗糙，生成的膨胀性物质越多。R_{N1} 拟合数值增量如图 4-33 所示。由图 4-33 可知，S 组 60～120d 的 R_{N1} 增量值逐渐增高，SC 组 60～120d 的 R_{N1} 增量值逐渐降低，而且 S 组 R_{N1} 增量值低于 SC 组 R_{N1} 增量值，这说明 S 组每阶段膨胀性物质增加量逐渐增高，SC 组每阶段膨胀性物质增加量逐渐降低，而且 S 组膨胀性物质增加量低于 SC 组膨胀性物质增加量。这可能与每个阶段生物膜变化规律对砂浆性能作用以及砂浆试件表面粗糙度相关。

由图4-31、图4-32和表4-9、表4-10可知，30～120d的YM直线倾斜角度均比QM倾斜角度大。这说明YM的电子扩散电阻比QM的扩散电阻大，可能是生物膜能够吸附离子，而且生物膜中的电荷与电荷之间会发生电荷阻力导致电子扩散受阻。30～120d的YM和QM直线倾斜度逐渐增加。这说明30～120d的YM和QM电子扩散电阻逐渐增加，可能是由于随试验龄期的增加，试样产生膨胀性物质，导致内外部孔隙填充，影响固液界面离子扩散所致。30d的QM直线倾斜度与0d的直线倾斜度相差不大，这进一步说明产生的膨胀性物质对30d试样内外部孔隙无影响。此外，由图4-31、图4-32和表4-9、表4-10还可以发现，S组直线倾斜度均低于SC组直线倾斜度，说明试件表面越粗糙，生成的膨胀性物质越多，内外部孔隙越少，影响固液界面离子扩散。

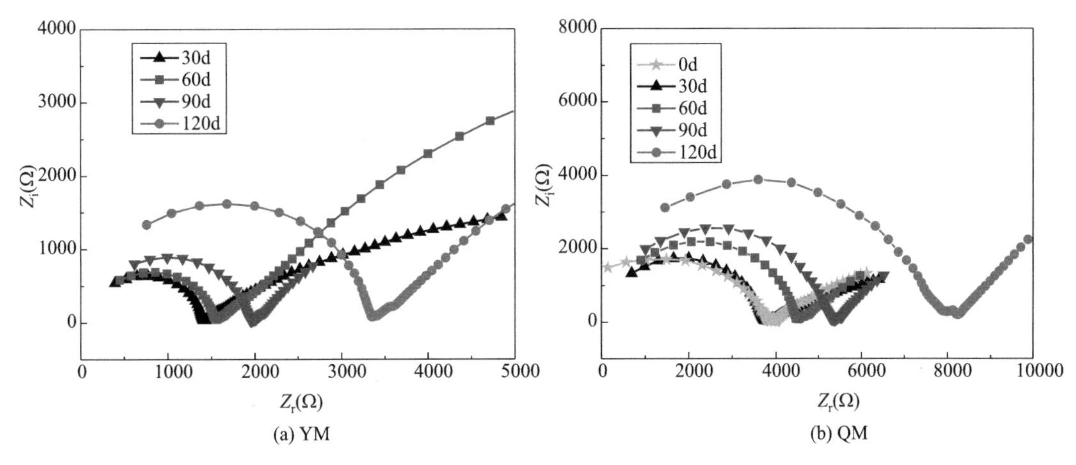

图4-31 S组电化学阻抗谱

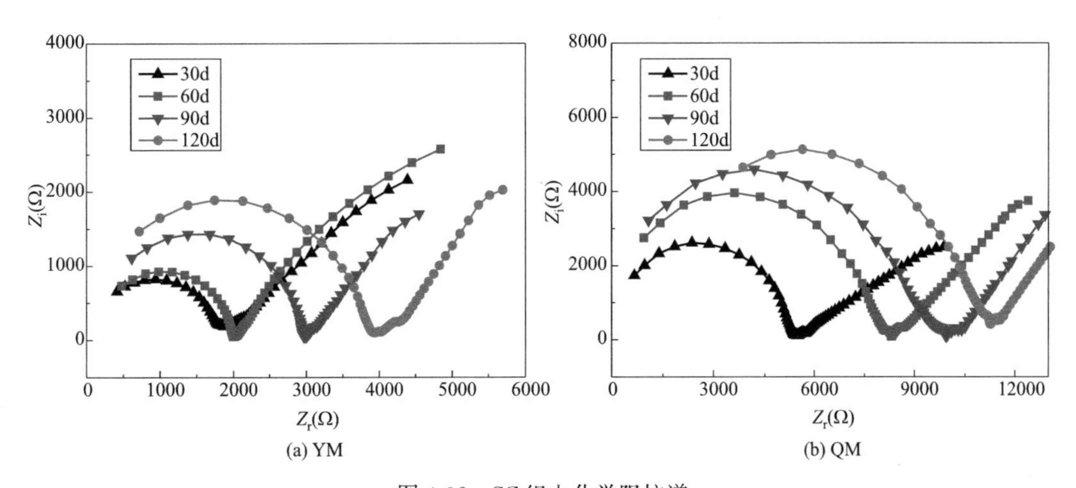

图4-32 SC组电化学阻抗谱

S组电化学阻抗谱半圆半径和直线角度 **表4-9**

龄期	YM		QM	
	半圆半径	直线角度	半圆半径	直线角度
30d	638.3Ω	39.95°	1733.6Ω	26.92°
60d	690.7Ω	42.14°	2184.0Ω	41.41°

续表

龄期	YM		QM	
	半圆半径	直线角度	半圆半径	直线角度
90d	893.3Ω	55.27°	2551.0Ω	50.66°
120d	1623.0Ω	55.70°	3881.0Ω	51.30°

SC 组电化学阻抗谱半圆半径和直线角度 **表 4-10**

龄期	YM		QM	
	半圆半径	直线角度	半圆半径	直线角度
30d	821.8Ω	43.53°	2400.0Ω	30.60°
60d	921.8Ω	51.11°	3960.0Ω	45.50°
90d	1430Ω	52.30°	4590.0Ω	51.20°
120d	1890Ω	56.50°	5125.0Ω	52.60°

R_{N1} 拟合数据值 **表 4-11**

龄期	S QM	SC QM
30d	3579Ω	7800Ω
60d	5400Ω	11400Ω
90d	7721Ω	14200Ω
120d	10142Ω	16700Ω

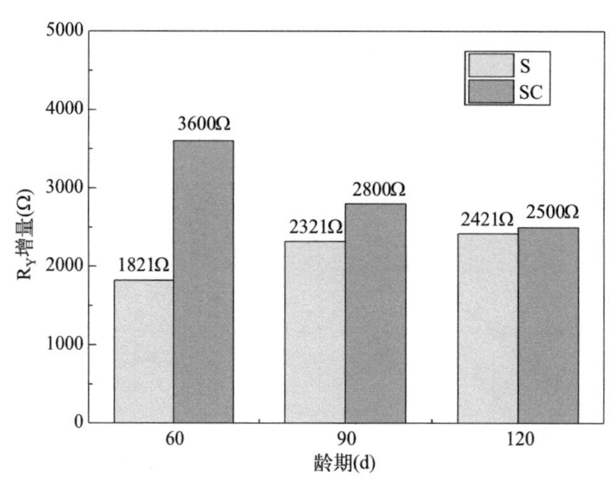

图 4-33 R_{N1} 拟合数值增量

4.6.3 微观性能

1. 矿物组成

为探究试件的矿物组成，使用 XRD 对其试样进行检测。图 4-34 为 0d 试样矿物组成 XRD 谱，0d 试样主要有明显的二氧化硅峰、水化硅酸钙峰、碳酸钙峰、长石峰。图 4-35 为 S 组试件浸泡不同龄期下不同部位的表面矿物组成。由图 4-35 可知，矿物组成中有石膏生成，而石膏属于膨胀性物质，进而证明前面所述的观点。试验发现不同龄期不同部位产生的石膏含量不同。30d 附着生物膜部分和未附着生物膜部分均没有明显的石膏峰；60d 附着生物膜部分出现微弱的石膏峰，60d 未附着生物膜部分也没有明显的石膏峰；90d 附着生物膜部分出现明显的石膏峰，90d 未附着生物膜部分出现微弱的石膏峰；120d 附着生物膜部分出现的石膏峰更为明显，120d 未附着生物膜部分石膏峰也显著增高，而且 90d、120d 附着生物膜试样石膏峰显著高于 90d、120d 未附着生物膜试样石膏峰。图 4-36 为 SC 组试件浸泡不同龄期下不同部位的表面矿物组成。由图 4-36 可知，试验同样发现不同龄期不同部位产生的石膏含量不同。30d 附着生物膜部分出现微弱的石膏峰，30d 未附着生物膜部分没有明显的石膏峰；之后，60～120d 附着生物膜和未附着生物膜部分石膏峰逐渐增高，而且附着生物膜试样的石膏峰明显高于未附着生物膜试样的石膏峰。试验表明：无论粗糙度大还是粗糙度小的试件均随浸泡龄期的增加，石膏峰逐渐增高，并且附着生物膜试样的石膏峰明显高于未附着生物膜试样的石膏峰，生物膜起到加剧腐蚀的作用。

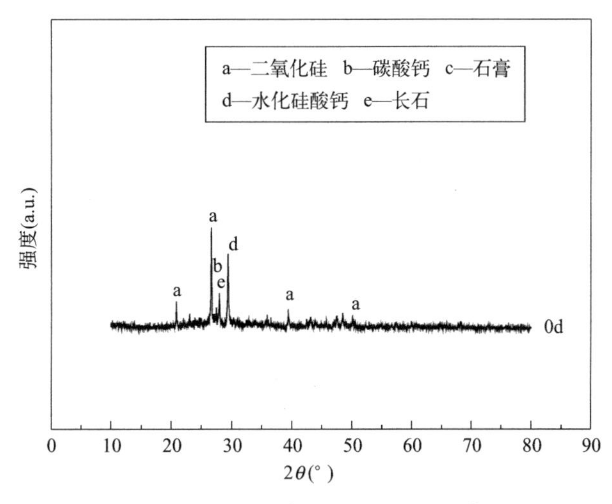

图 4-34 0d 试件矿物组成 XRD 谱

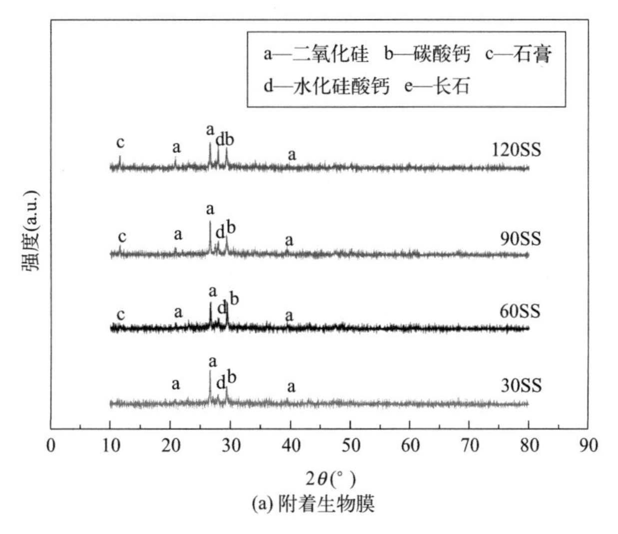

图 4-35 S 组矿物组成 XRD 谱（一）

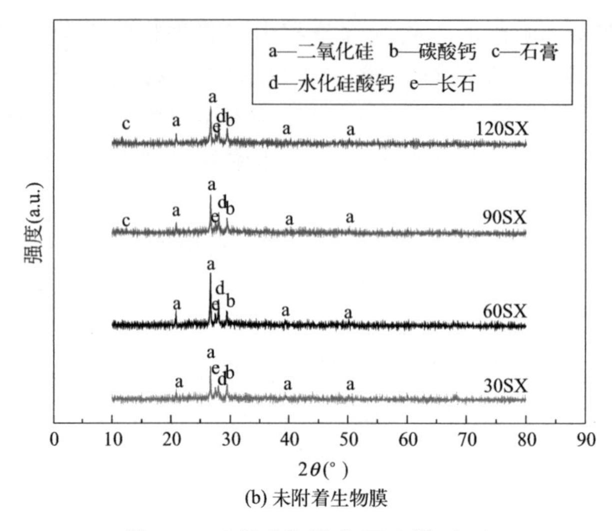

(b) 未附着生物膜

图 4-35 S组矿物组成 XRD 谱（二）

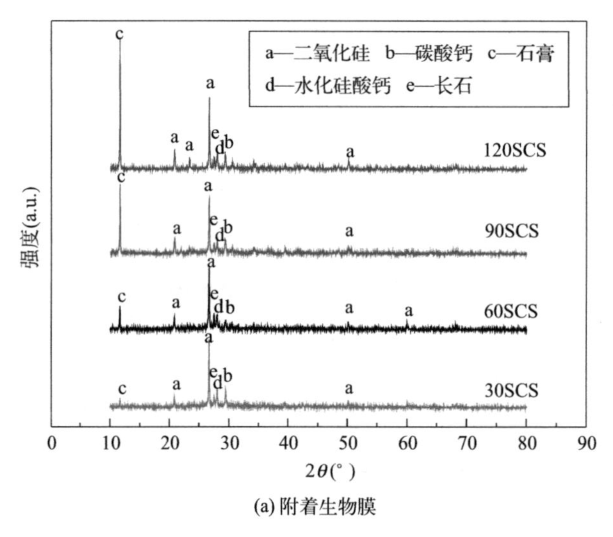

(a) 附着生物膜

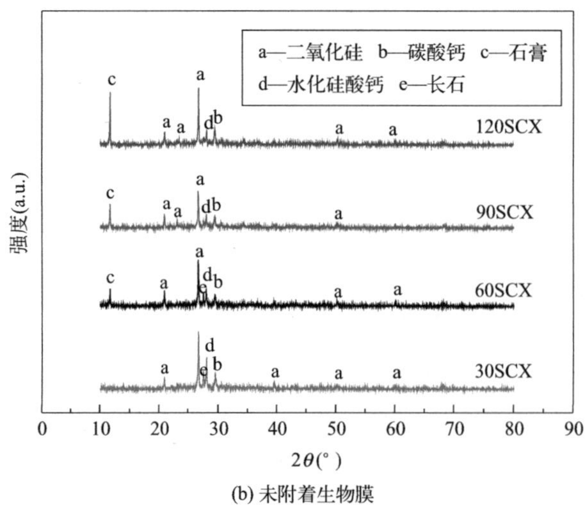

(b) 未附着生物膜

图 4-36 SC组矿物组成 XRD 谱

由图 4-35(a) 和图 4-36(a) 可知，S组附着生物膜试样石膏峰低于 SC 组附着生物膜试样石膏峰。由图 4-35(b) 和图 4-36(b) 可知，S组未附着生物膜试样石膏峰低于 SC 组未附着生物膜试样石膏峰。试验表明：试件表面粗糙度越大，石膏峰越高。

2. TGA

结合 TG-DTG 可以定量间接分析石膏含量，其中石膏脱水区间在 170～220℃（完全脱水在 220℃左右）。图 4-37 为 0d 试样石膏脱水含量 TG-DTG 曲线。由图 4-37 可知，TG 和 DTG 曲线在 200℃左右未有明显的失重台阶和峰值。图 4-38 和图 4-39 分别为不同粗糙度试件不同龄期下 TG/DTG 曲线。由图 4-38 可知，S 组 30d 和 60d 未附着生物膜部分 TG 和 DTG 曲线在 200℃左右均未有明显的失重台阶和峰值，故 TG/DTG 曲线未测出 30d 和 60d 未附着生物膜部分石膏的脱水量。30d 附着生物膜部分内部石膏脱水含量相对较小为 0.290%。而 XRD 测试结果中则没有发现石膏的存在，这说明可能是由于 30d 附着生物膜部分石膏的含量太少所致。60～90d 附着生物膜部分内部石膏脱水含量分别为 0.690%、1.255%、1.860%，90～120d 未附着生物膜部分内部石膏脱水含量分别为 1.007%、1.165%。由图 4-39 可知，SC 组 30d 未附着生物膜部分 TG 和 DTG 曲线在 200℃左右均未有明显的失重台阶和峰值，故 TG-DTG 曲线未测出 30d 未附着生物膜部分石膏的脱水量。30～120d 附着生物膜部分内部石膏脱水含量分别为 1.288%、1.569%、4.470%、5.100%，60～120d 未附着生物膜部分内部石膏脱水含量分别为 3.333%、4.118%、4.455%。总体明显可以看出两组试件附着生物膜处石膏脱水量高于未附着生物膜石膏脱水量。这说明生物膜附着处腐蚀程度高于生物膜未附着处，生物膜起到加速腐蚀的效果。导致上述结果的原因是随龄期的增长，硫氧化细菌对试件表面侵蚀越来越严重，腐蚀产物逐渐增多；而且硫氧化细菌在气液交界面处形成生物膜并在生物膜内聚集大量的硫氧化细菌，硫氧化细菌形成的生物膜可以吸附大量的 SO_4^{2-}，并对砂浆表面造成靶向破坏，致使附着生物膜的部分石膏含量高于无附着生物膜的部分。由图 4-38(a) 和图 4-39(a) 可以发现，S组附着生物膜部分石膏脱水含量低于 SC 组附着生物膜部分石膏脱水含量。由图 4-38(b) 和图 4-39(b) 可以发现，S组未附着生物膜部分石膏脱水含量低于 SC 组未附着生物膜部分石膏脱水含量。这进一步证明了 5.3 的结论，试件表面越粗糙，无水泥石层保护，腐蚀产物石膏含量越高，试件劣化越明显。

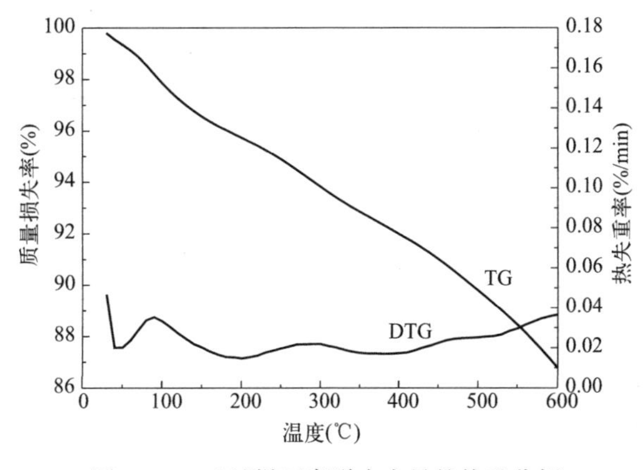

图 4-37 0d 试样石膏脱水含量的热重分析

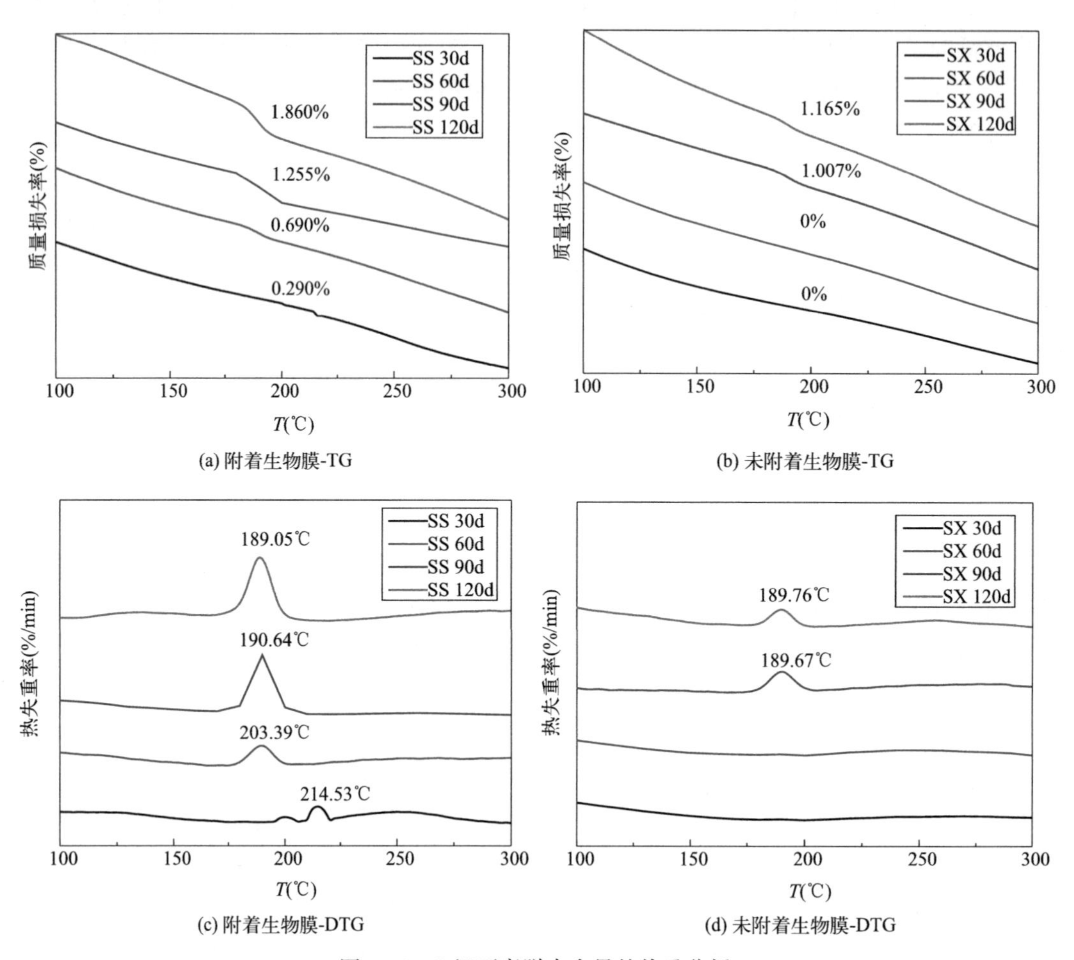

(a) 附着生物膜-TG (b) 未附着生物膜-TG

(c) 附着生物膜-DTG (d) 未附着生物膜-DTG

图 4-38 S组石膏脱水含量的热重分析

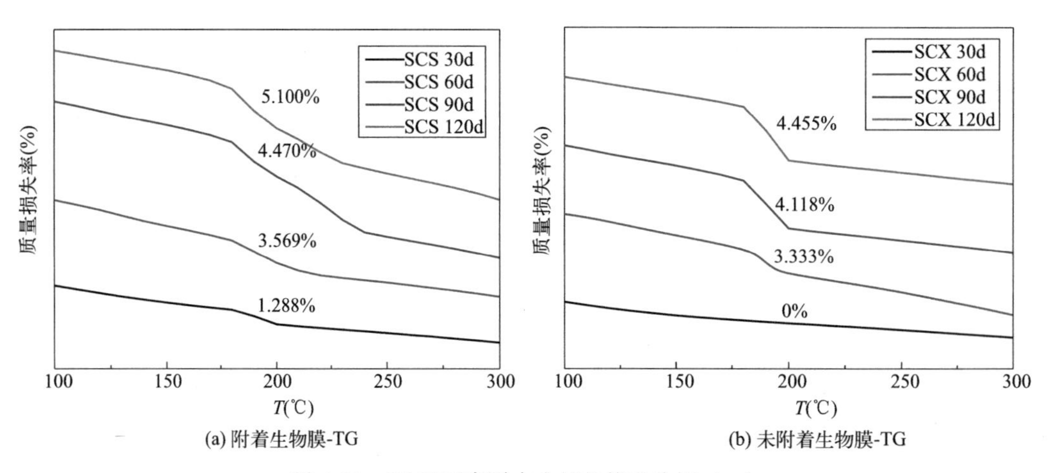

(a) 附着生物膜-TG (b) 未附着生物膜-TG

图 4-39 SC组石膏脱水含量的热重分析（一）

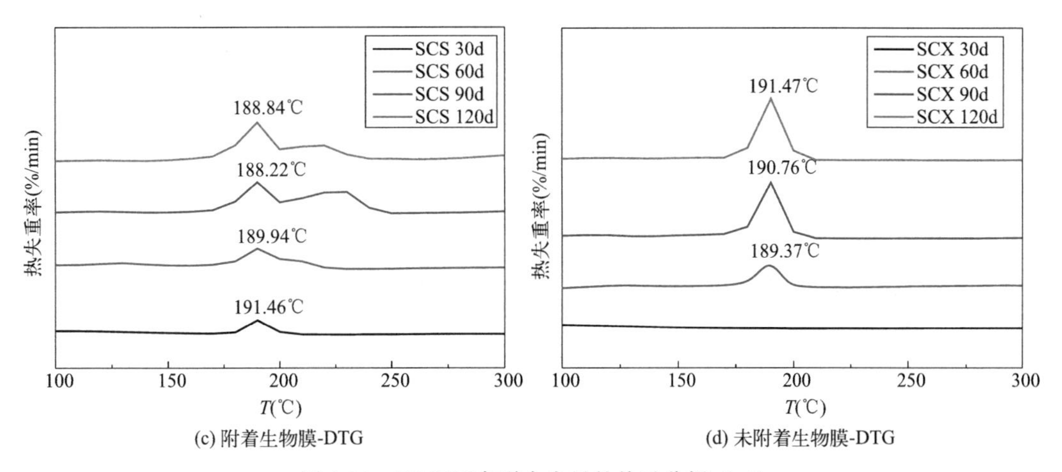

图 4-39　SC 组石膏脱水含量的热重分析（二）

图 4-40 为不同粗糙度试件不同龄期附着生物膜部分的石膏脱水增量，由图 4-40 可知，SC 组石膏脱水增长量明显快于 S 组石膏脱水增长量。粗糙程度在这个过程中起到一定作用，但是生物膜厚度与微生物两者也起到一定作用的影响，即“胞内微生物—生物膜二重耦合理论”（当生物膜厚度超过一定限度，生物膜阻碍外界离子扩散时，胞内微生物数量较高，腐蚀产物含量增量较低，此时生物膜阻碍离子作用效果大于微生物代谢 SO_4^{2-} 定向吸引腐蚀效果，故生物膜厚度起主导作用；当生物膜厚度低于一定限度，生物膜减缓阻碍外界离子扩散时，胞内微生物数量较低，腐蚀产物含量增量较高，此时生物膜减缓阻碍离子作用效果大于微生物代谢 SO_4^{2-} 定向吸引腐蚀，故生物膜厚度起主导作用；当生物膜厚度低于一定限度，生物膜减缓阻碍外界离子扩散时，胞内微生物数量较高，腐蚀产物含量增量较高，此时生物膜减缓阻碍离子作用效果与微生物代谢 SO_4^{2-} 定向吸引腐蚀效果相互促进，故两者起到结合促进作用；当生物膜厚度超过一定限度，生物膜阻碍外界离子扩散时，胞内微生物数量较低，腐蚀产物含量增量较低，此时生物膜阻碍离子作用效果小于微生物代谢 SO_4^{2-} 定向吸引腐蚀效果，故胞内微生物起主导作用）。

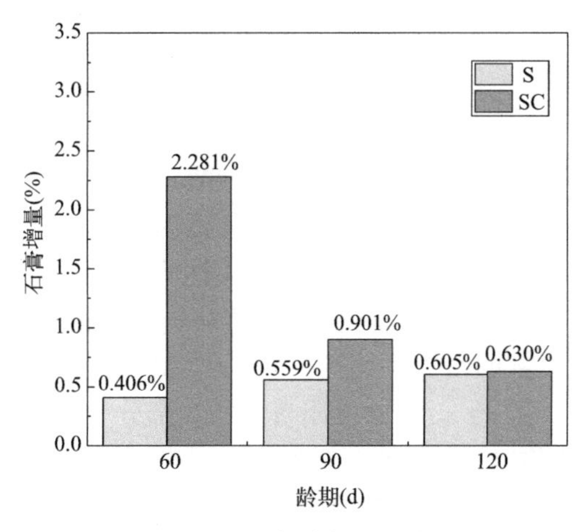

图 4-40　石膏脱水含量增量

其中，S组石膏脱水量增量逐渐增高，60d石膏脱水量增量为0.406，这是因为胞内生物数量在1.65～2.854之间，其数量相对较高，代谢SO_4^{2-}多且对砂浆造成定向吸引腐蚀。然而生物膜厚度在1.57～2.13mm范围内且相对较厚时可以起到阻碍离子进入，延长离子和微生物到达混凝土表面的距离的作用。故此阶段生物膜厚度阻碍离子起主导作用，其减缓砂浆腐蚀，致使石膏增量不高。90d和120d石膏脱水含量增量较高是由于此阶段生物膜厚度较低、胞内微生物数量相对较低，其中60～120d生物膜厚度主要在0.54～1.31mm之间，相对较薄。微生物含量OD值在1.24～1.56之间，相对于30～60d阶段较低。微生物数量较低，膜内代谢SO_4^{2-}的量相对较少，对砂浆定向腐蚀效果不明显。生物膜较低对内外界离子阻碍效果越差，离子对砂浆的侵蚀加快。故此阶段生物膜厚度减弱离子阻碍起主导作用，其加速砂浆腐蚀，致使石膏增量变高。

SC组石膏增量逐渐降低，60d石膏脱水量增量最高，这是由于此阶段生物膜厚度在0.29～1.10mm范围内，而且胞内微生物数量增长较快其OD值为0.998～3.025，故此阶段胞内微生物和生物膜厚度同时起作用，胞内微生物代谢离子加快，生物膜对离子阻碍效果降低，加速砂浆腐蚀。90d石膏脱水量增量降低到0.901%，这说明胞内微生物数量保持稳定，生物膜厚度超过1.10mm时，生物膜厚度开始起到阻碍离子的作用。故此阶段生物膜阻碍离子起到主导作用。120d石膏脱水量增量降低到0.63%，此阶段生物膜厚度与胞内微生物有所下降，但其厚度高于1.10mm，生物膜厚度仍起到阻碍离子作用，并且微生物数量代谢SO_4^{2-}腐蚀砂浆效果强于生物膜厚度阻碍离子作用效果，故此阶段胞内微生物代谢SO_4^{2-}腐蚀砂浆起到主导作用。

3. 微观形貌

图4-41为0d试样水化产物微观形貌，从图4-41可以看出，0d的水化产物以胶凝状水化硅酸钙和片状氢氧化钙为主。不同粗糙度试件浸泡不同龄期下不同部位表面水化产物的形貌如图4-42和图4-43所示。从图4-42可以看出，S组30d附着生物膜试样内部的矿物除了胶凝状水化硅酸钙，D区域中还有一些明显的板状物质，使用EDS分析D区域中1点的元素，结果如图4-44所示。从图4-44可以看出，D区域1点元素含有Ca、S、P、O、C，而且以Ca、S、O这3种元素为主，可以初步判断这些明显板状物质为石膏。一些研究表明，石膏微观形貌大多数是柱状或板状形态。因此可以断定D区域中有石膏生成。这进一步说明30d附着生物膜部分内部确实有少量石膏产生。30d未附着生物膜部分内部的矿物以胶凝状水化硅酸钙和片状氢氧化钙为主，未发现石膏生成。60d附着生物膜部分出现了少量的石膏而氢氧化钙和胶凝状水化硅酸钙相对较少，60d未附着生物膜部分内部的矿物同样以胶凝状水化硅酸钙和片状氢氧化钙为主，也未发现石膏生成。90d附着生物膜和未附着生物膜试样内部的矿物均出现了大量的石膏而氢氧化钙和胶凝状水化硅酸钙相对不明显。120d附着生物膜和未附着生物膜试样内部的矿物主要以石膏为主。90d和120d附着生物膜试样内部的石膏含量多于90d和120d未附着生物膜试样内部的石膏含量。从图4-43可以看出，SC组30～120d附着生物膜部分均出现了腐蚀产物石膏。30d未附着生物膜部分内部的矿物以胶凝状水化硅酸钙和片状氢氧化钙为主，未发现石膏生成。60～120d未附着生物膜部分也出现了腐蚀产物石膏。总之，SC组附着生物膜试样内部的石膏含量多于未附着生物膜试样内部的石膏含量。这说明试件随浸泡龄期的增长，矿化产物石膏含量确实逐渐增多，附着生物膜部分石膏含量确实高于未附着生物膜石膏含量。导

致上述结果的原因是生物膜附着部位处聚集大量的硫氧化细菌，其可吸附大量的 SO_4^{2-} 并与砂浆表面中的氢氧化钙发生反应生成更多的石膏，从而使得砂浆孔隙被填充，微观结构变致密。随着石膏的大量生成，砂浆开始膨胀，膨胀到一定程度将导致砂浆表面开裂破坏。综上所述，可以说明硫氧化细菌形成的生物膜对砂浆具有腐蚀加深作用。

对比图 4-42 和图 4-43 可知，S 组附着生物膜部分石膏分布小于 SC 组附着生物膜部分石膏分布。S 组未附着生物膜部分石膏分布小于 SC 组未附着生物膜部分石膏分布，进一步验证了 XRD 和热重的结论。

图 4-41 0d 试样矿物组成微观形貌

(a) 30SS (b) 30SX

(c) 60SS (d) 60SX

图 4-42 S 组矿物组成微观形貌（一）

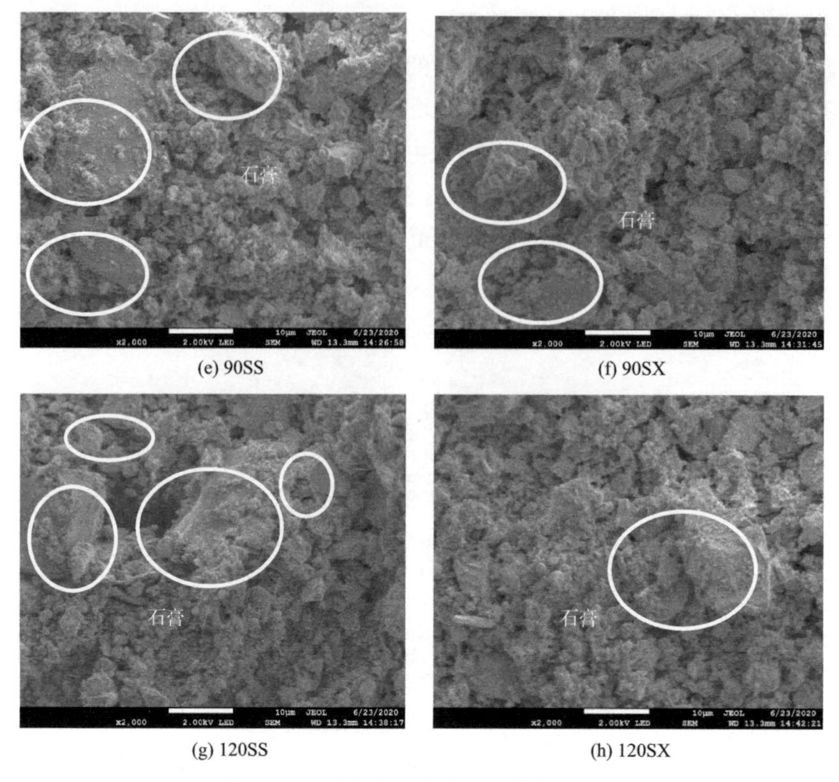

(e) 90SS　(f) 90SX

(g) 120SS　(h) 120SX

图 4-42　S组矿物组成微观形貌（二）

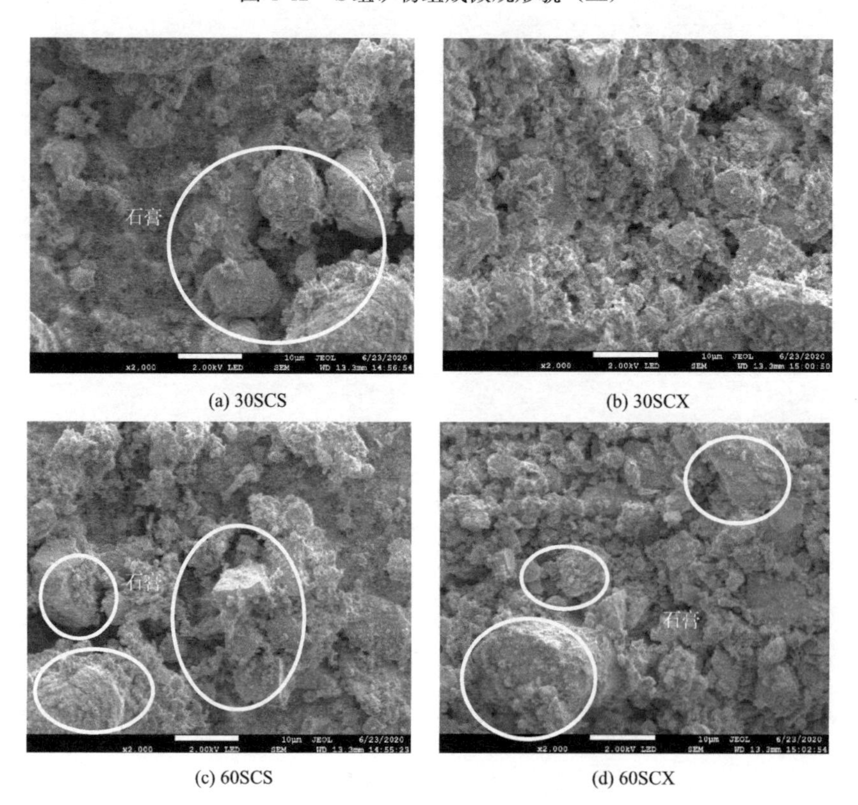

(a) 30SCS　(b) 30SCX

(c) 60SCS　(d) 60SCX

图 4-43　SC组砂浆矿物组成微观形貌（一）

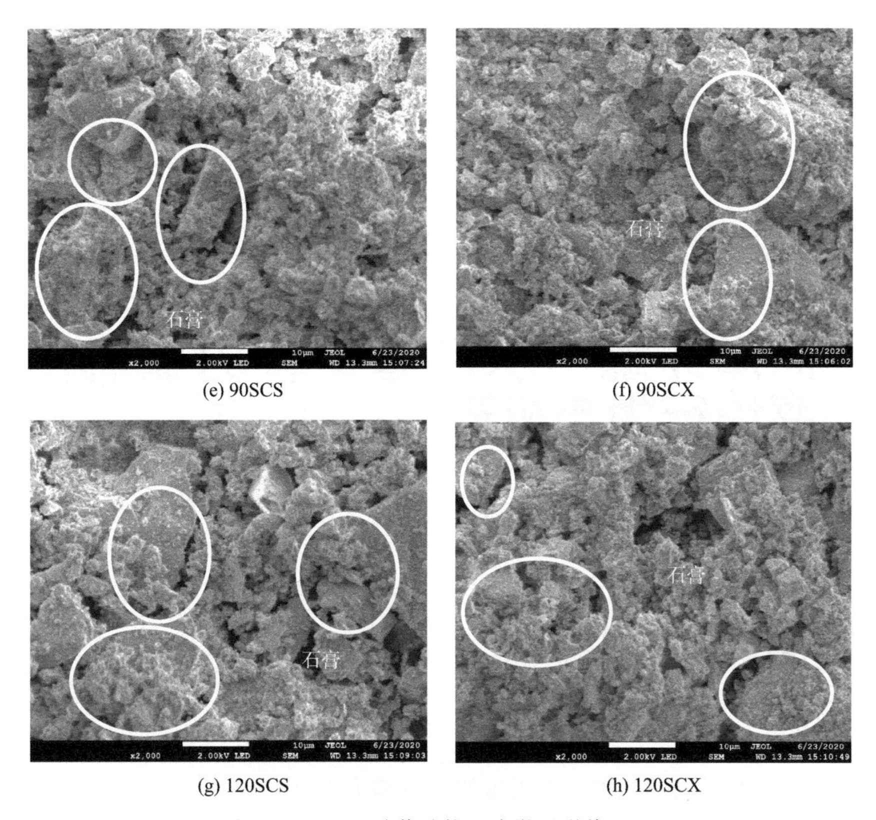

(e) 90SCS　(f) 90SCX

(g) 120SCS　(h) 120SCX

图 4-43　SC 组砂浆矿物组成微观形貌（二）

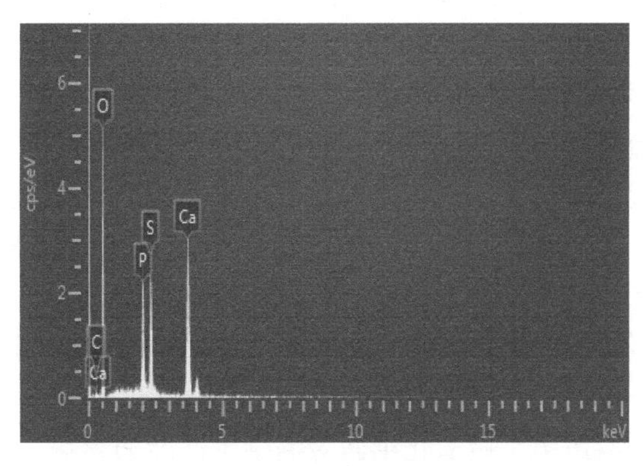

图 4-44　1 点能谱分析

两组不同粗糙度试件随试验龄期抗压强度均呈上升趋势，粗糙度越大抗压强度变化越明显。通过电化学阻抗谱和等效电路模型揭示了试样表面粗糙度越大内部孔隙减小越明显。结合 X 射线衍射仪、热重分析仪、SEM 探明了砂浆试件表面粗糙度越大，硫氧化细菌及其生物膜对砂浆腐蚀越严重；而且硫氧化细菌形成的生物膜对砂浆起到加速腐蚀作用。

第5章

海洋环境中水泥基材料的硫氧化细菌腐蚀行为与机理

5.1 试验方案及方法

1. 试验方案

(1) 海洋微生物附着行为对砂浆性能影响试验方案

首先计算出各龄期试样质量变化率，然后通过测试各龄期下砂浆的抗压强度，最后采用电化学阻抗谱（EIS）探究海水环境下砂浆表面附着的生物膜对 SO_4^{2-} 的渗透性以及对水泥浆体内部微观结构的影响，同时采用X射线衍射仪（XRD）、热分析（TG-DTG）、SEM-EDS分析海水环境下试样矿化产物。

(2) 海水环境中硫氧化细菌对混凝土性能的影响试验方案

首先记录各龄期混凝土试样的抗压强度，然后采用电化学阻抗谱（EIS）探究海水环境下混凝土表面生物 SO_4^{2-} 和化学 SO_4^{2-} 的渗透作用，同时结合X射线衍射仪（XRD）、红外光谱（FT-IR）、热分析（TG-DTG）、SEM-EDS、氯离子渗透性、碳化深度分析海水环境下硫氧化细菌作用混凝土试样的腐蚀产物以及对混凝土微观结构和耐久性能的影响。

(3) 基于海水不同溶解氧下硫氧化细菌对混凝土性能的影响

首先测试溶解氧对于海水腐蚀溶液介质中细菌浓度、pH值和 SO_4^{2-} 浓度的影响，记录各龄期混凝土试样的抗压强度，然后采用电化学阻抗谱（EIS）探究海水环境下溶解氧对于混凝土表面生物 SO_4^{2-} 渗透作用的影响，同时结合X射线衍射仪（XRD）、红外光谱（FT-IR）、热分析（TG-DTG）、SEM-EDS、氯离子渗透性、碳化深度分析基于海水不同溶解氧下硫氧化细菌对混凝土性能的影响。

2. 试验方法

(1) 砂浆性能测试

1) 砂浆宏观测试

将标准养护28d后的试样半浸泡在水中，使其充分吸收水分后称量。到达龄期时，使用电子秤测量试样质量，并采用式(5-1) 计算试样的质量变化率：

$$F_s=(M_h-M_q)/M_q \tag{5-1}$$

式中 F_s——砂浆的质量变化率（%）；

M_h——砂浆浸泡前的质量（g）；

M_q——砂浆浸泡后的质量（g）。

按照《水泥胶砂强度检验方法（ISO 法）》GB/T 17671—2021 进行抗压强度试验，并采用式(5-2) 计算浸泡后试样的抗压强度变化率：

$$R=(F_2-F_1)/F_1\times100\% \tag{5-2}$$

式中 R——抗压强度变化率（%）；

F_1——试样在龄期 7d 时的抗压强度（MPa）；

F_2——试样分别在龄期 15d、30d、45d、60d、75d、90d、120d 时对应的抗压强度（MPa）。

2）电化学阻抗谱

在附着生物膜的砂浆表面处切割出长 1cm、宽 1cm、厚 2mm 的试样，切割过程保持砂浆表面生物膜的完整性。首先使用电化学工作站测试带有生物膜的试样，试样夹在两个电极板之间，保证试样与电极充分接触。然后将试样表面生物膜去除干净，再次进行测试。测试时交流电压为 10mV，频率为 0.1～1MHz，电解质为 3500mg/L 的硫酸钠溶液，使用 Zsimpwin 软件来分析电化学阻抗谱数据。试验装置示意图如图 5-1 所示。

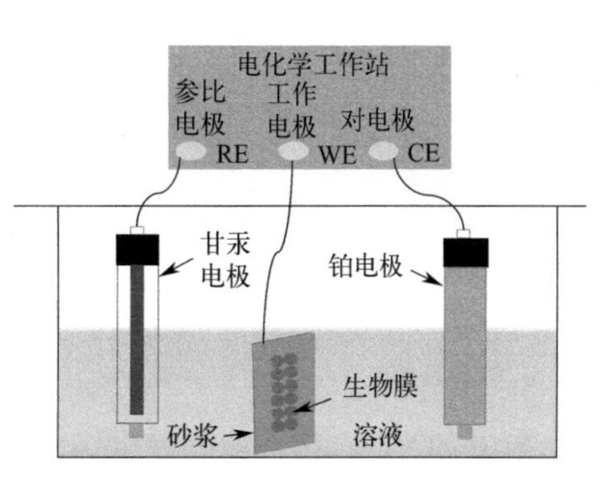

图 5-1 电化学阻抗谱试验装置示意图

将每组试样区域使用去离子水和无水乙醇冲洗 3 遍，尽可能将表面杂质清除干净。在 50℃烘箱烘干 12h 后，使用研钵研磨至全部通过 10μm 方孔筛，继续放入 50℃烘箱干燥 6h。

采用 XRD 分析物相组成，扫描步长为 0.02°，扫描速度为 8°/min，2θ 为 10°～60°。采用同步热分析仪分析砂浆矿化产物含量，由室内温度 25℃开始加热，直至升温到 800℃，测试时 N_2 保护气氛，升温速率为 20℃/min。

取一部分烘干后的试样喷金镀膜，采用 SEM 对砂浆的微观形貌和元素组成进行分析。

（2）混凝土试样微观结构及其性能测试

1）抗压强度

采用 YAW-2000J 型压力试验机，按照《混凝土物理力学性能试验方法标准》GB/T 50081—2019 进行抗压强度试验，仪器如图 5-2 所示。

加载速度控制在 0.6MPa/s，并计算混凝土试样浸泡后的抗压强度变化率，如式(5-3) 所示：

$$f=(F_2-F_1)/F_1\times100\% \tag{5-3}$$

式中　f——混凝土的抗压强度变化率（%）；

F_1——混凝土未浸泡前的抗压强度（MPa）；

F_2——混凝土浸泡后每个龄期的抗压强度（MPa）。

2）微观形貌

采用 JMS-7800F 型电子扫描显微镜观察拍摄混凝土试样表面形貌，仪器如图 5-3 所示。

首先，将混凝土样品用去离子水冲洗 3 遍，将表面杂质尽可能清除干净，然后放置于 50℃烘箱内烘干 12h，然后取部分试样用导电胶将其粘贴在载物台上，喷金镀膜 180s，加速电压为 2kV，最后采用 EDS 能谱分析样品表面各元素的特征 X 射线的元素种类。

图 5-2　YAW-2000J 型压力试验机

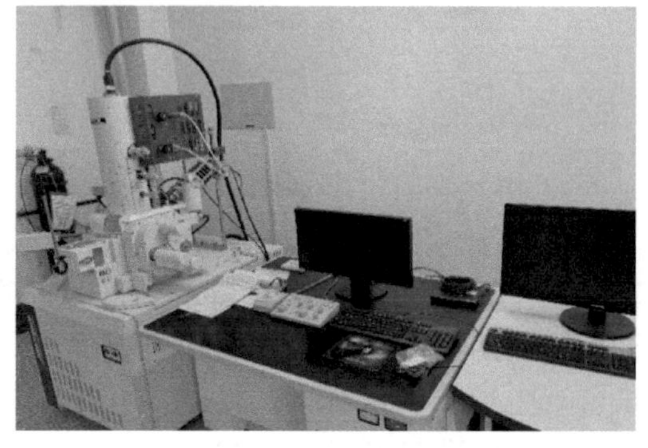

图 5-3　JMS-7800F 型电子扫描显微镜

3）热分析

采用 SDQ600 型同步热分析仪分析混凝土矿化产物含量，仪器如图 5-4 所示。

设置温度由室温 25℃升温到 800℃，升温速率为 20℃/min，N_2 保护气氛。

4）矿物组成

采用 Rigaku ultima-V1 型 X 射线衍射仪对粒径小于 10μm 的混凝土粉末进行矿物组成分析，仪器如图 5-5 所示。

图 5-4　SDQ600 型同步热分析仪

图 5-5　Rigaku ultima-V1 型 X 射线衍射仪

设置起始角度为 10°（2θ），终止角度为 45°（2θ），扫描步长为 0.02°（2θ），扫描速度为 8°/min。

5）官能团

采用 Tensor27 型傅里叶变换红外光谱仪，通过化学官能团键分析生物膜的组成成分，仪器如图 5-6 所示。

将混凝土试样置于 80℃烘箱中烘干，然后取一定量的 KBr 与混凝土粉末（约 1mg）于玛瑙研钵中混合研磨，并将其粉末压片，最后，将混合物压片与纯 KBr 压片（对照组）放置于光谱仪内进行测试。

6）电化学阻抗谱

在生物膜附着的混凝土表面区域切割出尺寸（长 1cm、宽 1cm、厚 2mm）的试样，切割过程中保持混凝土表面生物膜的完整性。采用 760E 型电化学工作站测试试样，试样夹在两个电极板之间。测试时电解质为硫酸钠溶液（3500mg/L），交流电压为 10mV，频率为 0.1～1MHz，试验装置如图 5-7 所示。

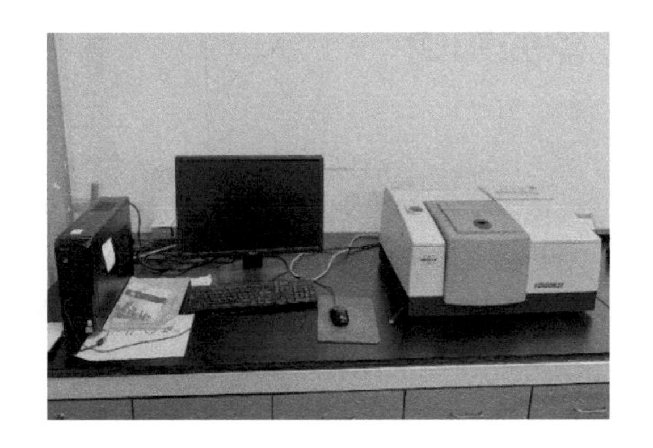

图 5-6 Tensor27 型傅里叶变换红外光谱仪

图 5-7 760E 型电化学工作站

7）氯离子渗透性

采用北京耐久伟业科技有限公司 DJ-DTL 型混凝土氯离子电通量测定仪，如图 5-8 所示，按照《普通混凝土长期性能和耐久性能试验方法标准》GB/T 50082—2009 中电通量法测试混凝土抗氯离子渗透性能。制备 ϕ100mm×50mm 的混凝土试样（每组 3 块）并标准养至 28d，取出浸泡于海水试验箱中；浸泡至预定龄期将试块取出并用硅胶或树脂将试

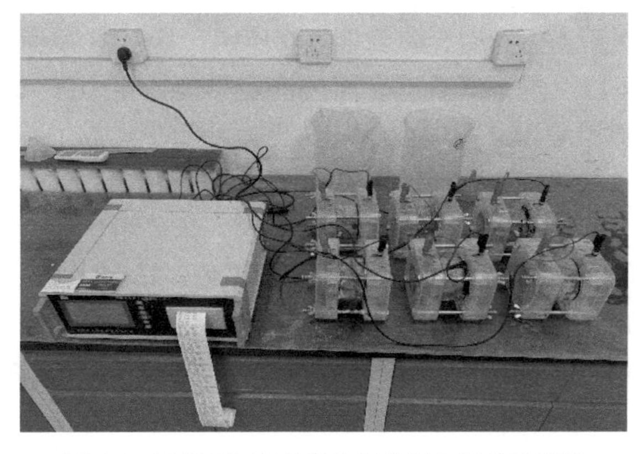

图 5-8 DJ-DTL 型混凝土氯离子电通量测定仪

样侧面密封，将其真空泡水（18±2)h后安装于试验槽内；分别在试验槽两侧内注入浓度为3%的NaCl溶液和0.3mol/L的NaOH溶液，接通电源后施加60V直流恒电压，并每隔5～30min记录一次电通量数据，当电通量值超过4000C则停止试验，否则通电至6h结束测试。

8）碳化深度

按照《普通混凝土长期性能和耐久性能试验方法标准》GB/T 50082—2009中的方法测试混凝土试样的碳化深度。首先将切割后的混凝土断面上残存的粉末刷去，然后喷上（或滴上）浓度为1%的酚酞酒精溶液（内含20%的蒸馏水）。经过30s后，通过超景深显微镜测出各点碳化深度。当测点处的碳化分界线上刚好嵌有粗骨料颗粒，可取该颗粒两侧处碳化深度的算术平均值作为该点的深度值。碳化深度测量应精确至0.5mm。

5.2 硫氧化细菌附着对砂浆性能的影响

目前，普遍认为污水环境中硫酸盐还原菌（SRB）可以在黏液层的生物膜和沉积物中将硫酸盐还原为硫化物，最后通过硫氧化细菌（SOB）转化为硫酸，进而在混凝土内部生成石膏和钙矾石，导致混凝土产生开裂和点蚀。在载体表面附着形成生物膜，是微生物腐蚀混凝土的第一步，生物膜有利于腐蚀介质的传输，但海洋环境中，微生物附着形成生物膜对腐蚀混凝土进程中起到何种作用尚不明确，若能通过研究海水环境中砂浆表面附着形成生物膜演变过程对砂浆矿化产物的影响，则能探明海洋微生物附着行为对砂浆结构性能的影响，揭示对砂浆的性能影响机制。因此，本章拟通过砂浆质量变化率、砂浆抗压强度变化、砂浆内部结构变化、水化产物变化和水化产物形貌等角度探究海洋微生物附着行为对砂浆微观结构的影响。

5.2.1 硫氧化细菌附着对砂浆宏观性能的影响

1. 砂浆外观形貌

为了比较试样表面有无微生物附着对试样表面的形貌影响，采用超景深显微镜对各个龄期试样气液交界面处形貌进行对比，如图5-9所示，其中图A为试验组，图B为对照组。如图5-9所示，可以发现，试验组表面气液交界面处在7d时就开始初步变黑，15d时黑色进一步加深，原因是15d左右在气液交界面处初步形成了有利于生物膜附着的条件，之后微生物逐渐加快繁殖速度，加速了对氧气的消耗，致使试样组浸泡部位的微量元素发生了更严重的显色反应，并且随着龄期的增长，试验组气液交界面处颜色也逐渐加深，在120d时，试验组海水浸泡处已经彻底显深黑色；15d时对照组同样位置处才开始稍显黑色，但是随着龄期的增长，颜色加深程度仍不是很明显，程度变化始终轻于试验组。这说明虽然在后期对照组装置内引入了少量的杂菌，但是微生物消耗的氧气远小于试验组，不会对对照组培养基中造成严重缺氧。

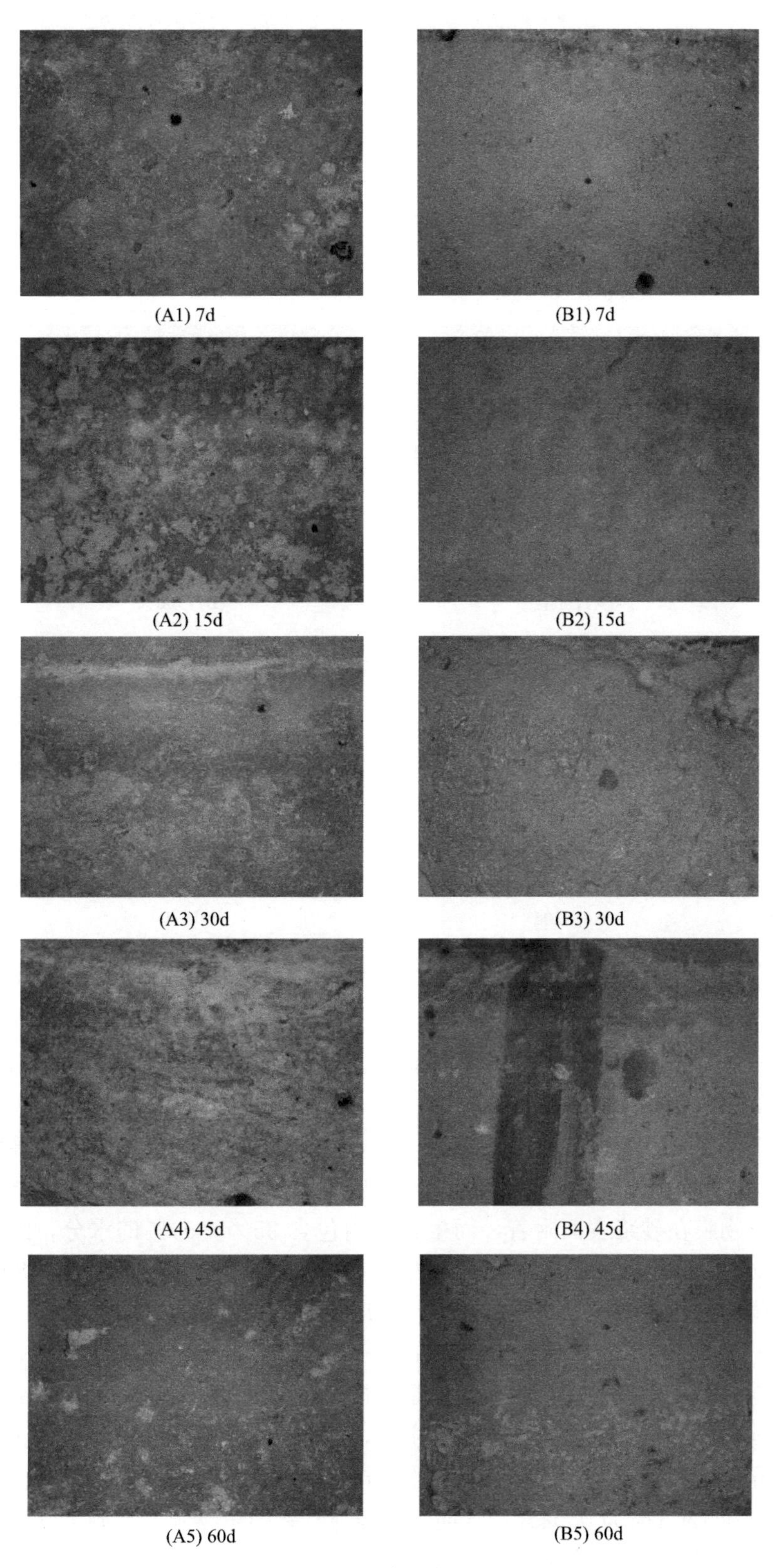

图 5-9　砂浆形貌（一）

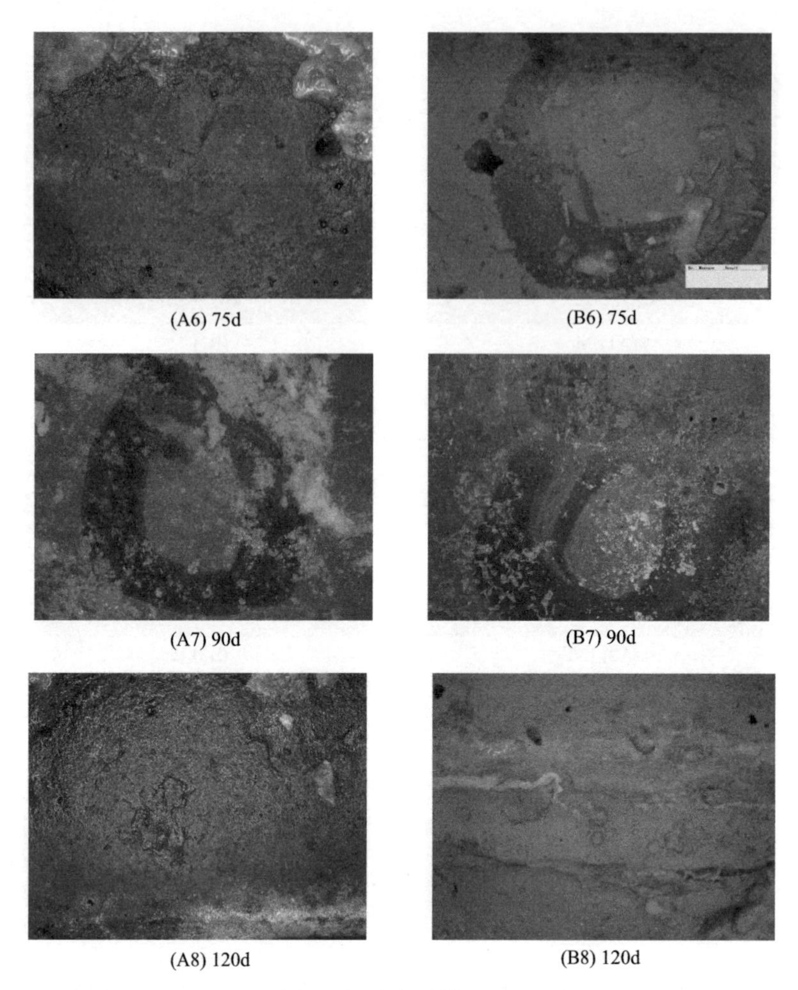

图 5-9 砂浆形貌（二）

2. 质量变化率

为进一步分析海水环境下微生物附着演变过程对砂浆质量的影响，通过计算得到了各龄期内砂浆的质量变化率，如图 5-10 所示。

根据图 5-10 可以发现，试验组质量变化率在 15d 后开始迅速增长，这种增长趋势持续到第 60d，60d 时相比最初的质量（0d）增加了 1.25%。这期间是生物膜的快速生长期，大量的生物膜在砂浆表面附着，而生物膜内包含 95%～99%的水分，因此提升了试样的质量。60d 之后的质量变化率开始减缓，在 75d 时砂浆质量变化率为 0.89%，这期间刚好为生物膜的生长成熟期，生物膜的生长速度在此期间逐渐减弱。

75～90d 期间质量变化率持续减缓，在 90d 时砂浆质量变化率为 0.78%，这期间为生物膜的脱落期，虽然生物膜大量脱落，但是质量变化率与 75d 时相差并不悬殊，由此可以推测 75d 之前试样的增长率主要由生物膜主导，而 75d 之后，可能有腐蚀介质进入试样内部生成了填充物，试样的质量变化开始由水化产物和生物膜一起主导。90d 之后质量变化率再次上升，在 120d 时为 0.94%，这期间是因为有新的生物膜开始附着在砂浆表面，并且根据之前的推测，试样内部生成的物质可能还在持续增多。

对照组的质量变化率在龄期内一直呈上升趋势，90d 后增长速度相对减缓，120d 时质量变化率为 0.37%。结合图 5-9 的结果可知，对照组试样在 120d 时才逐渐有较为明显的生物膜，但是龄期内试样质量却在持续上升，由此可以推测在龄期内海水环境中的腐蚀性介质一直在进入对照组试样的内部，持续在内部生成新的水化产物，从而不断增加试样质量。

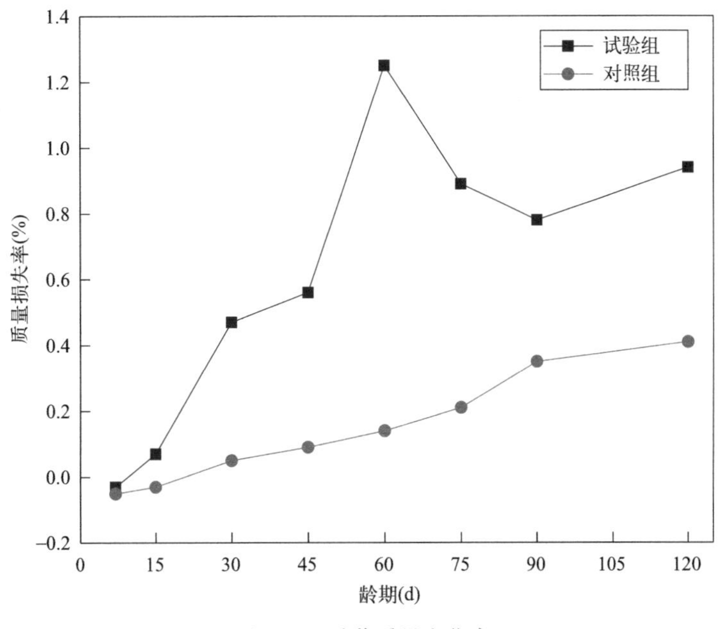

图 5-10　砂浆质量变化率

3. 抗压强度变化率

为更好反映海洋微生物附着对砂浆力学性能的影响，测试了试验组和对照组 120d 内各龄期的抗压强度，抗压强度变化规律如图 5-11 所示。第 7d 时两组试样抗压强度相差不大。为进一步体现海水环境下砂浆表面附着的生物膜对试样抗压强度的影响规律，对 7d

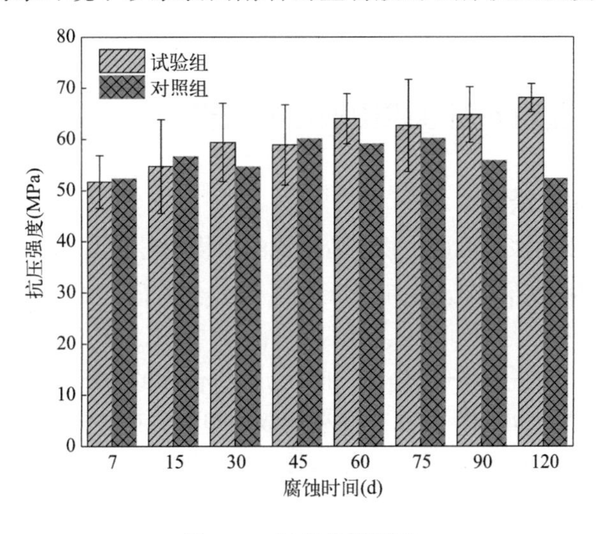

图 5-11　试样抗压强度

后的每个龄期的抗压强度变化率进行了计算，结果如图 5-12 所示。

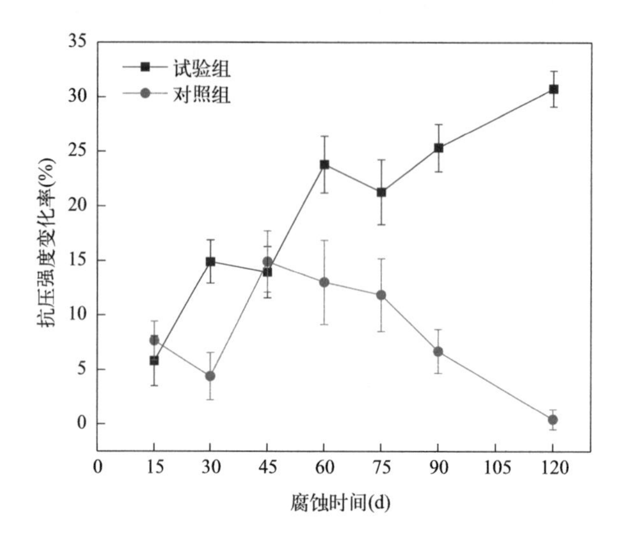

图 5-12 抗压强度变化率

根据图 5-11 和图 5-12 可以发现，试验组的抗压强度总体趋势是曲折上升的，从 7d 的 51.7MPa 增加至 120d 的 68.1MPa，抗压强度增长了 31.72%。这说明龄期内可能一直有少量的 SO_4^{2-} 通过生物膜进入了试样内部，并且在内部生成了填充物，使得砂浆内部孔隙更加地密实，从而提高了砂浆的强度。而对照组的抗压强度变化率是先增长后下降的，在 45d 之前抗压强度呈上升趋势，从 7d 的 52.3MPa 增加至 45d 的 60.1MPa，抗压强度增长了 14.91%，这期间与试验组的抗压强度相差不大，是由于这期间海水内的 SO_4^{2-} 同样进入了试样内部，导致试样内部生成了少量的填充物质，从而使得抗压强度增加。但 45d 之后对照组的抗压强度开始下降，在 120d 时抗压强度仅为 52.5MPa，与第 7d 时的抗压强度相比只增长了 0.38%。这可能是因为对照组试样内部填充物质在 45d 后生成量逐渐增多，使得生成的物质数量在填充孔隙的同时，也使孔隙开始产生膨胀倾向，从而使后期强度呈现出逐渐下降的趋势。

5.2.2 硫氧化细菌附着对砂浆微观性能的影响

1. 砂浆电化学阻抗谱

为探明海水环境下砂浆表面微生物附着形成的生物膜对 SO_4^{2-} 渗透性以及试样内部结构的影响，选取生物膜刚开始大量出现阶段（30d）和最终阶段（120d）的试样进行对比研究。此部分试验参考文献［81-82］中的 $R_S(Q1(R_{ct1}W_1))(Q_2(R_{ct2}W_2))$ 等效电路模型，R_S 指通过砂浆孔隙电解质的电阻或者指通过砂浆和生物膜组合体的电解质的电阻；Q_1 指砂浆（砂浆和生物膜组合体）“固-液相”界面上存在的双层电容；R_{ct1} 指砂浆（砂浆和生物膜组合体）的电阻；W_1 指砂浆（砂浆和生物膜组合体）“固-液相”界面上电荷扩散的 Warburg 电阻；Q_2 指砂浆与电极之间存在的双层电容；R_{ct2} 指砂浆与电极之间的电阻；W_2 指砂浆与电极之间电阻的 Warburg 电阻。以 Zsimpwin 软件对 30d 时附着生物膜的试验组试样、无生物膜附着的对照组试样的拟合曲线和试验数据进行比较，结果如图5-13所示。其中，Z_r 为阻抗实部，Z_i 为阻抗虚部。通过图5-13可以发现，拟合图上的点与实测点相吻合，因此该等效电路模型适用于研究有膜试样和无膜试样中 SO_4^{2-} 的传递和扩散。

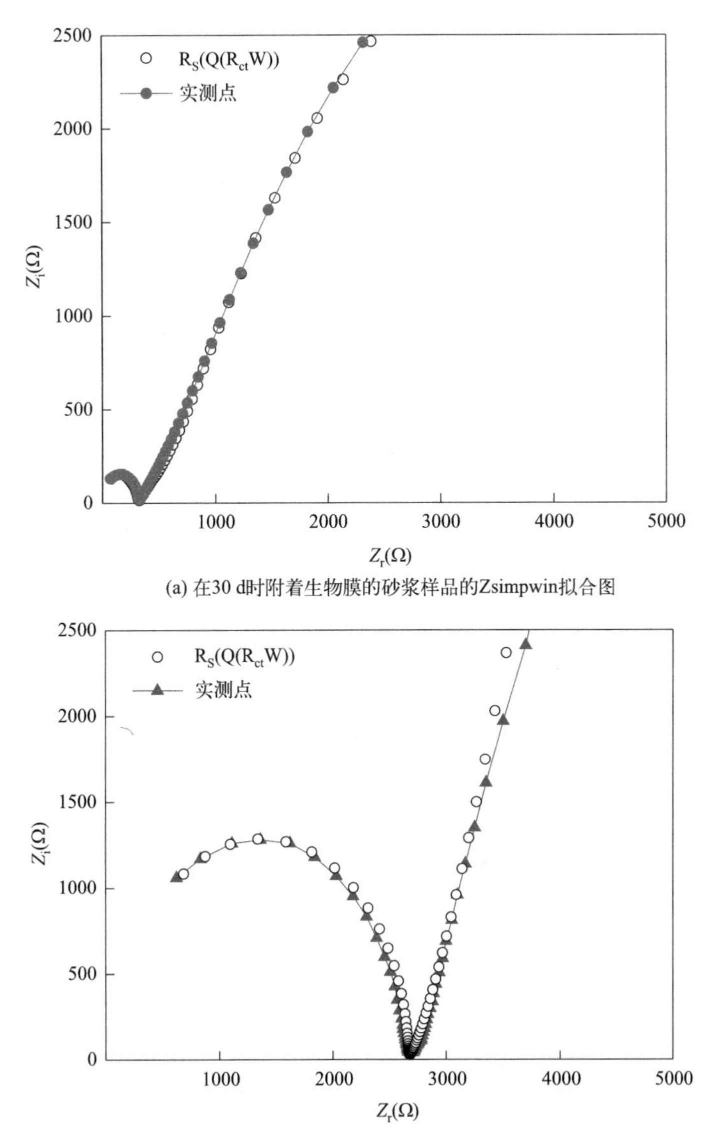

(a) 在30 d时附着生物膜的砂浆样品的Zsimpwin拟合图

(b) 在30 d时未附着生物膜的砂浆样品的Zsimpwin拟合图

图5-13 30d时砂浆试样Zsimpwin拟合图

图5-14为龄期30d、120d时试验组有膜和去膜后的砂浆试样Nyquist曲线，其中Y代表试验组试样表面有生物膜，Q代表试验组试样表面生物膜被去除。

通过图5-14可以发现，同龄期时，试验组有膜试样的Nyquist图直径都小于试验组去膜试样，这意味着有膜试样的电阻小。这是因为测试时，电解质溶液中的 SO_4^{2-} 会穿过生物膜，并且 SO_4^{2-} 本身带2个负电荷，当电荷在电场作用下定向运动时会产生电流，加之生物膜内部含有大量的水，加强了导电性，从而降低了有膜试样的电阻。这证实了 SO_4^{2-} 可以通过生物膜。随着龄期的增长，试验组有膜和去膜试样120d时的Nyquist图直径均大于 30d 时的 Nyquist 图直径，这是因为在海水中浸泡时，腐蚀介质通过生物膜进入试验组试样内部，在内部孔隙生成了填充物，因此测试时不利于 SO_4^{2-} 在固液界面上的迁移，从而导致电阻变大。

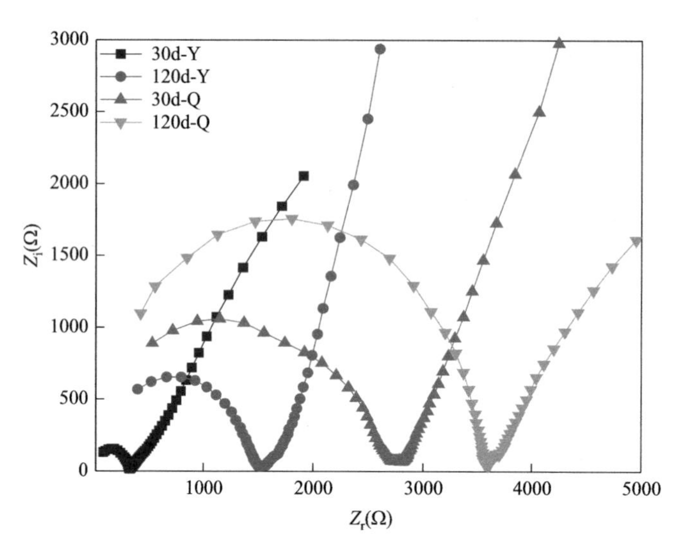

图 5-14　龄期为 30d、120d 时试验组砂浆试样 Nyquist 曲线

图 5-15 为龄期 30d、120d 时试验组和对照组去掉表面生物膜后的砂浆试样阻抗谱（Nyquist）图，其中 S 代表试验组，D 代表对照组。

通过图 5-15 可以发现，120d 时对照组试样的 Nyquist 图直径大于 30d 时对照组试样的 Nyquist 图直径，这说明在海水中浸泡时，也有腐蚀性介质进入了试样的内部，并在试样内部发生反应，填充了孔隙，导致试样内部的孔隙减小，从而导致电阻变大。同时还可以发现，虽然试验组试样的 Nyquist 图直径也在增加，但是相同龄期时，对照组试样的 Nyquist 图直径均大于试验组。这说明在海水中浸泡时，进入对照组试样内部的腐蚀性介

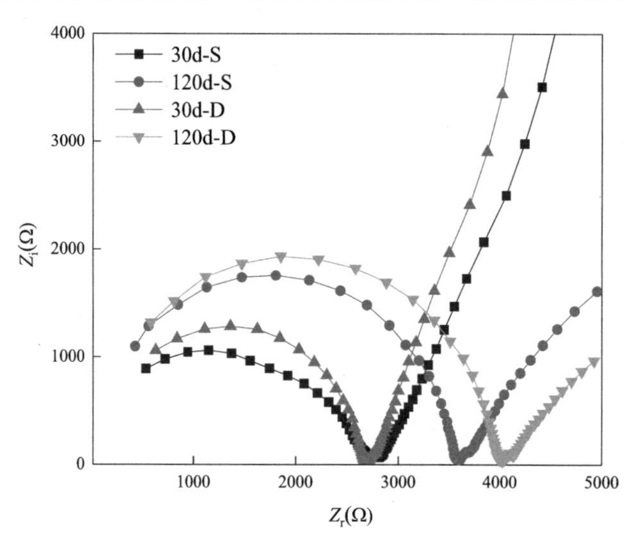

图 5-15　龄期为 30d、120d 时试验组和对照组去膜后的砂浆试样 Nyquist 曲线

质更多，内部孔隙填充的也更多，导致对照组内部产生了更大的阻抗。

综上，试验组和对照组在龄期内，试样内部均会受到海水中腐蚀介质的影响，导致孔隙内生成填充物，这和图5-10中质量变化率变化的原因推测一致。虽然 SO_4^{2-} 可以通过试样表面附着的生物膜进入试样内部，但有生物膜附着试样内部孔隙填充明显少于无生物膜附着试样，这说明砂浆表面生物膜的附着能够减少海水中 SO_4^{2-} 的进入，生物膜对 SO_4^{2-} 的渗透性有阻碍作用。

2. 矿物组成

图5-16为试验组和对照组砂浆在A区域以及B区域的XRD分析结果。

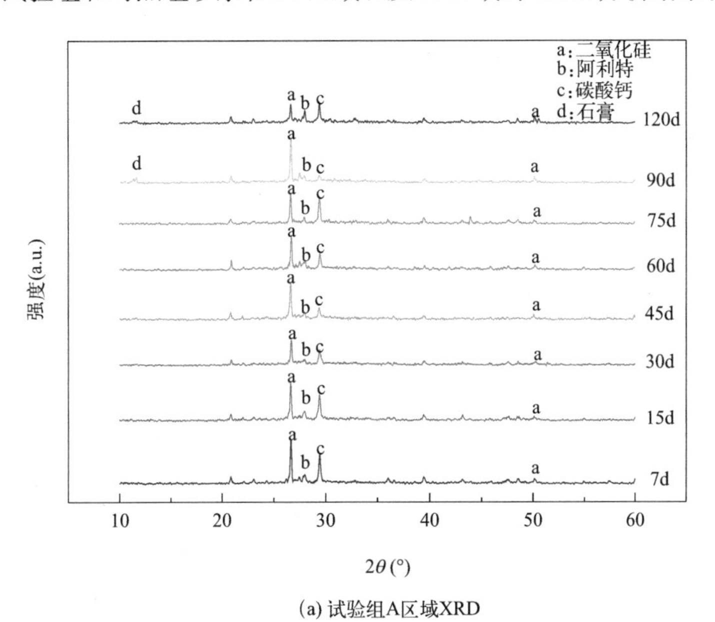

(a) 试验组A区域XRD

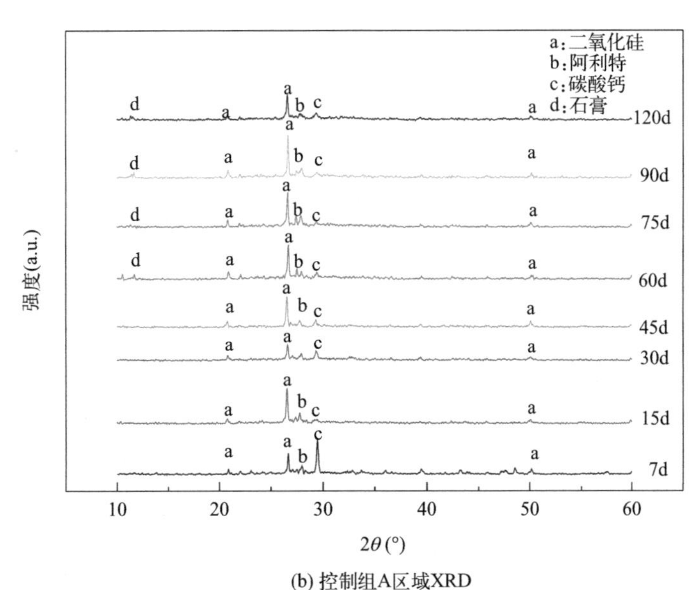

(b) 控制组A区域XRD

图5-16 各龄期砂浆XRD分析（一）

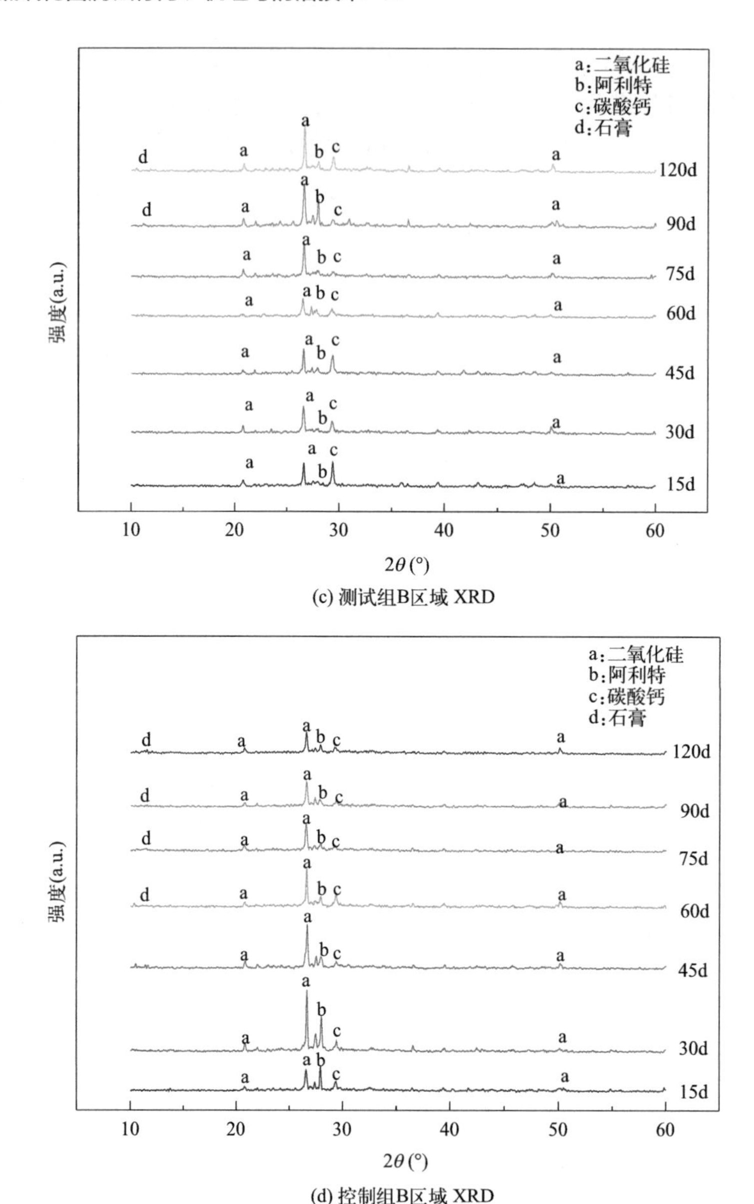

(c) 测试组B区域 XRD

(d) 控制组B区域 XRD

图 5-16 各龄期砂浆 XRD 分析（二）

根据图 5-16 可以发现，两组试样 A、B 区域的主要水化产物均是二氧化硅、碳酸钙、阿利特、石膏。二氧化硅大规模的出现是由于试样中使用了河砂，阿利特则是硅酸盐水泥中获得早期强度的主要矿物。试验组中的碳酸钙衍射峰普遍高于对照组，这是由于硫氧化细菌为好氧菌，在附着代谢过程中会消耗氧气并产生大量的二氧化碳，从而将试验组砂浆表面碳化。石膏是两组试样中具有严重膨胀性的产物，图 5-16(b) 中龄期内的对照组石膏衍射峰均高于图 5-16(a) 中试验组石膏衍射峰。对照组中石膏最早在 60d 时已经有明显的衍射峰，到 120d 时衍射峰显著增高。而试验组中的石膏衍射峰在 90d 时才出现，晚于对照组中石膏衍射峰的出现时间，并且 120d 时石膏衍射峰无明显增加。试验组试样在 90d 时开始出现石膏，是因为 75d 后部分生物膜开始在砂浆表面脱落，海水中的 SO_4^{2-} 更易进入砂浆内，从而造成了 90d 时产生石膏的现象。

通过图 5-16(c) 和图 5-16(d) 可以发现，在 B 区域，龄期内的对照组石膏衍射峰出现时间也早于试验组，在 60d 时就开始出现石膏衍射峰，而试验组中的石膏衍射峰在 90d 后出现，明显晚于对照组。这可能是由于试验组表面生物膜逐渐附着拓展至气液交界面下部，因此对底部的 SO_4^{2-} 进入到试样内部也起到了阻碍作用。

结合两组试样，发现内部均没有出现氢氧化钙衍射峰，由此推断出两组试样中均有腐蚀介质进入水泥内部，并与氢氧化钙发生了化学反应，生成具有膨胀性的石膏，反应方程式如式(5-4) 所示：

$$Ca(OH)_2+SO_4^{2-}+2H_2O=\!=\!=CaSO_4\cdot 2H_2O+2OH^- \tag{5-4}$$

通过图 5-16 的对比，可以得出以下结论：试验组和对照组中在内部生成的填充物是石膏，对比两者石膏衍射峰的差异是对照组中的石膏衍射峰显著高于试验组，这表明进入对照组试样内部的腐蚀性介质更多，因此试样内部生成了更多的石膏，而石膏自身的膨胀性可使砂浆体积增大 2.2 倍。由此可以推测，对照组试样抗压强度降低的原因可能是内部形成了更多的石膏，使得试样内部出现膨胀倾向，而试验组内部生成的石膏含量较少，没有出现膨胀倾向。这也就是图 5-16 中 120d 时试验组和对照组阻抗增大的原因。但是相比于试验组，对照组受到海水中腐蚀介质侵蚀的时间更早，生成的石膏量也更多。这说明海水中砂浆表面形成的生物膜，在其附着演变过程中阻碍了大部分腐蚀性介质进入试样内部，从而延缓了对砂浆的腐蚀破坏。

3. 腐蚀产物含量

图 5-17 为 120d 时试验组和对照组在 A、B 区域试样的 TG-DTG 曲线图，DTG 是对 TG 曲线的一阶导数，失重峰的顶点即为失重速率最大值。

通过图 5-17(b) 可以发现，180℃附近均出现了石膏的失重峰，此时失重最快，并且对照组的失重速率快于试验组。180～200℃范围内对照组试样中石膏质量损失为 1.7%，试验组试样中石膏质量损失为 0.8%，对照组的质量损失是试验组的 2 倍。610℃附近出现了碳酸钙的失重峰，此时失重最快，但是对照组的失重速率慢于试验组。610～650℃范围内对照组试样中碳酸钙质量损失为 0.79%，试验组试样中碳酸钙质量损失为 1.6%，对照组的质量损失仅为对照组的一半左右。

通过图 5-17(d) 发现，180℃附近也出现了石膏的失重峰，此时失重最快，同样对照组的失重速率快于试验组。80～200℃范围内对照组试样中石膏质量损失为 0.75%，试验组试样中石膏质量损失为 0.37%，对照组的质量损失是试验组的 2 倍。610℃附近也出现了碳酸钙的失重峰，此时失重最快，但是对照组的失重速率慢于试验组。610～650℃范围内对照组试样中碳酸钙质量损失为 1.06%，试验组试样中碳酸钙质量损失为 1.41%。B 区域相比于 A 区域的石膏质量损失，发现 A 区域更高，对于试验组而言，硫氧化细菌是好氧菌，因此在试验组表面附着的生物膜无论是初期还是后期，主要附着的部位大范围还是在气液交界面处，因此硫氧化细菌在 A 区域大量聚集，并将海水中的硫化合物转化为 SO_4^{2-}，而对照组中海水环境中的硫代硫酸钠会与氧气发生还原反应生成 SO_2，SO_2 易溶于水生成亚硫酸，最后亚硫酸被氧化为硫酸。A 区域是在气液交界面处，氧气含量较多，因此也会在气液交界面处生成 SO_4^{2-}。以上导致在 A 区域生成了更多的石膏，反应方程式如式(5-5) 和式(5-6) 所示：

$$Ca(OH)_2 + SO_4^{2-} \longrightarrow CaSO_4 \cdot 2H_2O \tag{5-5}$$

$$CaCO_3 + SO_4^{2-} \longrightarrow CaSO_4 \cdot 2H_2O \tag{5-6}$$

综上，可以确定对照组试样无论是气液交界面处还是水面底部，内部生成的石膏含量均多于试验组，这与分析 XRD 时的推测相一致。这说明对照组试样表面附着的生物膜，随着龄期的增长向气液交界面下方延伸，整体延缓了海水中 SO_4^{2-} 的腐蚀。因此对照组抗压强度后期不断降低的原因是内部生成了膨胀性的石膏，产生了膨胀应力，致使强度降低，而试验组内部石膏含量较少，没有造成内部膨胀。同时无论是试验组还是对照组均在气液交界面处生成的石膏含量更多，这说明在浸泡期间，试样的气液交界面处部分最易受到石膏膨胀倾向的影响，受到的硫酸盐侵蚀更严重。

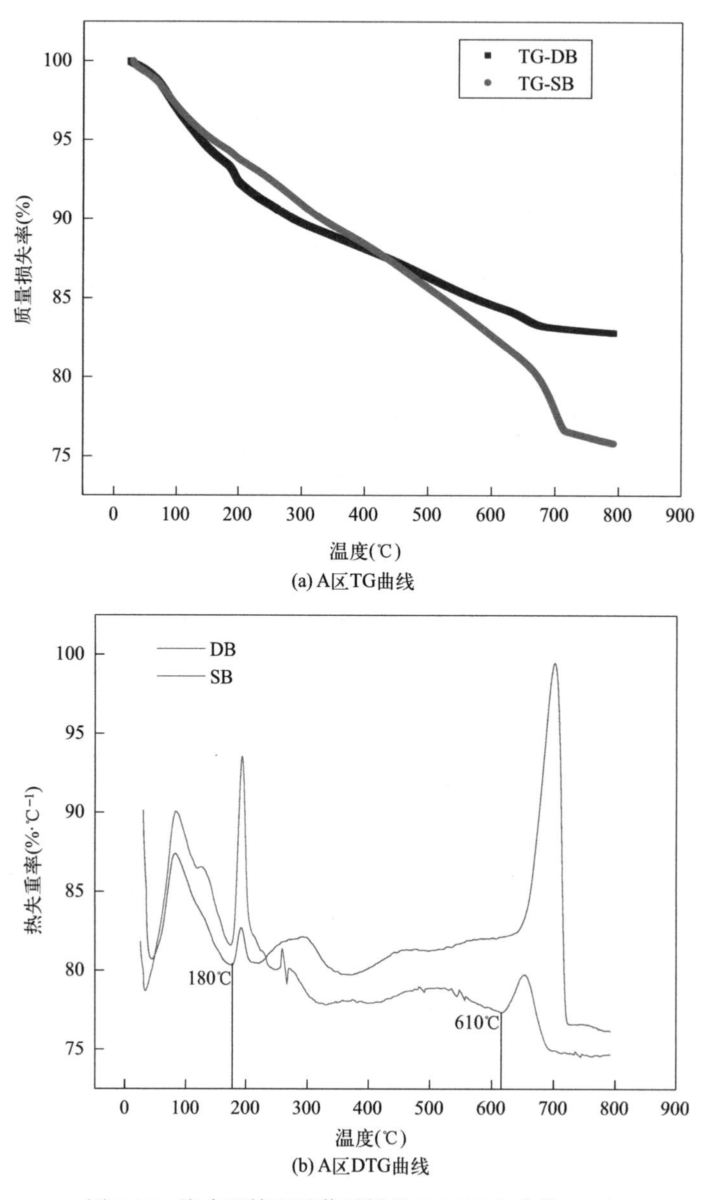

(a) A区TG曲线

(b) A区DTG曲线

图 5-17　海水环境下砂浆试样的 TG-DTG 曲线（一）

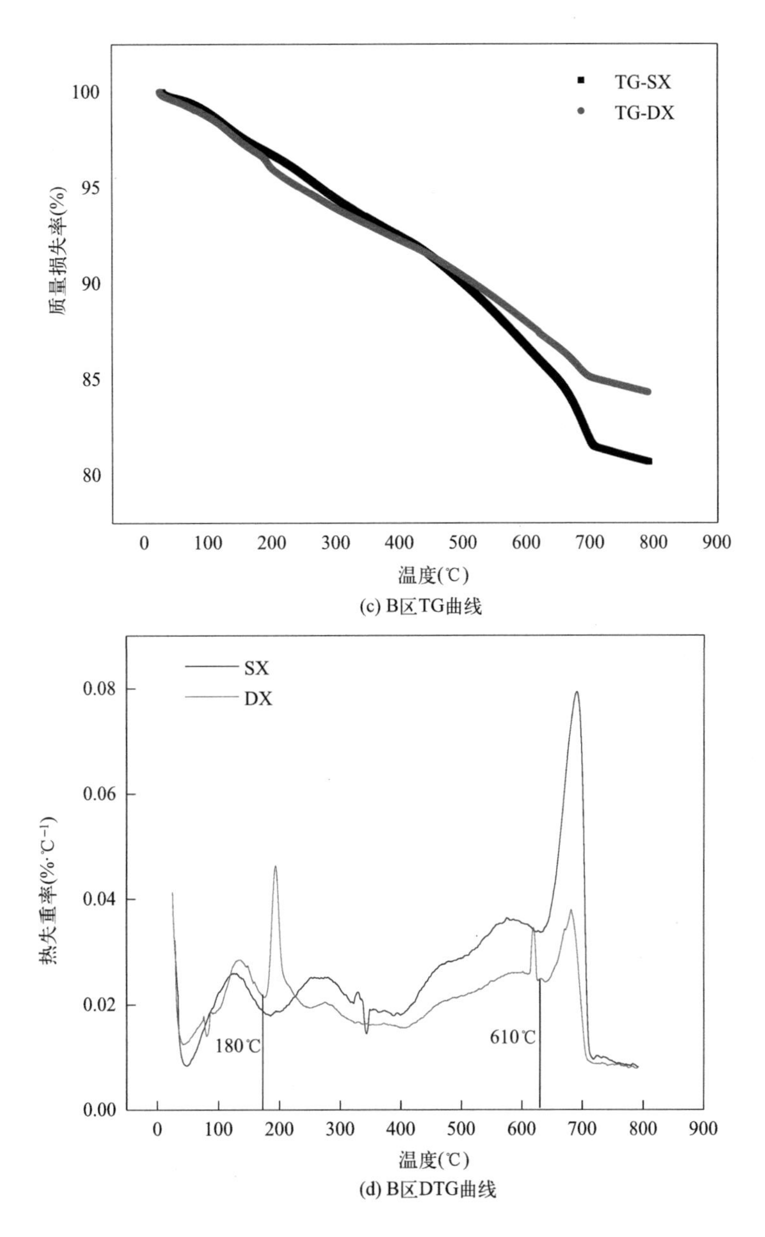

(c) B区TG曲线

(d) B区DTG曲线

图 5-17 海水环境下砂浆试样的 TG-DTG 曲线（二）

4. 微观结构

图 5-18 为 120d 时，试验组和对照组在生物膜附着部位的水化产物图。通过图 5-18 可以发现，试验组内部和对照组内部均出现了板状晶体。对图 5-18 中试验组和对照组的板状晶体进行 EDS 测试，发现主要元素中都存在 S、Ca 元素，结合 XRD 物相分析，可以确定此板状晶体为石膏。

对照组里出现石膏是由于海水培养基中硫代硫酸钠会与氧气发生氧化还原反应生成 SO_2，SO_2 易溶于水形成亚硫酸，随后亚硫酸被氧化为硫酸，碱性的砂浆极易受到酸性的溶解，氢氧化钙和碳酸钙的溶解导致内部孔隙变大，逐渐在内部建立起了化学梯度，更多

(a) 实验组水化产物图

(b) 对照组水化产物图

图 5-18　砂浆 SEM-EDS 分析

的腐蚀性介质会持续向内部渗透，与试样中氢氧化钙、碳酸钙等发生反应生成腐蚀物质——石膏。试验组中，硫氧化细菌会将底物硫代硫酸钠转化生成 SO_4^{2-}，并且硫氧化细菌在代谢过程中消耗大量氧气，当氧气受限时，硫代硫酸钠会与氧气反应生成 SO_4^{2-}，最后 SO_4^{2-} 进入试样内部，与氢氧化钙、碳酸钙等发生反应生成石膏。

综上，海水环境中 120d 内，表面没有附着形成生物膜的砂浆内部生成的大量石膏会对砂浆耐久性造成隐患，而有生物膜附着的试样内部石膏较少，对砂浆耐久性的劣化影响起到了减弱作用。

本节揭示了海洋微生物的附着行为对砂浆性能影响机制。生物膜最早在砂浆气液交界面处附着，由于硫氧化细菌新陈代谢对氧气的消耗作用，砂浆气液交界面处出现显色反应，呈黑色。在 120d 时，有生物膜附着试样抗压强度为 68.1MPa，抗压强度较第 7d 增长 31.72%，无生物膜附着试样抗压强度为 52.5MPa，抗压强度较第 7d 增长 0.38%。在生物膜附着成熟期间，砂浆内部会生成少量石膏，填充内部孔隙，在第 90d 时出现较为明显的石膏衍射峰，但石膏生成量少于无生物膜附着试样，石膏生成时间也晚于无生物膜附着试样出现时间。因此微生物附着形成的生物膜有利于减少海水环境中 SO_4^{2-} 的进入，缓解砂浆内部受到的膨胀倾向，对砂浆性能起到缓蚀作用。

通过对比试样气液交界面处和气液交界面下方处矿化产物，发现无论是对照组还是试验组，气液交界面处石膏含量均多于气液交界面下方处。对于试验组而言，海洋微生物在其附着演变过程中，膜内的硫氧化细菌将海水中的硫代硫酸钠代谢转化为 SO_4^{2-}，并且硫氧化细菌在代谢过程中消耗大量氧气，当氧气受限时，硫代硫酸钠会与氧气反应生成 SO_4^{2-}，然后进入砂浆内部与氢氧化钙等发生反应生成膨胀性物质——石膏。试验组表面在气液交界面处附着微生物最多，因此聚集的微生物转化底物产生的 SO_4^{2-} 多于完全浸没在海水面下方部分，从而导致气液交界面处石膏含量最多。对于对照组而言，海水培养基中硫代硫酸钠需要与氧气发生氧化还原反应生成 SO_2，之后溶于水形成亚硫酸，亚硫酸再被氧化为硫酸，而气液交界面处氧气含量最多，因此对照组气液交界面处生成的 SO_4^{2-} 也多于气液交界面下方处，从而在气液交界面处生成的石膏含量也多于气液交界面下方处。

5.3　硫氧化细菌附着对混凝土性能的影响

目前，针对海水环境中的微生物腐蚀研究，国内外主要集中于研究海洋微生物对于砂浆、钢材表面结构的影响以及对混凝土内部钢筋锈蚀进而导致性能退化的腐蚀机制，然而单一海洋优势菌种对于混凝土材料宏观性能、表面结构以及耐久性能等方面会造成何种影响仍不明晰。因此，本节拟通过混凝土的宏观性能（抗压强度）、微观结构（矿物成分、腐蚀产物、微观形貌、电化学阻抗谱等）、耐久性能（氯离子渗透性和碳化深度）等角度探究海水环境中硫氧化细菌对混凝土性能的影响。

5.3.1　硫氧化细菌附着对混凝土宏观性能的影响

1. 外观形貌

图5-19所示为有、无硫氧化细菌海水中混凝土表面遭受腐蚀后的外观形貌。其中A、B图分别为无菌、有菌海水浸泡的混凝土试样。由图5-19发现，T组中混凝土外表面在海水中浸没部分颜色呈现黑色，而C组颜色并没有变化。此外，两组在混凝土气液交界面处均有不同程度的黄白色物质析出并有向下扩展的迹象，C组气液交界面处析出的物质较于T组分布更广，数量更多，浸泡30d时混凝土气液交界面处就已经出现很明显的析出物质痕迹，而T组直至75d才显现出明显的黄白色物质。

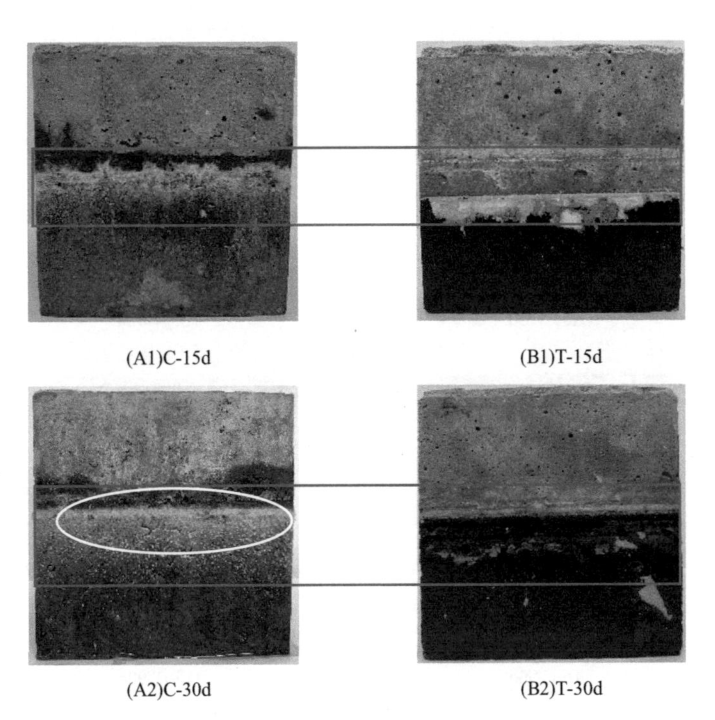

图5-19　混凝土表面遭受硫氧化细菌腐蚀后的外观形貌（一）

图 5-19 混凝土表面遭受硫氧化细菌腐蚀后的外观形貌（二）

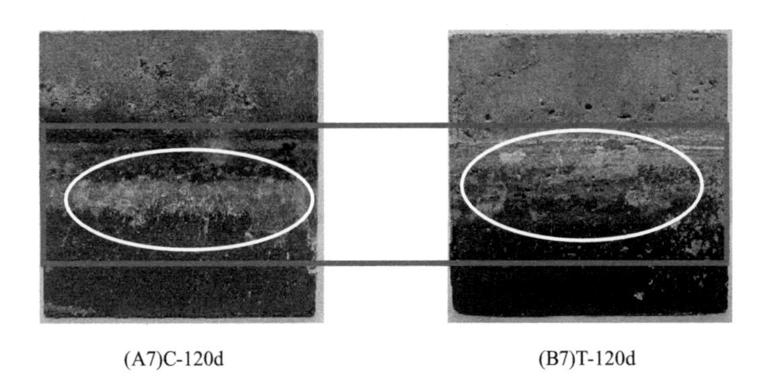

图 5-19 混凝土表面遭受硫氧化细菌腐蚀后的外观形貌（三）
C—无菌海水；T—有菌海水

造成上述现象的原因是，混凝土气液交界面处是利于硫氧化细菌黏附的最佳部位，随着细菌的不断生长繁殖，由于其呼吸作用致使海水中的氧气被大量消耗，使得在缺氧环境下，微生物促进了致黑成分（FeS、MnS）在混凝土表面形成；对混凝土气液交界面处黄白色物质进行 XRD 分析，如图 5-20 所示，结果初步表明黄白色物质为石膏，主要是由海水中的硫酸盐和硫氧化细菌代谢转化的生物硫酸盐与混凝土中的含钙化合物作用形成的，由混凝土表面形貌及石膏分布可发现，C 组较于 T 组受到的硫酸盐腐蚀更为严重。

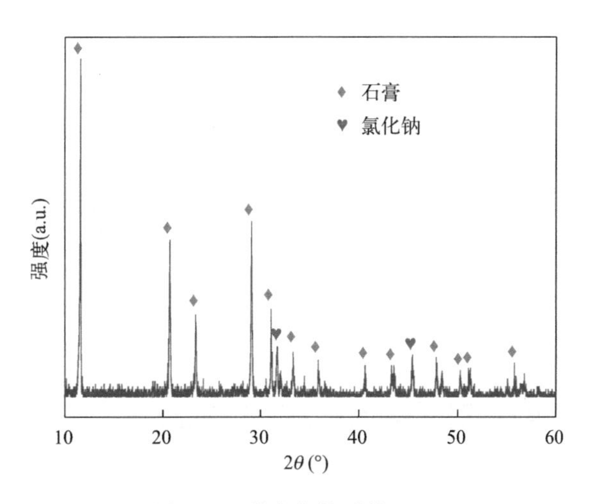

图 5-20 黄白色物质的 XRD

2. 抗压强度

图 5-21 所示为海水中混凝土试样的抗压强度及抗压强度变化率。由图 5-21 发现，无菌海水组（C）浸泡 90d 前，抗压强度及其变化率整体处于不断上升趋势，平均抗压强度从初始的 50.9MPa 上升至 90d 的 68.8MPa，达到峰值。此时，平均抗压强度变化率为 35.2%；当浸泡 90d 后，平均抗压强度开始下降，120d 时的平均抗压强度及平均抗压强度变化率分别为 56.3MPa，10.6%；而有菌海水组（T）浸泡 120d 内，抗压强度及其变化率整体处于不断上升趋势，平均抗压强度从初始的 50.9MPa 上升至 120d 的 67.1MPa。

此时，平均抗压强度变化率为 31.8%且力学性能下降前，C 组抗压强度及其变化率均高于 T 组。

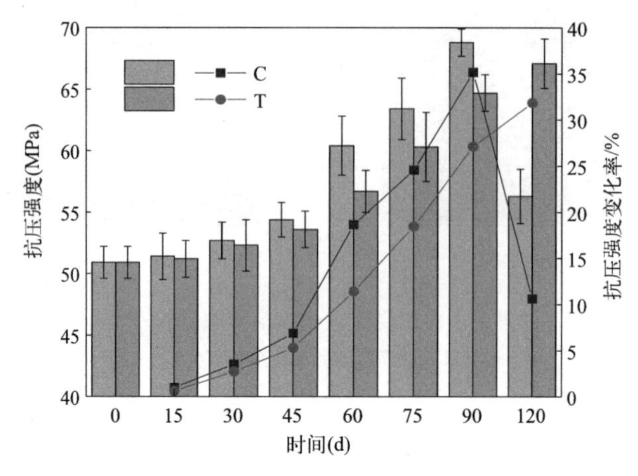

图 5-21 混凝土试样的抗压强度及抗压强度变化率

造成上述现象的原因是 C 组海水中的化学 SO_4^{2-} 与 T 组硫氧化细菌在生物膜中代谢形成的生物 SO_4^{2-} 和混凝土里含钙化合物反应形成产物对内部孔隙进行填充，改善了混凝土的内部结构，使其抗压强度升高；当混凝土内部孔隙由于不断填充最终达到饱和后，所生成的产物在自身膨胀作用下，使混凝土出现裂缝，进而破坏混凝土结构使抗压强度下降；C 组抗压强度及其变化率均高于 T 组，初步分析是由于海水环境中硫氧化细菌在混凝土表面黏附形成生物膜对海水中的硫酸盐起到了一定阻碍作用。因此，C 组化学 SO_4^{2-} 和含钙化合物结合反应得更快更充分，所形成的产物也越多，混凝土内孔隙不断得到填充至饱和状态，在膨胀应力作用下最终导致抗压强度力学性能先下降，而 T 组一方面由于细菌代谢转化的生物 SO_4^{2-} 浓度较弱，另一方面由于海水中的硫酸盐受到生物膜的阻碍作用，使得混凝土抗压强度及其变化率增长均小于 C 组，直至 120d 时，仍未出现力学性能衰退的现象。因此，120d 内混凝土处于相同的海水环境中，含有硫氧化细菌的海水对混凝土的力学性能劣化起到了一定程度的缓解作用。

5.3.2 硫氧化细菌附着对混凝土微观性能的影响

1. 矿物组成

图 5-22 所示为有、无硫氧化细菌海水中不同龄期混凝土试样的 XRD 图谱。其中图 5-22(a) 和 (b) 分别为无菌、有菌海水中混凝土试样浸泡 30d、60d、90d 和 120d 的 XRD 图谱。由图 5-22 发现，两组混凝土试样主要矿物成分均为石膏、二氧化硅、碳酸钙。二氧化硅的存在主要是由于混凝土试样中掺加了天然河砂；C 组和 T 组均存在微弱的碳酸钙衍射峰，分别是由于大气中的二氧化碳和硫氧化细菌的呼吸作用产生的二氧化碳对混凝土表面的碳化作用所导致的；最值得关注的是产物石膏，其主要是由海水中大量的化学硫酸盐以及硫氧化细菌代谢作用产生的生物硫酸盐与混凝土中的含钙化合物（如氢氧化钙、碳酸钙等）作用所产生的，反应方程具体如式(5-7)、式(5-8) 所示。

$$Ca(OH)_2+SO_4^{2-}\longrightarrow CaSO_4\cdot 2H_2O \tag{5-7}$$

$$CaCO_3+SO_4^{2-}\longrightarrow CaSO_4\cdot 2H_2O \tag{5-8}$$

相对于T组，C组从30d开始出现了较为明显且凸出的石膏衍射峰，而T组石膏衍射峰的峰值较小，主要是由于混凝土表面生物膜对SO_4^{2-}的阻碍作用导致的。因此，C组混凝土表面所产生的石膏结晶度更好，石膏含量更多。

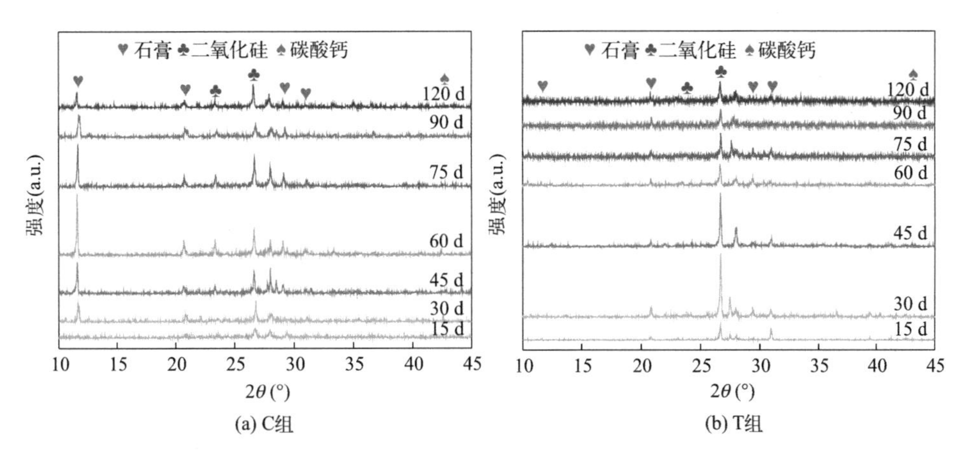

图5-22 不同龄期混凝土试样的XRD图谱

2. 官能团

图5-23所示为有、无硫氧化细菌海水中混凝土浸泡120d的红外光谱。由图5-23发现，光谱数据可以分为三个区域：分别是水区域（>1600cm^{-1}）、硫酸盐区域（1500～1000cm^{-1}）和材料区域（<1000cm^{-1}）。在水区域中，可以看到3450cm^{-1}处中心的特征吸收峰是由O—H键吸附水分子的拉伸振动引起的，在2920cm^{-1}和2856cm^{-1}处观察到的特征吸收峰，这表明样品中存在碳酸盐物质，1648cm^{-1}处的特征吸收峰是由O-H键弯曲振动产生的；对于硫酸盐区域，硫酸盐的存在由T：1100cm^{-1}（C：1090cm^{-1}）和420～500cm^{-1}附近的增强峰支持，前者是由反对称拉伸振动引起的，后者是由对称变

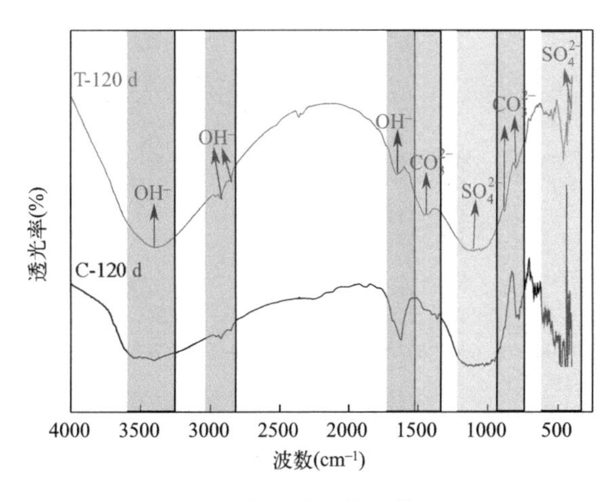

图5-23 混凝土的红外光谱（120d）

角度振动引起的，在 $1450cm^{-1}$、$880cm^{-1}$ 及 $800cm^{-1}$ 附近出现三个方解石的特征吸收峰，分别由方解石结构中的 O—C—O 键非对称伸缩振动、面外弯曲振动和面内弯曲振动引起的；此外，C 组和 T 组几乎没有任何 $Ca(OH)_2$（$3640cm^{-1}$）的特征吸收峰，这意味着混凝土表面已被硫酸盐和碳酸盐严重降解；S—O 键振动产生的偶极子在有、无菌海水浸泡 120d 条件下发生变化，从 T 组 $1100cm^{-1}$ 处的硫酸盐特征吸收峰向较低波数 C 组 $1090cm^{-1}$ 移动，这表明 T 组的石膏含量少于 C 组，FT-IR 的分析结果和上述 XRD 的分析结果一致。

3. 腐蚀产物

图 5-24 所示为海水浸泡 30d 和 120d 时，有、无硫氧化细菌海水中混凝土的 TG-DTG 曲线。其中图 5-24(a) 和 (b) 分别为浸泡 30d 和 120d 时混凝土试样的 TG-DTG 曲线。由图 5-24(a) 和 (b) 发现，110～160℃时，TG 曲线出现了失重台阶，即石膏的失重过程，30d 时 C 组、T 组试样中石膏脱水质量损失分别为 2.11%、0.91%，120d 时 C 组、T 组试样中石膏脱水质量损失分别为 3.21%、0.95%；30～120d 期间 C 组、T 组石膏脱水质量均在增多，C 组、T 组分别上升了 1.10%、0.04%且相同龄期 C 组石膏脱水质量远远高于 T 组；C 组和 T 组的 DTG 曲线 30d 时分别在 133℃、122℃左右形成波峰，120d 时均在 130℃左右形成波峰，此时温度为石膏失重速率最快温度，C 组的石膏含量（峰面积）明显高于 T 组；610～730℃时，出现失重台阶即碳酸钙的失重过程形成，30d 时 C 组、T 组试样中碳酸钙分解质量损失分别为 1.53%、4.10%，120d 时 C 组、T 组试样中碳酸钙分解质量损失分别为 0.92%、1.99%，DTG 曲线上 30d 时 C 组和 T 组分别在 648℃、690℃左右形成波峰，120d 时 C 组和 T 组分别在 680℃、635℃左右形成波峰，C 组的碳酸钙含量少于 T 组。

综上，石膏和碳酸钙的含量均与 XRD 分析结果相吻合，因此 C 组 90d 后抗压强度下降而 T 组直至 120d 仍持续上升主要是由于 C 组没有受到生物膜阻碍的作用，大量生成的膨胀性石膏引发混凝土内部膨胀所致，混凝土内部孔隙逐渐被石膏填充，进而在混凝土表面析出，在膨胀应力作用下造成力学性能下降。

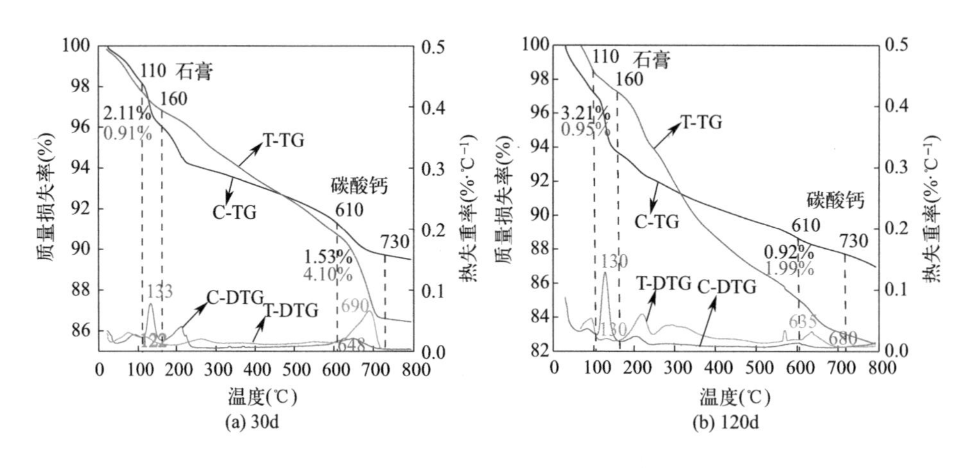

图 5-24　混凝土试样的 TG-DTG 曲线

4. 微观形貌

图5-25所示为混凝土腐蚀120d后气液交界面处SEM形貌。其中图5-25A和B分别为C组和T组混凝土试样，图5-26所示为腐蚀产物的SEM-EDS图像。由图5-25、图5-26发现，T组较于C组混凝土表面附着一层网状结构的生物膜，两组内部均发现有板状晶体形成，对板状晶体进行EDS分析，板状晶体的能量色散光谱显示其主要由S、Ca及O元素组成，C组S、Ca、O元素含量分别为：14.69%、18.55%、51.39%，T组S、Ca、O元素含量分别为：9.14%、4.55%、43.21%，结合XRD及TG-DTG分析，可确定板状晶体腐蚀产物为石膏且C组石膏生成量较多，腐蚀严重；C、O、P元素分别是生物膜中多糖、蛋白质和脂类的主要元素，而C组表面无生物膜生成，因此，未能检测出生物膜中P元素的存在。

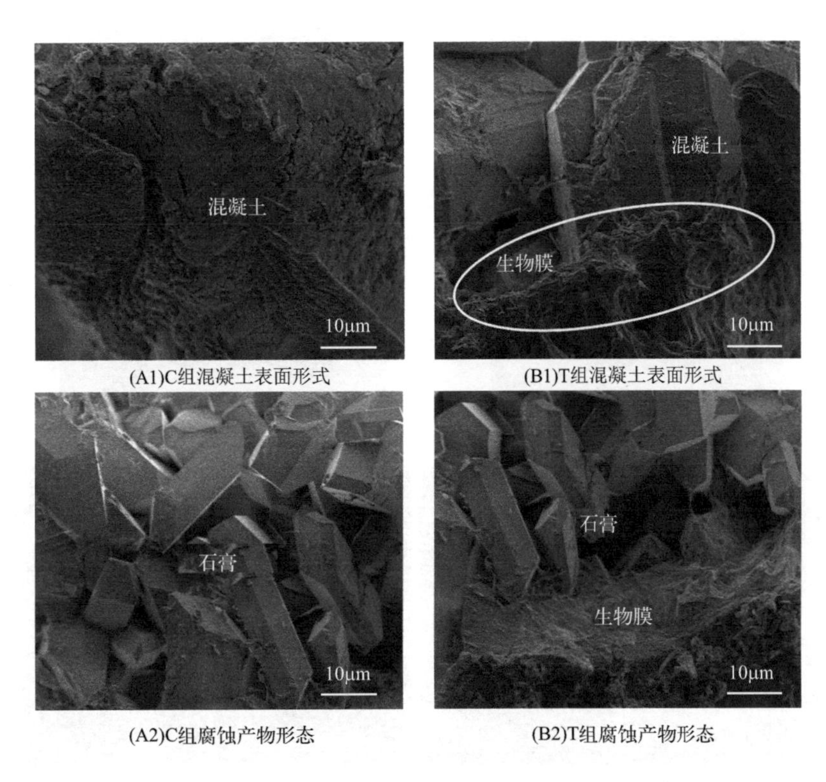

图5-25 120d后混凝土的气液交界面处SEM形貌

综上，可以得出结论，石膏（$CaSO_4 \cdot 2H_2O$）是硫氧化细菌代谢作用的产物，120d内硫氧化细菌及其生物膜在一定程度上对混凝土起到缓解腐蚀作用。

5. 电化学阻抗谱

图5-27所示为有、无硫氧化细菌海水中混凝土试样的Nyquist曲线。其中图5-27(a)和(b)分别为混凝土试样浸泡在无菌海水和有菌海水中全龄期的电化学阻抗谱变化。由图5-27和表5-1发现，混凝土试样在无菌和有菌海水中浸泡30d、60d、90d和120d时的阻抗半径分别为R_C：33.6Ω、50.6Ω、284.5Ω、491.2Ω，R_T：27.9Ω、33.0Ω、116.6Ω、180.5Ω；混凝土浸泡相同时间时，C组的阻抗曲线半径R_C均大于T组的阻抗曲线半径R_T；C组和T组混凝土浸泡30～120d的电化学阻抗谱的阻抗半圆半径R均随

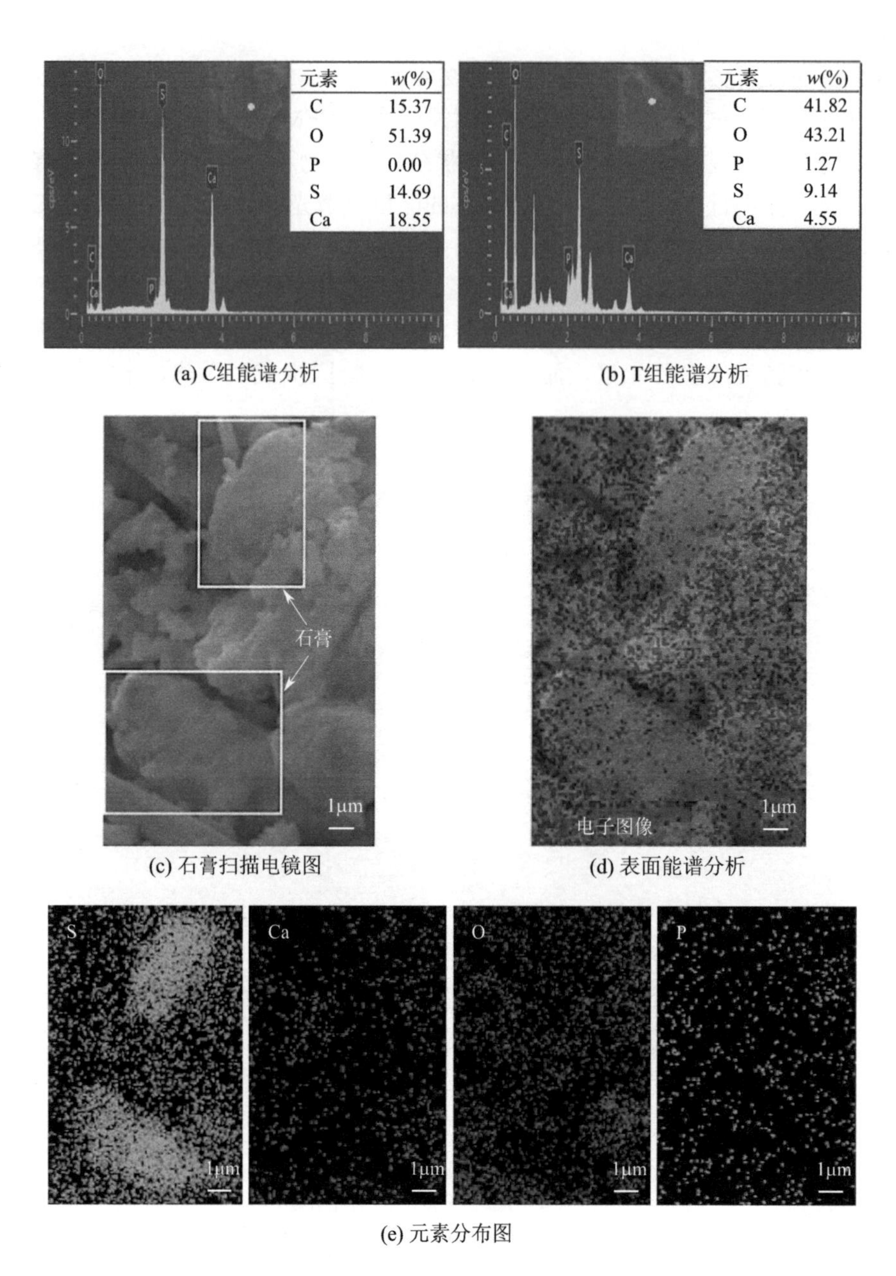

(a) C组能谱分析　(b) T组能谱分析

(c) 石膏扫描电镜图　(d) 表面能谱分析

(e) 元素分布图

图 5-26　腐蚀产物的 SEM-EDS 图像

着浸泡时间的增加而不断变大。

造成上述现象的原因是 C 组和 T 组混凝土在海水中浸泡时，均会遭受到腐蚀性离子对混凝土表面的侵蚀，同时会在混凝土试样内部与含钙化合物反应形成填充产物，使得内部孔隙不断减小，所以 C 组和 T 组随着浸泡时间的增长电阻不断增大。而 T 组由于含有硫氧化细菌，不断在混凝土表面黏附形成生物膜，一方面阻碍了 SO_4^{2-} 对混凝土表面的腐蚀，另一方面生物膜内部含有大量水，加强了腐蚀性阴离子的导电性。因此，C 组混凝土腐蚀产物更多，其混凝土内部孔隙更少，最终导致 R_C 大于 R_T。

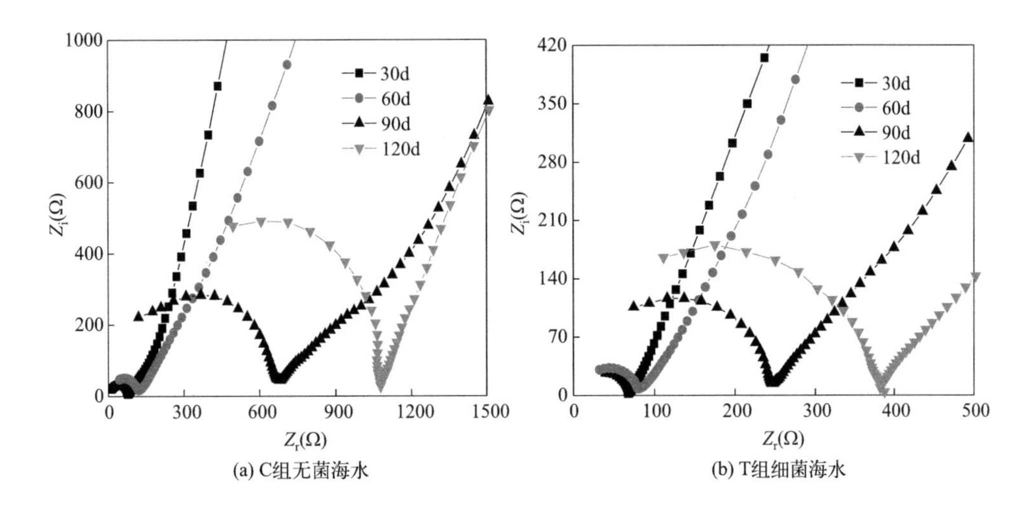

图 5-27 混凝土试样的 Nyquist 曲线

电化学阻抗谱半径 **表 5-1**

时间(d)	$R_C(\Omega)$	$R_T(\Omega)$
30	33.6	27.9
60	50.6	33.0
90	284.5	116.6
120	491.2	180.5

5.3.3 硫氧化细菌对混凝土耐久性能的影响

1. 氯离子渗透性

图 5-28 所示为有、无硫氧化细菌海水中混凝土的氯离子电通量变化。其中图 5-28(a) 和 (b) 分别为混凝土试样氯离子电通量的变化、通电 6h 时混凝土试样氯离子电通量值。由图 5-28(a) 发现，有、无菌海水中浸泡 60d 和 120d 混凝土试样的氯离子电通量 6h 内整体均处于上升的趋势，其氯离子电通量值均大于未浸泡海水 (0d) 的混凝土，且随着浸泡时间的增长，混凝土的氯离子电通量值越大。电通量值越大，抗氯离子渗透性越差。因此，较于未浸泡混凝土试样，抗氯离子渗透性由高到低依次为：T-60d>T-120d>C-60d>C-120d。

由图 5-28(b) 发现，未浸泡海水组 (0d) 混凝土的氯离子电通量值为 73.1C；无菌海水组 60d 和 120d 混凝土的氯离子电通量值分别为 595.3C、791.3C；有菌海水组 60d 和 120d 混凝土的氯离子电通量值分别为 135.8C、173.4C。60d 和 120d 时 T 组较于 C 组抗氯离子渗透能力分别提高了 77.2%和 78.1%。因此，120d 内较于无菌海水组，有菌海水组可以改善混凝土抗氯离子渗透能力，有显著提升的作用。造成上述现象的原因是海水中的硫氧化细菌会不断在混凝土表面黏附，进而形成网状复杂结构的生物膜，生物膜是硫氧化细菌生存和代谢的场所，随着生物膜的逐渐成熟，内部结构致密，对海水中的氯离子起到了缓解侵蚀的作用。

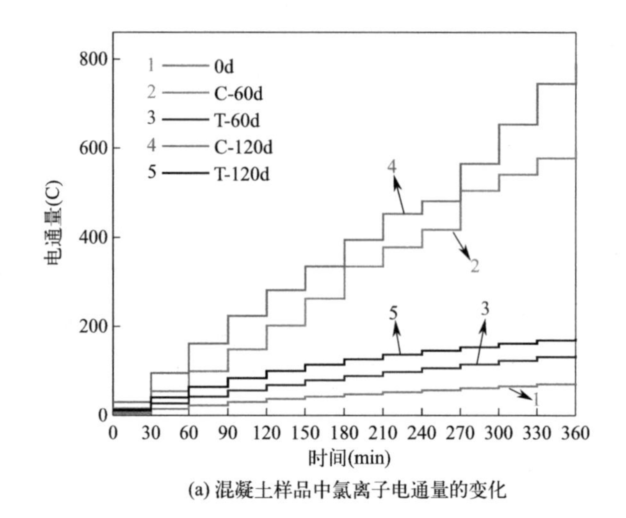

(a) 混凝土样品中氯离子电通量的变化

1—未浸泡（0d）海水的混凝土试样；2—无菌海水浸泡（60d）的混凝土试样；3—有菌海水浸泡（60d）的混凝土试样；4—无菌海水浸泡（120d）的混凝土试样；5—有菌海水浸泡（120d）的混凝土试样

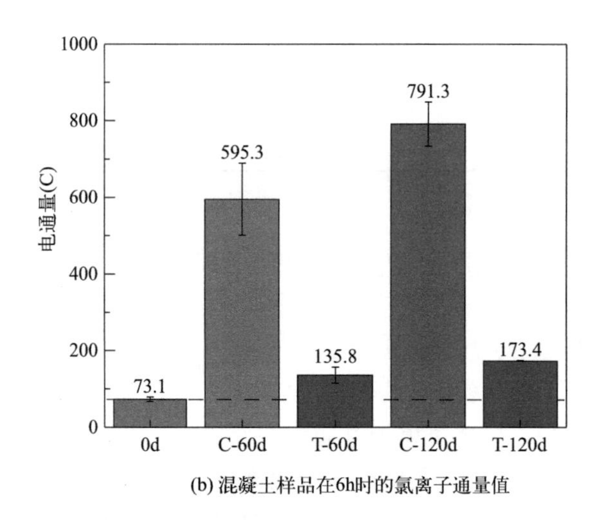

(b) 混凝土样品在6h时的氯离子通量值

图 5-28 海水中有、无硫氧化细菌下混凝土试样氯离子电通量的变化

2. 碳化深度

图 5-29 所示为有、无硫氧化细菌海水中混凝土的碳化深度变化。其中图 5-29(a)～(d) 分别为无菌海水浸泡 60d、有菌海水浸泡 60d、无菌海水浸泡 120d、有菌海水浸泡 120d 混凝土试样断面在超景深电子显微镜下碳化深度图，图 5-29(e) 为混凝土试样碳化深度变化图。由图 5-29(a)～(d) 发现，混凝土试样断面在滴加酚酞乙醇溶液静置显色后碳化的部分不显色，内部未被碳化的部分显紫红色，相较于 C 组，T 组已被碳化、不显色部分明显较大；结合图 5-29(e) 可知，C 组 60d、120d 的平均碳化深度分别为 0.88mm、1.18mm，T 组 60d、120d 的平均碳化深度分别为 1.86mm、3.23mm，随着海水浸泡龄期的增长，两组混凝土试样的碳化深度均不断增加且 T 组增加幅度较大；海水

浸泡60d和120d时，C组较于T组平均碳化深度分别降低了52.7%和63.5%，碳化分析结果与图5-24(b)中碳酸钙含量测试结果变化一致。

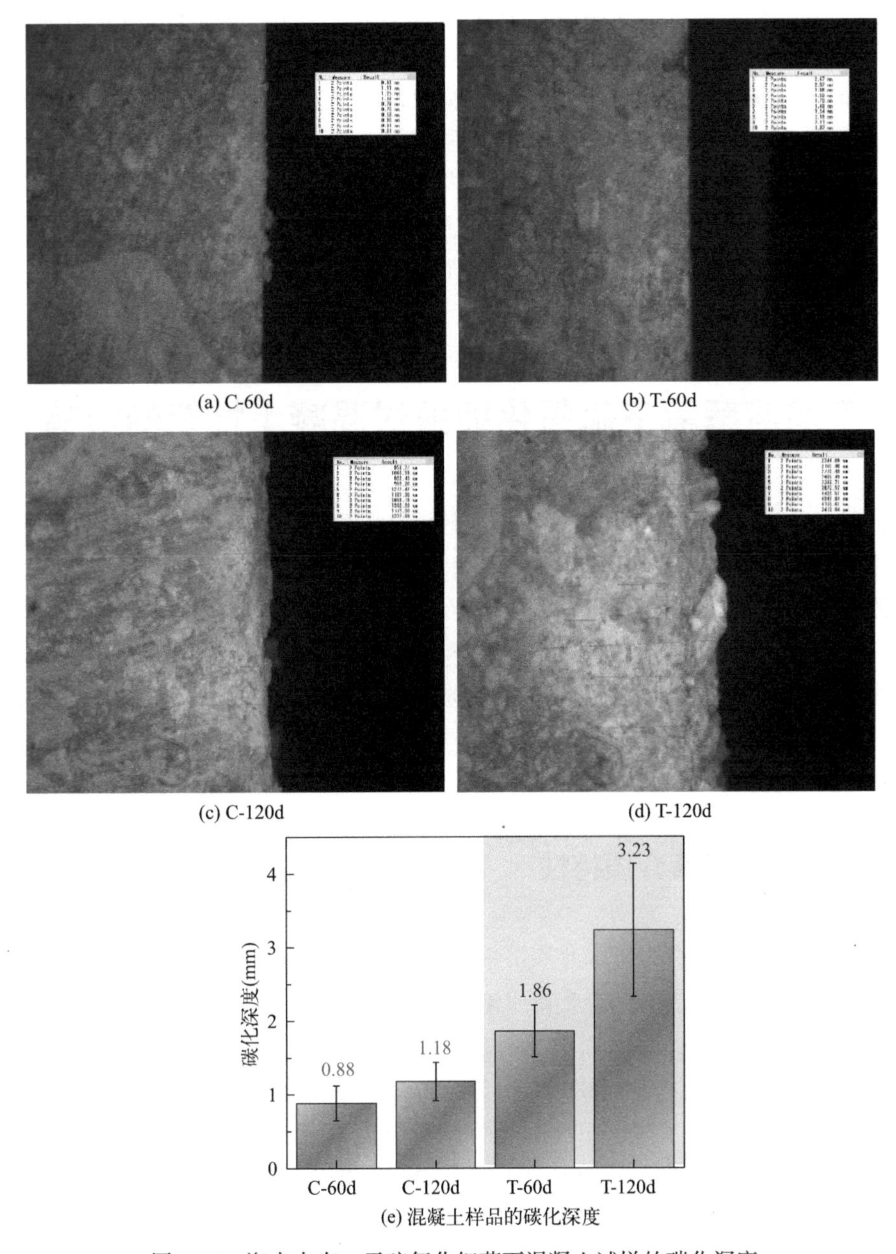

图5-29 海水中有、无硫氧化细菌下混凝土试样的碳化深度

造成上述现象的原因是混凝土在海水中受到SO_4^{2-}侵蚀，由于C组比T组腐蚀更为严重，SO_4^{2-}与混凝土内含钙化合物形成的腐蚀产物石膏量更多，进而填充混凝土内部孔隙，对混凝土抗碳化性起到了一定的提高作用，同时，T组混凝土表面黏附的硫氧化细菌在其生长过程中通过呼吸作用释放二氧化碳，气体经混凝土孔隙渗透到内部，并在毛细孔中的液相里发生溶解反应，降低混凝土内部的碱度。因此，海水中的硫氧化细菌加速了混凝土的碳化。

小结

系统研究了海水中硫氧化细菌对混凝土宏观性能、微观结构和耐久性能的影响。结果表明，海水中含有硫氧化细菌时，混凝土主要遭受到其代谢的生物硫酸盐腐蚀，腐蚀后的产物为膨胀性石膏，由于海水中混凝土表面生物膜的阻碍作用，因此，无菌组混凝土表面产生的石膏含量更多；无菌组腐蚀产物较于有菌组更多，不断填充混凝土内部孔隙，在膨胀作用下使得混凝土抗压强度力学性能下降得更快，阻抗更大；120d内硫氧化细菌黏附在混凝土表面逐渐形成内部结构致密的生物膜，有效阻挡了海水中Cl^-侵蚀，在一定程度上可以提高混凝土的抗氯离子渗透能力，对海水中Cl^-侵蚀起到缓解作用；海水中硫氧化细菌在混凝土表面通过呼吸作用释放二氧化碳，加速了混凝土的碳化深度。

5.4 不同溶解氧下硫氧化细菌对混凝土性能的影响

目前研究表明，海洋是一个富氧开放的环境，不同海域、不同海水深度中溶解氧的含量范围各不相同，而溶解氧是影响微生物生长繁殖及活性的主要因素之一，不同的溶解氧含量势必会对海水环境中微生物的黏附及其对混凝土的性能产生影响。因此，本节设置了两组溶解氧（约0mg/L、约4mg/L）海水环境，拟通过海水腐蚀溶液介质特性、混凝土的宏观性能（抗压强度）、微观结构（矿物成分、腐蚀产物、微观形貌、电化学阻抗谱等）、耐久性能（氯离子渗透性和碳化深度）等角度探究基于海水不同溶解氧下硫氧化细菌对混凝土性能的影响。

5.4.1 海水腐蚀溶液介质特性

图5-30(a)～(d)分别为海水介质溶液中溶解氧、细菌、pH值及SO_4^{2-}浓度的变化。由图5-30发现，T组和OT组海水介质溶液在一个周期（15d）内，溶解氧分别维持在0～0.50mg/L即（约0mg/L），3.75～4.25mg/L即（约4mg/L）范围内；T组硫氧化细菌的浓度从2d时的2.62×10^8cell/mL上升至6d时的2.84×10^8cell/mL，随后进入衰减阶段降至14d时的1.62×10^8cell/mL，而OT组硫氧化细菌的浓度从2d时的3.67×10^8cell/mL上升至10d时的5.87×10^8cell/mL，随后才进入衰减阶段降至14d时的4.85×10^8cell/mL；pH值整体均处于下降趋势，而$\rho(SO_4^{2-})$整体均处于上升趋势；T组pH值从2d时的7.9降至14d时的6.7，$\rho(SO_4^{2-})$从2d时2903mg/L缓慢上升至14d时的3822mg/L，OT组pH值从2d时的6.7降至14d时的5.0，呈酸性，$\rho(SO_4^{2-})$从2d时的3303mg/L快速上升至14d时的6822mg/L。

造成上述现象的原因是，由于试验装置采取静置海水浸泡，同时海水中的硫氧化细菌不断呼吸消耗水中的氧气，从而导致T组处于缺氧状态（溶解氧约0mg/L），而OT组采用了变频氧气泵不间断对水体输氧，促进了硫氧化细菌的生长繁殖，使得海水中菌液浓度不断上升直至10d才开始衰减，而T组处于缺氧状态，6d前海水中的营养物质促使细菌出现了短暂生长繁殖，但由于氧气不足，6d后随着细菌浓度的增大，已无力再维持细菌的继续繁殖随即步入衰减。海水中硫代硫酸钠在硫氧化细菌的代谢作用下发生反应，如式(5-9)、式(5-10)所示。

氧气不足时： $$2S_2O_3^{2-}+O_2 \longrightarrow 2SO_4^{2-}+2S \quad (5\text{-}9)$$

氧气充足时： $$S_2O_3^{2-}+H_2O+2O_2 \longrightarrow 2SO_4^{2-}+2H^+ \quad (5\text{-}10)$$

溶解氧促使了OT组在硫氧化细菌的作用下形成了更多生物SO_4^{2-}，因此，较于T组pH值降低更多，$\rho(SO_4^{2-})$形成更多。

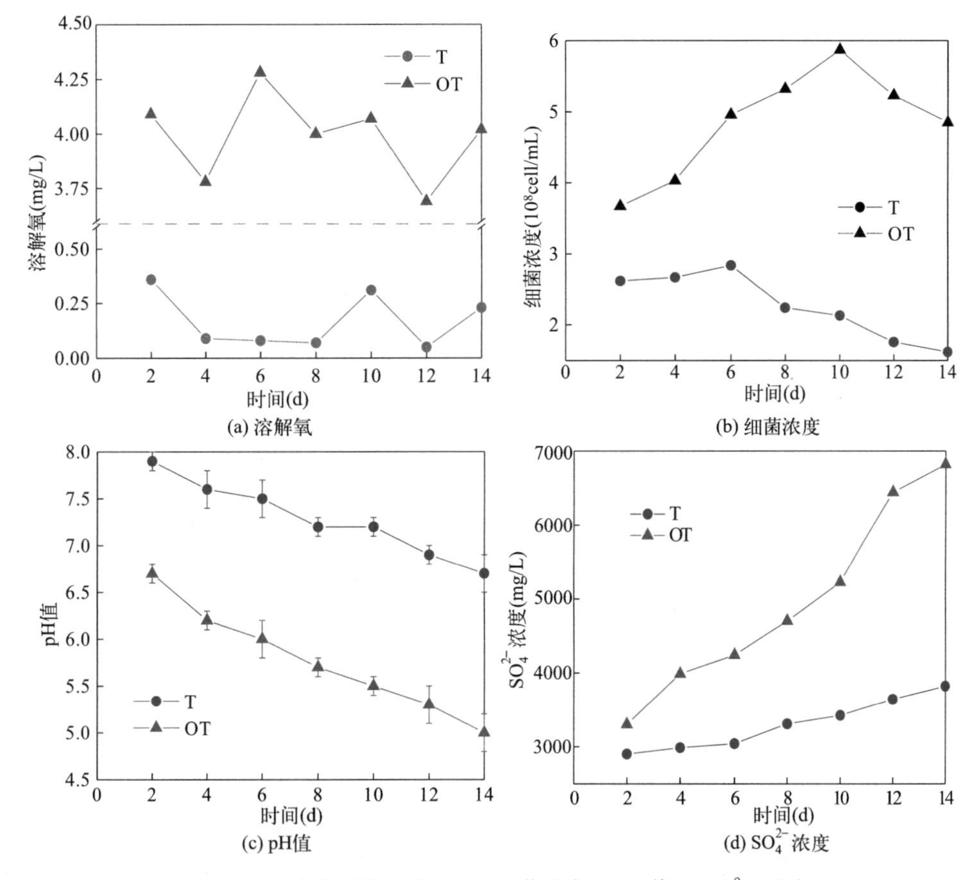

图5-30 海水介质溶液中DO、细菌浓度、pH值及SO_4^{2-}浓度

5.4.2 溶解氧对硫氧化细菌腐蚀混凝土宏观性能的影响

1. 外观形貌

图5-31所示为不同溶解氧浓度海水中混凝土表面遭受硫氧化细菌腐蚀后的外观形貌。其中图5-31A和B分别为溶解氧（约0mg/L，T组）、溶解氧（约4mg/L，OT组）海水浸泡的混凝土试样。由图5-31发现，T组中混凝土外表面在海水中浸没部分颜色呈现黑色，而OT组颜色并没有变化。此外，OT组在浸泡30d时，混凝土气液交界面及以下部分出现了大量网絮状、黏稠的生物膜并逐渐变得密实，90d时混凝土气液交界面处附着了

较为成熟、更加浓厚的生物膜，而 T 组表面只有一层薄薄的生物膜黏液层。

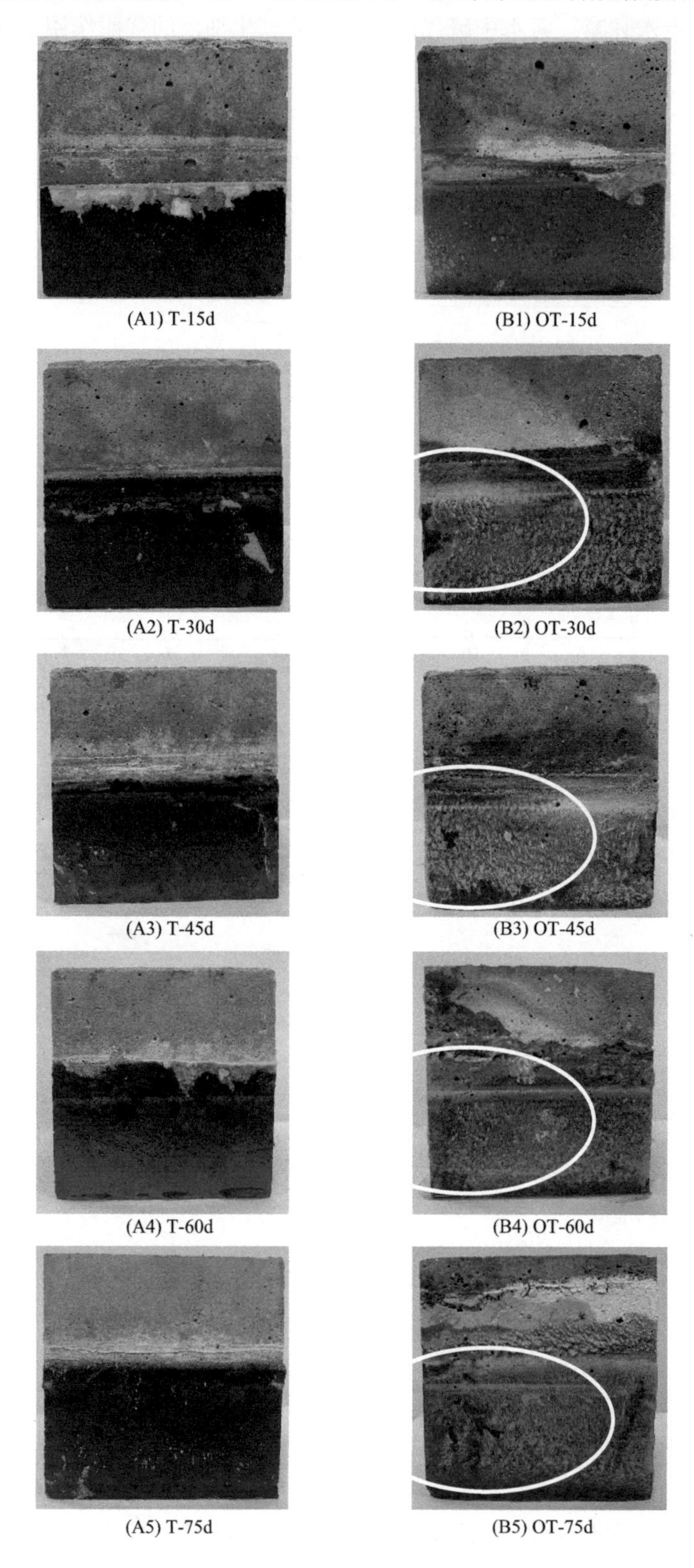

图 5-31　混凝土表面遭受硫氧化细菌腐蚀后的外观形貌（一）

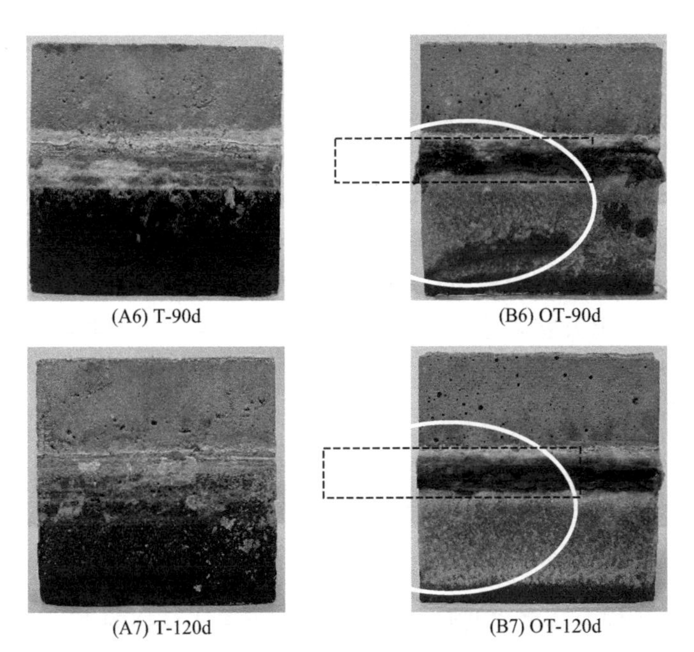

图 5-31 混凝土表面遭受硫氧化细菌腐蚀后的外观形貌（二）

T—溶解氧（约 0mg/L）海水；OT—溶解氧（约 4mg/L）海水

造成上述现象的原因是，缺氧的海水环境致使 T 组混凝土表面 FeS、MnS 等致黑成分形成，OT 组由于溶解氧充足，因此，颜色未发生大的变化，同时溶解氧极大程度促进了硫氧化细菌的大量黏附，对生物膜的形成起到了至关重要的作用。

2. 抗压强度

图 5-32 所示为海水中混凝土试样的抗压强度及抗压强度变化率。由图 5-32 发现，溶解氧（约 0mg/L）海水（T 组）浸泡 120d 内，抗压强度及其变化率整体处于不断上升趋势，平均抗压强度从初始的 50.9MPa 上升至 120d 的 67.1MPa，此时，平均抗压强度变化率为 31.8%；而溶解氧（约 4mg/L）海水（OT 组）浸泡 75d 前，抗压强度及其变化率整体处于不断上升趋势，平均抗压强度从初始的 50.9MPa 上升至 75d 的 68.4MPa，达到峰值。此时，平均抗压强度变化率为 34.3%；当浸泡 75d 后，平均抗压强度开始下降，90d、120d 时的平

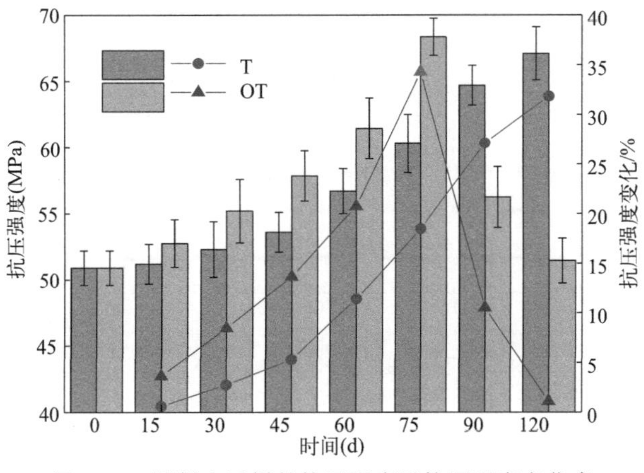

图 5-32 混凝土试样的抗压强度及抗压强度变化率

均抗压强度分别为 56.3MPa、51.5MPa，平均抗压强度变化率分别为 10.6%、1.1%且力学性能下降前，OT 组抗压强度及其变化率均高于 T 组。

造成上述现象的原因是海水中溶解氧是影响硫氧化细菌生长繁殖及其活性的主要因素，OT 组海水中溶解氧浓度远高于 T 组，进而导致 OT 组中的硫氧化细菌黏附数量和代谢转化的生物 SO_4^{2-} 更多，与混凝土中含钙化合物反应形成的产物也就越多，当混凝土内孔隙得到不断填充达到饱和，在膨胀应力作用下出现裂缝，最终导致 OT 组的抗压强度力学性能下降，而 T 组中硫氧化细菌转化的生物 SO_4^{2-} 较于 OT 组少得多，直至 120d 抗压强度仍处于上升状态并未出现力学性能衰退现象。因此，120d 内混凝土处于相同的含有硫氧化细菌的海水环境中，溶解氧浓度越大，硫氧化细菌对混凝土的力学性能衰退起到作用越大。

5.4.3 溶解氧对硫氧化细菌腐蚀混凝土微观性能的影响

1. 矿物组成

图 5-33 所示为不同溶解氧浓度海水中不同龄期混凝土试样的 XRD 图谱，其中图 5-33

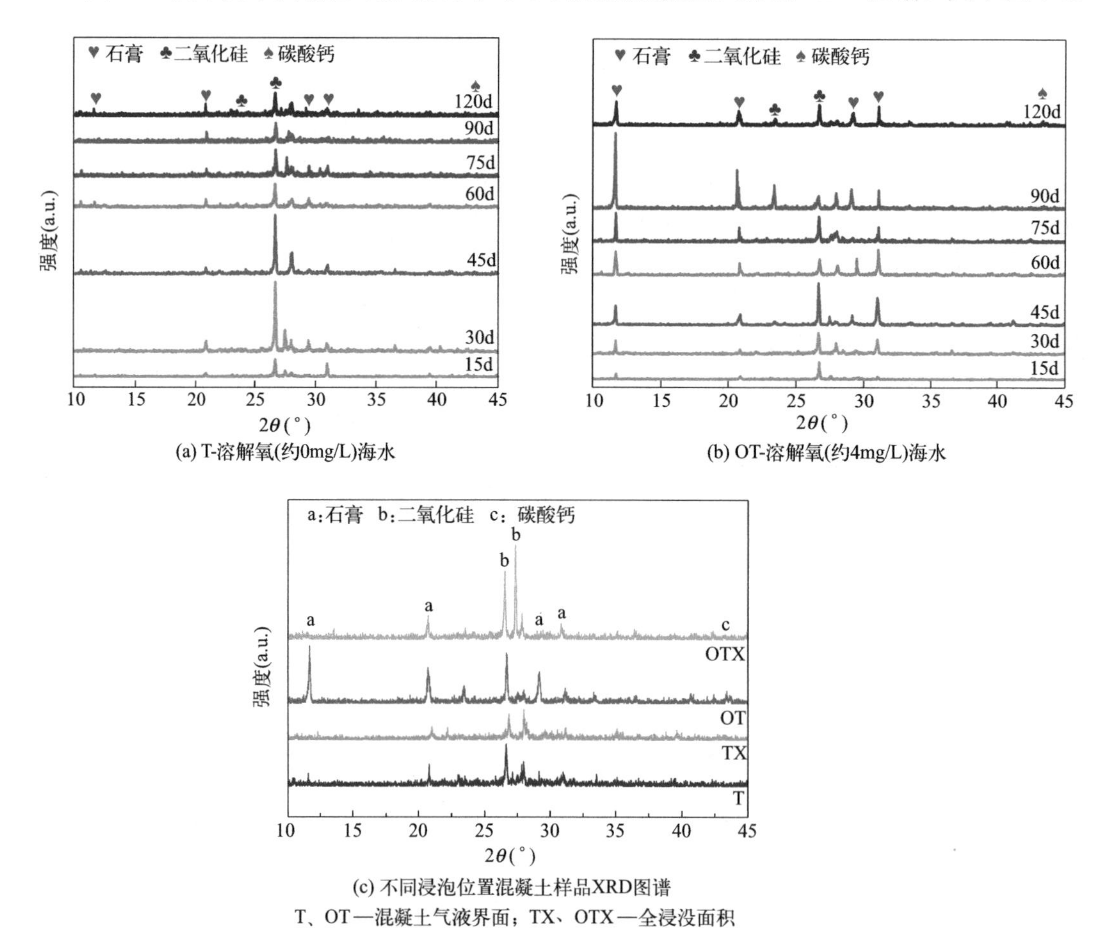

(a) T-溶解氧(约0mg/L)海水

(b) OT-溶解氧(约4mg/L)海水

(c) 不同浸泡位置混凝土样品XRD图谱

T、OT—混凝土气液界面；TX、OTX—全浸没面积

图 5-33 不同龄期混凝土试样的 XRD 图谱

(a) 和 (b) 分别为溶解氧 (约 0mg/L)、溶解氧 (约 4mg/L) 海水中混凝土试样浸泡 30d、60d、90d 和 120d 的 XRD 图谱，图 5-33(c) 为混凝土试样浸泡 120d 两组气液交界面和完全浸没区的 XRD 图谱。由图 5-33(a) 和 (b) 发现，两组混凝土试样主要矿物成分同样均为石膏、二氧化硅、碳酸钙。值得注意的是石膏成分主要是由硫氧化细菌凭借其好氧特性及电性作用 (混凝土中 Ca^{2+} 显正电，硫氧化细菌显负电) 大量聚集在混凝土气液交界面处形成生物性群落即生物膜，通过自身代谢作用将硫化合物转化为生物 SO_4^{2-}，SO_4^{2-} 通过生物膜内孔洞通道，渗透进混凝土内部与氢氧化钙、碳酸钙等富钙相发生反应生成大量膨胀性石膏进而对混凝土造成靶向破坏。相对于 T 组，OT 组从 30d 开始出现了较为明显且凸出的石膏衍射峰，而 T 组石膏衍射峰的峰值较小，主要是由于 OT 组溶解氧促进了硫氧化细菌的黏附和生物膜的形成，从而产生的生物 SO_4^{2-} 浓度较高，因此，OT 组混凝土表面所产生的石膏结晶度更好，石膏含量更多。

由图 5-33(c) 发现，两组混凝土完全浸没区的石膏衍射峰均比气液交界面处的石膏衍射峰的峰值偏低，主要是由于溶解氧随海水深度的增加而减少所致。因此，完全浸没区的硫氧化细菌没有气液交界面处的细菌黏附数量多，所转化的生物 SO_4^{2-} 也较少，从而导致石膏的结晶度弱，含量偏低。

2. 官能团

图 5-34 所示为含有硫氧化细菌的不同溶解氧海水中混凝土浸泡 120d 的红外光谱。由图 5-34 发现，光谱数据可以分为三个区域：水区域 (>1600cm^{-1})、硫酸盐区域 (1500～1000cm^{-1}) 和材料区域 (<1000cm^{-1})。在水区域中，可以看到 3450cm^{-1} 处中心的特征吸收峰是由 O—H 键吸附水分子的拉伸振动引起的，在 2920cm^{-1} 和 2856cm^{-1} 处观察到的特征吸收峰表明样品中存在碳酸盐物质，1648cm^{-1} 处的特征吸收峰是由 O—H 键弯曲振动产生的；对于硫酸盐区域，硫酸盐的存在由 OT：1115cm^{-1} (T：1100cm^{-1}) 和 420～500cm^{-1} 附近的增强峰支持，前者是由反对称拉伸振动引起的，后者是由对称变角

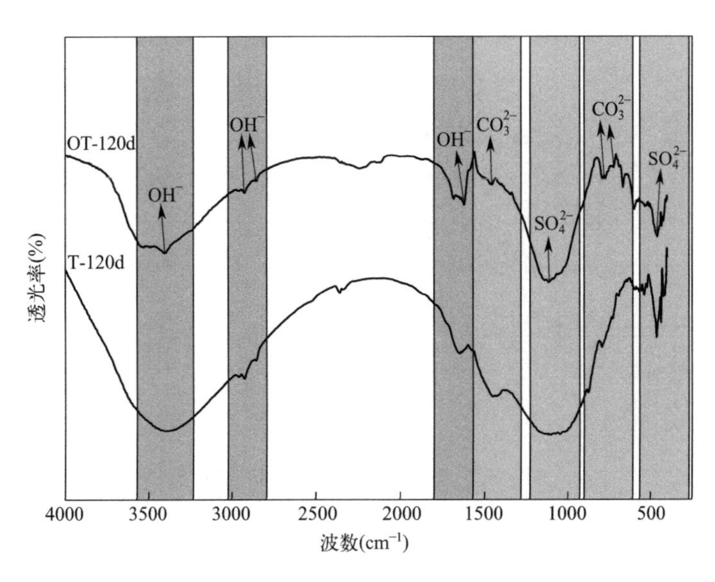

图 5-34 混凝土的红外光谱 (120d)

度振动引起的，在 1460cm^{-1}、800cm^{-1} 及 730cm^{-1} 附近出现三个方解石的特征吸收峰，分别是由方解石结构中 O—C—O 键非对称伸缩振动、面外弯曲振动和面内弯曲振动引起的；此外，T 组和 OT 组几乎没有任何归因于 $Ca(OH)_2$（3640cm^{-1}）的特征吸收峰，这意味着混凝土表面已被硫酸盐和碳酸盐严重降解；S—O 键振动产生的偶极子在不同溶解氧海水浸泡 120d 条件下发生变化，从 OT 组 1115cm^{-1} 处的硫酸盐特征吸收峰向较低波数 C 组 1100cm^{-1} 移动，这表明 OT 组的石膏含量少于 T 组，FT-IR 的分析结果和上述 XRD 的分析结果一致。

3. 腐蚀产物

图 5-35 所示为海水浸泡 30d 和 120d 时，不同溶解氧海水中混凝土的 TG-DTG 曲线。其中图 5-35(a) 和 (b) 分别为浸泡在海水中 30d、120d 时混凝土试样的 TG-DTG 曲线，图 5-36 为混凝土不同浸没位置 120d 时试样中石膏和碳酸钙含量。由图 5-35(a) 和 (b) 发现，110～160℃时，TG 曲线出现了失重台阶，即石膏的失重过程，30d 时 T 组、OT 组试样中石膏脱水质量损失分别为 0.91%、1.17%，120d 时 T 组、OT 组试样中石膏脱水质量损失分别为 0.95%、6.80%；30～120d 期间 T 组、OT 组石膏脱水质量均在增多，T 组、OT 组分别上升了 0.04%、5.63%且相同龄期 OT 组石膏脱水质量远高于 T 组；T 组和 OT 组的 DTG 曲线 30d 时分别在 125℃、133℃左右形成波峰，120d 时分别在 130℃、142℃左右形成波峰，此时温度为石膏失重速率最快温度，OT 组的石膏含量（峰面积）明显高于 T 组；610～730℃时，出现失重台阶即碳酸钙的失重过程形成，30d 时 T 组、OT 组试样中碳酸钙分解质量损失分别为 4.10%、5.93%，120d 时 T 组、OT 组试样中碳酸钙分解质量损失分别为 1.99%、1.30%，DTG 曲线上 30d 时 T 组和 OT 组分别在 690℃、710℃左右形成波峰，120d 时 T 组和 OT 组分别在 635℃、680℃左右形成波峰，OT 组的碳酸钙含量少于 T 组。

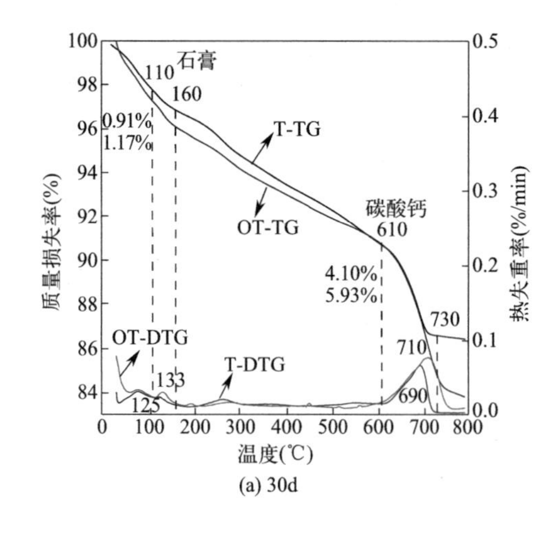

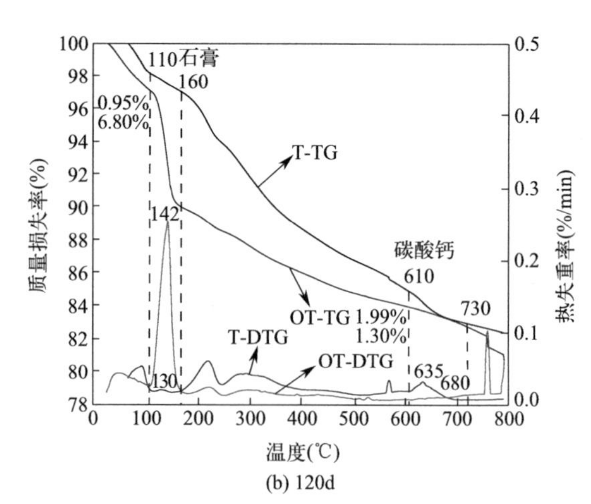

图 5-35　混凝土试样的 TG-DTG 曲线

由图 5-36 发现，120d 时 T 组、OT 组混凝土气液交界面处石膏脱水质量损失分别为 0.95%、6.80%，完全浸没区石膏脱水质量损失分别为 0.81%、3.86%；气液交界面处

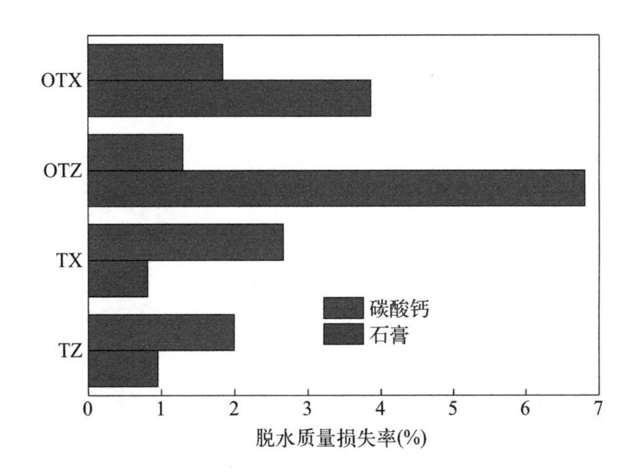

图5-36　混凝土不同浸没位置120d时试样中石膏和碳酸钙含量

碳酸钙脱水质量损失分别为1.99%、1.30%，完全浸没区碳酸钙脱水质量损失分别为2.66%、1.84%；T组、OT组完全浸没区石膏脱水质量损失均少于气液交界面处，主要是由于海水深度越深溶解氧含量越低，进而对硫氧化细菌生长及代谢离子造成影响。因此，混凝土气液交界面处腐蚀更为严重。

综上，石膏和碳酸钙的含量均与XRD分析结果相吻合，主要是由于OT组中溶解氧促进了硫氧化细菌繁殖，进而代谢的生物SO_4^{2-}浓度更大，生成的膨胀性石膏引发混凝土内部膨胀所致，混凝土内部孔隙逐渐被石膏填充，进而在混凝土表面析出，在膨胀应力作用下造成力学性能下降。

4. 微观形貌

图5-37所示为混凝土腐蚀120d后混凝土气液交界面处生物膜的SEM形貌。其中图5-37A和B分别为T组和OT组生物膜试样。图5-38所示为不同龄期腐蚀产物的SEM-EDS。由图5-37、图5-38发现，两组混凝土表面均附着一层复杂网状结构的生物膜，其内部交叉纵横，硫氧化细菌团聚于膜内各通道的交叉点处，从而便于获得所需的水、氧气和营养物质维持其生长代谢。对两组试样30d、120d的腐蚀产物进行EDS分析，发现腐蚀产物能量色散光谱同样显示其主要是由C、O、P、S及Ca元素组成，其中，T组30d和120d的S、Ca、O元素含量分别为：4.29%、1.63%、33.91%，9.14%、4.55%、43.21%；OT组30d和120d的S、Ca、O元素含量分别为：4.56%、18.73%、54.36%，14.53%、15.26%、52.17%，结合XRD及TG-DTG分析，表明板状晶体腐蚀产物为石膏且随着腐蚀龄期增长石膏的生成量越多，OT组由于海水中溶解氧充足，促进了硫氧化细菌的代谢作用，因此石膏生成量较于T组更多，腐蚀更严重；P元素是生物膜中脂类的主要元素，发现T组P元素从30d的0.48%上升至120d的1.27%，而OT组P元素从30d的0.56%上升至120d的2.26%，随着浸泡龄期增长生物膜中P元素不断增多，T组从30d到120d上升了0.79%，而OT组从30d到120d上升了1.70%。因此，溶解氧极大促进了生物膜的形成，其内部膜结构更加密实。

综上，再次验证了石膏（$CaSO_4 \cdot 2H_2O$）是硫氧化细菌代谢作用的结果，溶解氧可以促进硫氧化细菌在生物膜中代谢作用形成生物 SO_4^{2-} 。因此，120d 内硫氧化细菌及其生物膜在溶解氧充足情况下对混凝土起到加速腐蚀作用。

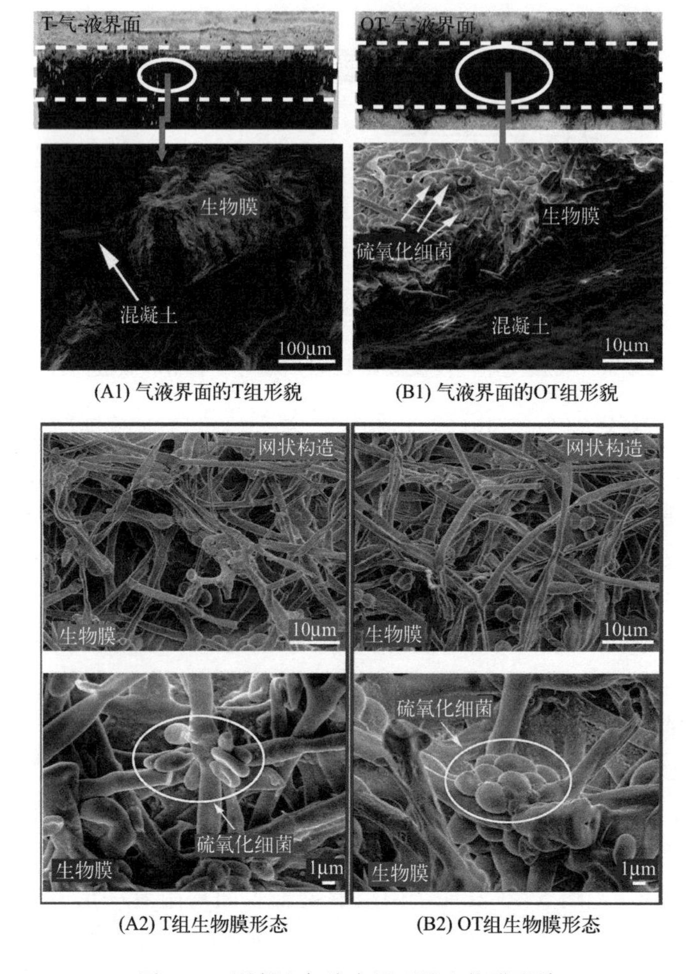

(A1) 气液界面的T组形貌　(B1) 气液界面的OT组形貌

(A2) T组生物膜形态　(B2) OT组生物膜形态

图 5-37　混凝土气液交界面处生物膜形貌

5. 电化学阻抗谱

图 5-39 所示为含有硫氧化细菌的不同溶解氧海水中混凝土试样的 Nyquist 曲线。其中图 5-39(a) 和 (b) 分别为混凝土试样浸泡在溶解氧（约 0mg/L）海水和溶解氧（约 4mg/L）海水中全龄期的电化学阻抗谱变化。由图 5-39 和表 5-2 发现，混凝土试样在溶解氧（约 0mg/L）海水和溶解氧（约 4mg/L）海水中浸泡 30d、60d、90d 和 120d 时的阻抗半径分别为 R_T：27.9Ω、33.0Ω、116.6Ω、180.5Ω，R_{OT}：31.4Ω、141.8Ω、360.3Ω、492.5Ω；混凝土浸泡相同时间时，OT 组的阻抗曲线半径 R_{OT} 均大于 T 组的阻抗曲线半径 R_T；T 组和 OT 组混凝土浸泡 30～120d 的电化学阻抗谱的阻抗半圆半径 R 均随着浸泡时间的增加而不断变大。

造成上述现象的原因是 T 组和 OT 组混凝土在海水中浸泡时，均会遭受到腐蚀性离子对混凝土表面的侵蚀，同时会在混凝土试样内部与含钙化合物反应形成填充产物，使得内部孔隙不断减小，所以 T 组和 OT 组随着浸泡时间的增长电阻不断增大。而 T

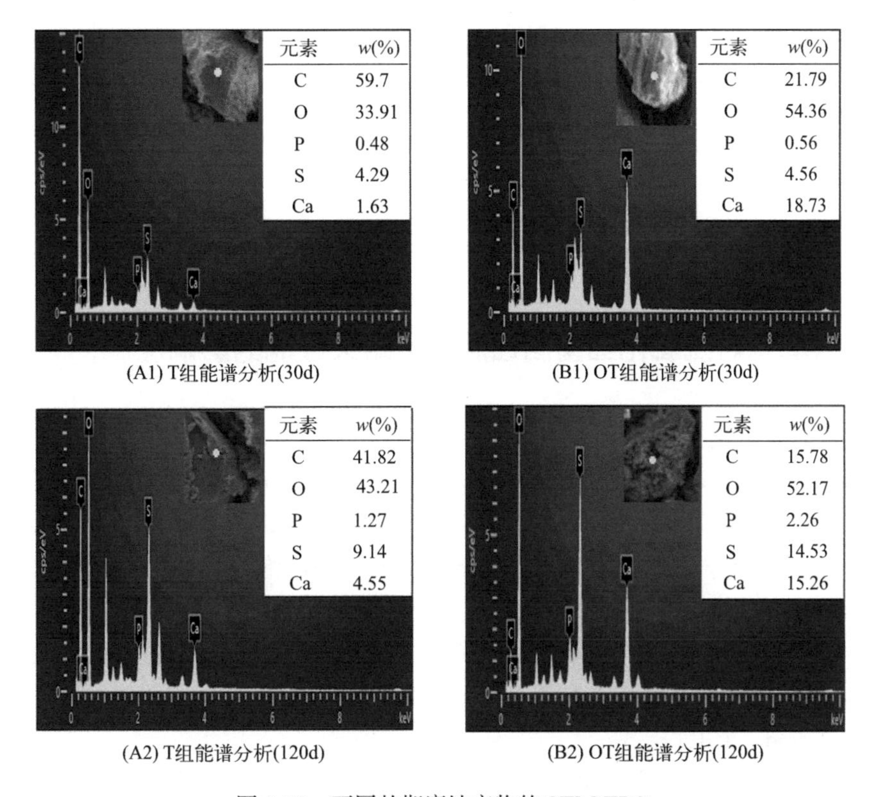

图 5-38 不同龄期腐蚀产物的 SEM-EDS

组和 OT 组均含有硫氧化细菌，不断在混凝土表面黏附形成生物膜，充分的溶解氧使得 OT 组的硫氧化细菌黏附量更多且生物膜更成熟，代谢的生物 SO_4^{2-} 浓度更高，同时伴随着生物膜的成熟致密，内部含水量较于 T 组要少，一定程度上弱化了腐蚀性阴离子的导电性。因此，OT 组混凝土腐蚀产物更多，其混凝土内部孔隙更少，最终导致 R_{OT} 大于 R_T。

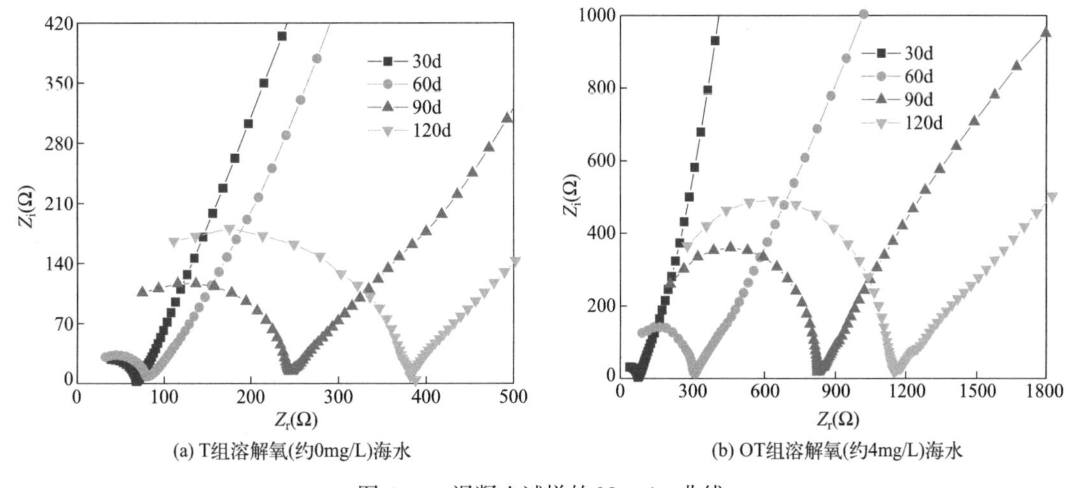

图 5-39 混凝土试样的 Nyquist 曲线

电化学阻抗谱半径 表 5-2

时间/d	$R_T\Omega$	$R_{OT}\Omega$
30	27.9	31.4
60	33.0	141.8
90	116.6	360.3
120	180.5	492.5

5.4.4 溶解氧对硫氧化细菌腐蚀混凝土耐久性能的影响

1. 氯离子渗透性

图 5-40 所示为含有硫氧化细菌的不同溶解氧海水中混凝土的氯离子电通量变化。其中图 5-40(a) 和 (b) 分别为混凝土试样氯离子电通量的变化、通电 6h 时混凝土试样氯离子电通量值。由图 5-40(a) 发现，不同溶解氧海水中浸泡 60d 和 120d 混凝土试样的氯离子电通量 6h 内整体均处于上升的趋势，氯离子电通量值均大于未浸泡海水（0d）的混凝土且随着浸泡时间的增长，混凝土的氯离子电通量值越大。电通量值越大，抗氯离子渗透性越差。因此，较于未浸泡混凝土试样，抗氯离子渗透性由高到低依次为：OT-60d>OT-120d>T-60d>T-120d。

由图 5-40(b) 发现，未浸泡海水组（0d）混凝土的氯离子电通量值为 73.1C；溶解氧（约 0mg/L）海水组 60d 和 120d 混凝土的氯离子电通量值分别为 135.8C、173.4C；溶解氧（约 4mg/L）海水组 60d 和 120d 混凝土的氯离子电通量值分别为 96.8C、126.8C。60d 和 120d 时 OT 组较于 T 组抗氯离子渗透能力分别提高了 28.7%和 26.9%。因此，较于溶解氧（约 0mg/L）海水，充足的溶解氧可以改善混凝土抗氯离子渗透能力。造成上述现象的原因

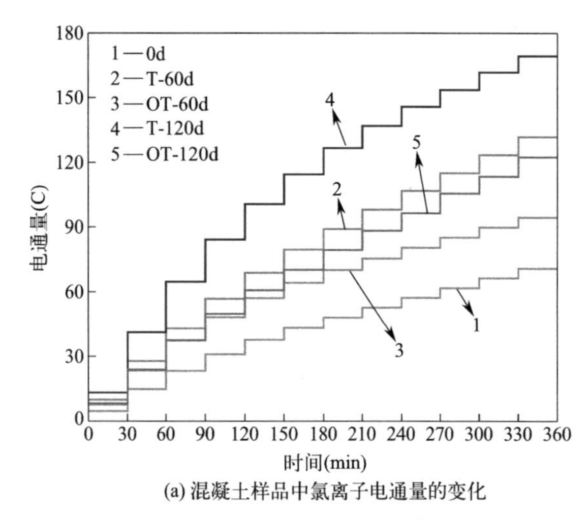

(a) 混凝土样品中氯离子电通量的变化

图 5-40 含有硫氧化细菌的海水中有、无溶解氧下混凝土试样氯离子电通量的变化（一）
1—未浸泡（0d）海水的混凝土试样；2—溶解氧（约 0mg/L）海水浸泡 60d 的混凝土试样；3—溶解氧（约 4mg/L）海水浸泡 60d 的混凝土试样；4—溶解氧（约 0mg/L）海水浸泡 120d 的混凝土试样；5—溶解氧（约 4mg/L）海水浸泡 120d 的混凝土试样

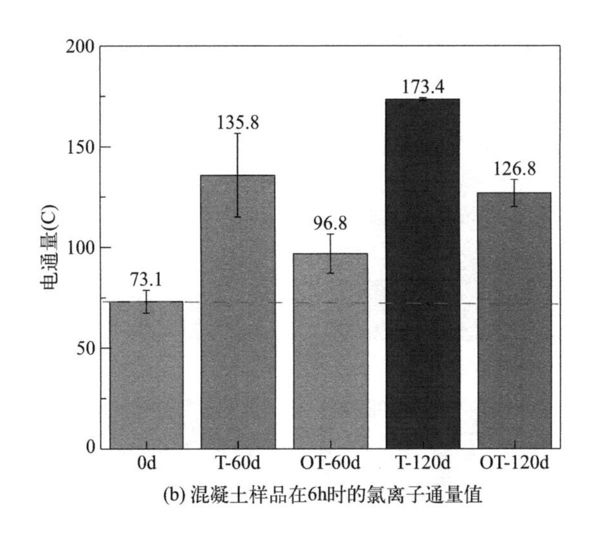

(b) 混凝土样品在6h时的氯离子通量值

图 5-40 含有硫氧化细菌的海水中有、无溶解氧下混凝土试样氯离子电通量的变化（二）

是溶解氧是影响海水中硫氧化细菌生长繁殖及活性的主要因素，充足的溶解氧促进了硫氧化细菌在混凝土表面的黏附以及生物膜的形成，膜内部结构逐渐致密，较于T组OT组对海水中的 Cl^- 起到了进一步有效的阻挡作用。因此，120d内OT组的抗氯离子渗透能力更强，更深层次解释了硫氧化细菌及其生物膜对混凝土氯离子渗透有良好的缓解作用。

2. 碳化深度

图 5-41 所示为含有硫氧化细菌的海水中有、无溶解氧下混凝土试样的碳化深度变化。其中图 5-41(a)～(d) 分别为混凝土试样浸泡在溶解氧（约 0mg/L）海水中 60d、溶解氧（约 4mg/L）海水中 60d、溶解氧（约 0mg/L）海水中 120d、溶解氧（约 4mg/L）海水中 120d 混凝土试样断面在超景深电子显微镜下碳化深度测量图，图 5-41(e) 为混凝土试样碳化深度变化图。由图 5-41(a)～(d) 发现，相较于 OT 组，T 组被碳化且不显色部分明显较大；结合图 5-41(e) 可知，T 组 60d、120d 的平均碳化深度分别为 1.86mm、3.23mm，OT 组 60d、120d 的平均碳化深度分别为 1.03mm、1.91mm；海水浸泡 60d 和 120d 时，OT 组较于 T 组平均碳化深度分别降低了 44.6%和 40.9%，碳化分析结果与图 5-24(b) 中碳酸钙含量测试结果变化一致。

造成上述现象的原因是两组混凝土在海水中均受到生物 SO_4^{2-} 侵蚀，由于 OT 组生物 SO_4^{2-} 浓度比 T 组生物 SO_4^{2-} 浓度高，与混凝土内含钙化合物形成的腐蚀产物石膏量更多，进而填充混凝土内部孔隙，对混凝土抗碳化性起到了一定的提高作用，同时，OT 组溶解氧充足，促进了硫氧化细菌的黏附进而在混凝土表面形成大量生物膜，硫氧化细菌在其内部代谢作用后活性降低，呼吸作用减弱，此外生物膜膜内结构逐渐致密，内部传输管道阻塞对二氧化碳起到了一定的隔绝作用。因此，120d 内海水中生物膜对混凝土的碳化起到了抑制作用。

初步探明了海水中溶解氧对硫氧化细菌黏附及对混凝土性能的影响。结果表明，海水中溶解氧加速了硫氧化细菌的黏附进而在混凝土表面形成网絮状、黏稠状的生物膜，硫氧化细菌团聚在膜内运输管道结点处产生代谢作用；溶解氧对硫氧化细菌代谢生物硫酸盐起

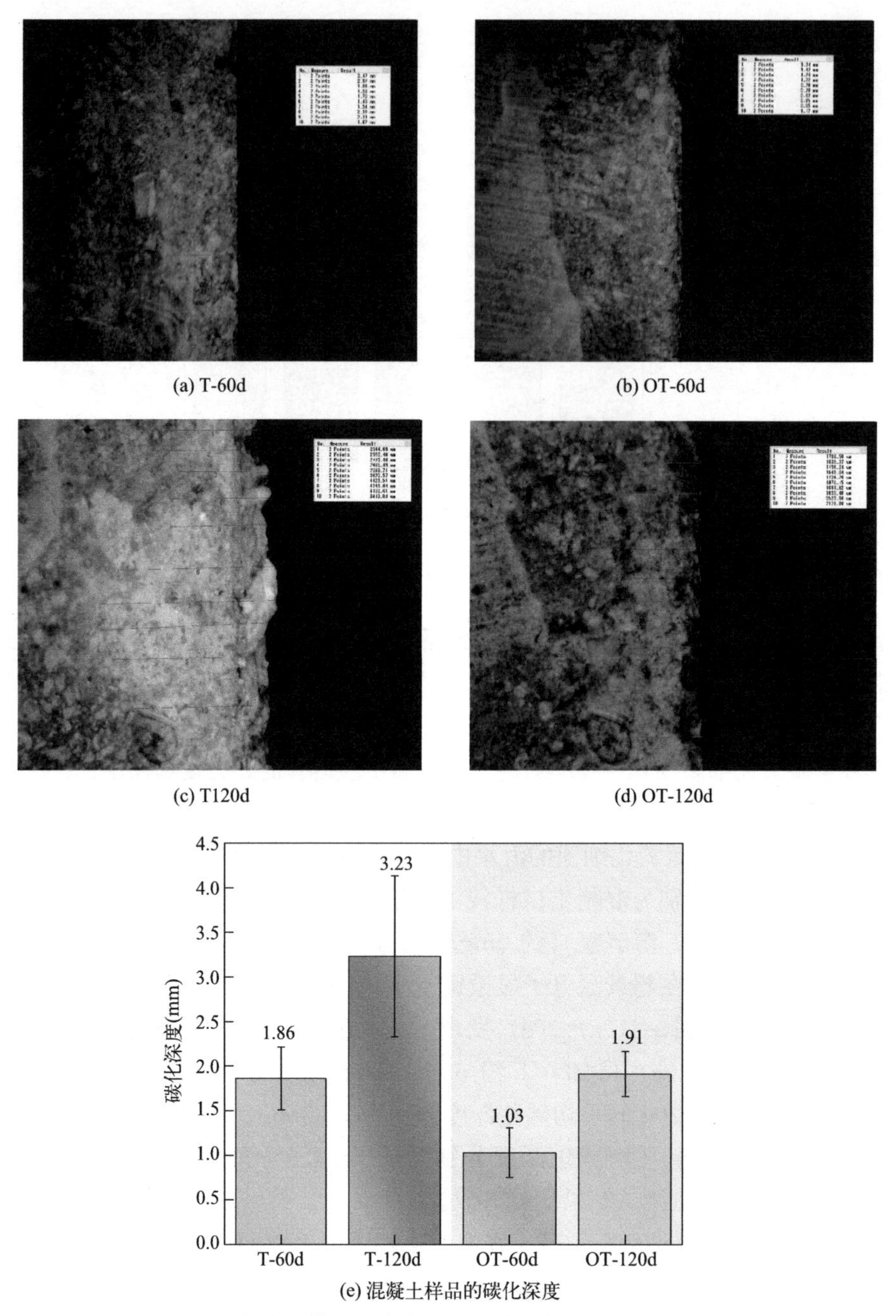

图 5-41　含有硫氧化细菌的海水中有、无溶解氧下混凝土试样的碳化深度

到促进作用，此时 SO_4^{2-} 浓度增多，pH 值更低，所形成的腐蚀产物石膏更多，不断填充混凝土内部孔隙，在石膏膨胀作用下加速了混凝土抗压强度力学性能下降，加速了混凝土表面的腐蚀，其阻抗更大；120d 内溶解氧加快了硫氧化细菌大量黏附形成致密的生物膜，阻隔了海水中 Cl^- 侵蚀，提高了混凝土的抗氯离子渗透能力，对海水中 Cl^- 侵蚀起到了保护作用；高溶解氧组比低溶解氧组混凝土的碳化深度少，主要是由于硫氧化细菌在生物膜内部代谢作用后活性下降，呼吸作用减弱，同时生物膜逐渐致密，内部传输通道阻塞隔绝了二氧化碳对混凝土表面的作用，在一定程度上抑制了其对混凝土的碳化。

第6章 水泥基材料的硫氧化细菌腐蚀防治技术

6.1 试验方案及方法

1. 试验方案

（1）杀菌剂防治效果试验

将不同浓度300mg/L、400mg/L、500mg/L、600mg/L、800mg/L的杀菌剂（钨酸钠、溴化钾、溴化钠）分别加入经振荡培养4d后的菌液环境中静置，用血球计数板记录每隔1d菌液中细菌个数，得到对应时间不同杀菌剂的杀菌率。然后，选择一种杀菌率较高的杀菌剂，将其置于振荡环境中，并且加大杀菌剂浓度为400mg/L、600mg/L、800mg/L、1000mg/L、1200mg/L，观察其杀菌率变化趋势。最终，确定一种杀菌剂用于杀菌剂防治试验。

腐蚀龄期的设置、浸泡方式的选择、微生物环境和测试指标同硫氧化细菌腐蚀混凝土试验，不同的是杀菌剂防治试验需在微生物环境中加入已确定的杀菌剂，从而研究加入杀菌剂后混凝土耐生物腐蚀的效果。对照组为加入微生物但未投放杀菌剂的试样。

杀菌剂防治试样标记：SB240表示对照组半浸龄期为240d的混凝土试样，SQ240表示对照组全浸龄期为240d的混凝土试样，XSB240表示杀菌组半浸龄期为240d的混凝土试样，XSQ240表示杀菌组全浸龄期为240d的混凝土试样。

（2）有机硅防治效果试验

将已成型养护28d后的试样置于60℃的恒温箱中烘干5h，取出后用毛刷清扫试样表面浮尘和杂质。所测试样除测试面外，其余5个面均用石蜡密封，置于室温干燥12h，用毛刷在试样预留的测试面涂有机硅，涂刷时需要注意顺着一个方向均匀涂刷5～7次，涂刷完成后自然干燥7d待用，保证其与试样充分结合。涂敷工艺见表6-1，其中表中“One 200”代表涂敷一次，涂敷量为200g/m^2；“Two 100”代表涂敷次数两次，每次涂敷量为100g/m^2，两次涂敷时间间隔为6h，以此类推。通过测试混凝土试样接触角、渗透深度、吸水率、红外光谱、矿物组成和微观结构的变化来确定最优的一种涂敷工艺用于有机硅防治效果试验。

涂敷工艺　表 6-1

样本数量	图层方法		
	涂装总量(g/m^2)	一次图层量(g/m^2)	涂装间隔时间(h)
Blank	0	0	0
One 200	200	200	0
One 250	250	250	0
One 300	300	300	0
Two 100	200	100	6
Two 125	250	125	6
Two 150	300	150	6

腐蚀龄期的设置、浸泡方式的选择、微生物环境和测试指标同硫氧化细菌腐蚀混凝土试验。不同的是：在混凝土试样表面涂刷从表 6-1 中选择有机硅的最优涂敷工艺和用量，从而研究涂敷有机硅后混凝土耐生物腐蚀的效果。对照组为未涂刷有机硅混凝土的试样。

有机硅防治试样标记：SB240 表示未涂有机硅对照组半浸龄期为 240d 的混凝土试样，SQ240 表示未涂有机硅对照组全浸龄期为 240d 的混凝土试样，YSB240 表示涂有机硅后防护组半浸龄期为 240d 的混凝土试样，YSQ240 表示涂有机硅后防护组全浸龄期为 240d 的混凝土试样。

(3) 涂层对海洋微生物附着及砂浆性能的影响试验

防治技术研究试验设置环氧树脂组（H），聚氨酯组（J），对照组（D），均采用半浸，均静置在含有硫氧化细菌的人工海水中。龄期分别设置为 15d、30d、45d、60d、75d、90d、105d、120d。

首先记录试样表面各龄期下生物膜形貌，然后测定各龄期试样表面附着生物膜的厚度及其胞内微生物数量，接着测试各个龄期试样的抗压强度，最后通过分析硫氧化细菌对涂层的影响，同时结合使用 XRD、TGA、SEM-EDS 分析试样水化产物。

2. 试验方法

(1) 混凝土试样的表征

1) 对已到腐蚀龄期试样采用 VHX-600K 型超景深电子显微镜拍照并计算其粗糙度值，通过对比腐蚀前后试样粗糙度值，来表征腐蚀程度。结果用粗糙度变化率表征，计算公式为：

$$R=\frac{Ra_1-Ra_0}{Ra_0}\times 100\% \tag{6-1}$$

式中 R——粗糙度变化率（%）；

Ra_0——腐蚀前粗糙度值（μm）；

Ra_1——腐蚀后粗糙度值（μm）。

2) 对已到腐蚀龄期试样称质量，通过对比腐蚀前后的质量差，来表征腐蚀程度。分析结果用质量损失率表征，计算公式为：

$$L = \frac{m_0 - m_1}{m_0} \times 100\% \tag{6-2}$$

式中 L——质量损失率（%）；

m_0——腐蚀前混凝土试样质量（g）；

m_1——腐蚀后混凝土试样质量（g）。

3）对腐蚀后试样进行矿物组成和微观结构分析，其中矿物组成分析采用日本X射线衍射仪 Ultima Ⅳ，起始角度为5°，终止角度为90°，扫描步长为0.02°，扫描速度为8°/s。微观结构分析，采用JEC-3000FC AUTO FINE COATER全自动离子溅射仪对样品喷金、镀膜，然后在JSM-7800F电子扫描显微镜下观察样品。

（2）杀菌率

取微生物溶液0.1mL，用0.9%的生理盐水稀释一定的倍数，滴到血球计数板上，记录细菌个数，细菌个数计数公式为：

$$1\text{mL 菌液中总菌数} = \frac{P}{5} \times 25 \times 10^4 \times Q \tag{6-3}$$

式中 P——五个方格中的总菌数；

Q——菌液稀释倍数。

杀菌率计算公式为：

$$X = \frac{A - B}{A} \times 100\% \tag{6-4}$$

式中 X——杀菌率；

A——对照样品平均细菌个数；

B——被测样品平均细菌个数。

（3）有机硅对混凝土性能影响试验

1）接触角

将试样置于60℃恒温干燥箱中2h后，进行接触角测试，检测其憎水性。试验采用JC2000DF型接触角测试仪检测试样表面的疏水程度，测试水滴大小控制在3μL内，待水滴滴落于试样表面后采集图像，在图像中选择5个点，采用五点拟合法得到水滴在试样表面的接触角。

2）渗透深度

渗透深度测试方法采用憎水指示法。具体步骤为：将涂刷硅烷且自然养护7d的试样（试样除涂敷面外，其余外表面均用石蜡密封）进行抗折试验后，置于60℃恒温干燥箱中烘24h后取出，然后在劈开的侧表面喷水，可以看到吸水区域与不吸水区域之间出现明显界限，不吸水区域即为硅烷的渗透深度，然后测量该区域所在深度，以8～10个测点的平均值计为硅烷的渗透深度。

3）吸水率

吸水率测试方法参照《水运工程结构防腐蚀施工规范》JTS/T 209—2020进行。将试样置于多根直径10mm的玻璃棒上，其中涂有有机硅的测试面朝下，在容器中注入水，使水面高于玻璃棒1～2mm，如图6-1所示，测试0min、5min、10min、30min、60min、120min、140min时试样的质量，每个时间间隔取出称重后立即放回，直到140min完成测试。吸水高度计算如式(6-5)所示：

$$h=\frac{m_t-m_0}{\rho\times S} \tag{6-5}$$

式中 h——吸水高度（mm）；

m_t——对应时间试样质量（g）；

m_0——原始质量（g）；

ρ——水的密度（g/mm^2）；

S——试样与水接触面积（mm^2）。

将吸水高度（单位：mm）作为纵坐标，时间间隔的平方根为横坐标作图。用 Origin 作图后对曲线用最小二乘法进行线性拟合得到的直线斜率即为不同涂敷方式对应的吸水率。

图 6-1 吸水率测试图

4）微观分析

采用 Thermo Nicolet 380 型傅里叶变换红外光谱仪分析有机硅与试样之间的相互作用。采用日本 X 射线衍射仪 Ultima Ⅳ 分析涂有机硅前后试样矿物组成。采用 VHX-600K 型超景深电子显微镜观察试样表面，并计算其粗糙度值。采用 JSM-7800F 型电子扫描显微镜观察试样微观形貌。

（4）涂层防护效果测试

1）微生物附着演变过程测试

对砂浆表面附着的生物膜宏微观形貌、厚度、微生物数量进行研究。此部分试验方法同 2.2.3.2 小节试验方法部分。

2）抗压强度测试

按照《水泥胶砂强度检验方法（ISO 法）》GB/T 17671—2021 进行抗压强度试验。

3）水化产物

将三组试样气液交界面处使用去离子水和无水乙醇冲洗 3 遍，尽可能将表面杂质清除干净。在 50℃烘箱烘干 12h 后，使用研钵研磨至全部通过 10μm 方孔筛，继续放入 50℃烘箱干燥 6h。

采用 XRD 分析物相组成，扫描步长为 0.02°，扫描速度为 8°/min，2θ 为 10°～60°。采用同步热分析仪分析砂浆矿化产物含量，由室内温度 25℃ 开始加热，直至升温到 800℃，测试时 N_2 保护气氛，升温速率为 20℃/min。

取一部分烘干后的试样喷金镀膜，采用电子扫描显微镜对三组砂浆的微观形貌和元素组成进行分析。

6.2 基于杀菌剂防护材料的混凝土微生物腐蚀防治技术

目前，混凝土的微生物腐蚀防治技术主要有：混凝土改性、微生物灭杀技术，前者研究较多，后者研究仅仅是将杀菌剂在制备混凝土的过程中加入，待微生物渗入混凝土时灭杀细菌，从而使混凝土不被微生物侵蚀，但该过程往往会降低混凝土制品的强度，破坏混凝土内部结构，并不能从根本上解决微生物腐蚀混凝土的问题。因此，本节拟提出的杀菌型防治技术是将杀菌剂直接投放到微生物所处的溶液环境中，而非拌入混凝土内部。

杀菌剂种类多种多样，根据其组成成分可分为天然生物系杀菌剂、有机系杀菌剂、无机系杀菌剂和有机/无机复合杀菌剂。天然生物系杀菌剂（如壳聚糖）由于受到原料数量和加工条件的制约，目前还不能实现大规模市场化。有机系杀菌剂（主要有醇系、酚系、醛系、酯系、卤素系、季铵盐系等）在使用安全性、持久性、耐热性及普及性等方面存在不足。无机系杀菌剂具有安全性、耐热性、持久性等优点而被广泛应用。因此，本节拟从钨酸钠、溴化钾、溴化钠这三种无机杀菌剂中选择一种，并确定合适的培养方式和合适的浓度，然后将确定好的杀菌剂投放入微生物所处的溶液环境中，通过对溶液 pH 值、SO_4^{2-} 浓度、溶出物质及试样外观、粗糙度、质量、抗压强度、矿物组成、微观结构和腐蚀速率研究来表征杀菌剂的防治效果，以期为污水管道混凝土结构提供一种主动型防治技术。

6.2.1 杀菌剂的选择

1. 种类

采用血球计数板计数的方式记录下投放杀菌剂前后细菌个数，细菌个数计算见式(6-3)。之后，用式(6-4) 得出每隔 1d 对应浓度下杀菌剂的杀菌率。图 6-2、图 6-3、图 6-4 分别为在静置培养条件（振荡培养至 4d 的硫氧化细菌，投放杀菌剂后，静置培养）下三种杀菌剂钨酸钠、溴化钾、溴化钠在不同浓度梯度（300mg/L、400mg/L、500mg/L、600mg/L、800mg/L）下每隔 1d 对应的杀菌率。

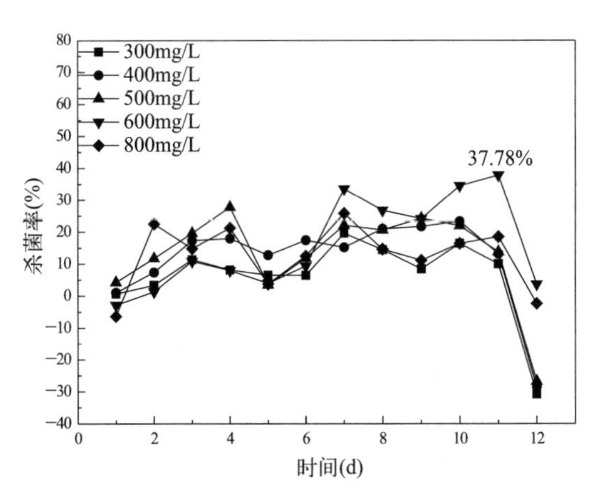

图 6-2 静置培养钨酸钠对微生物的杀菌率

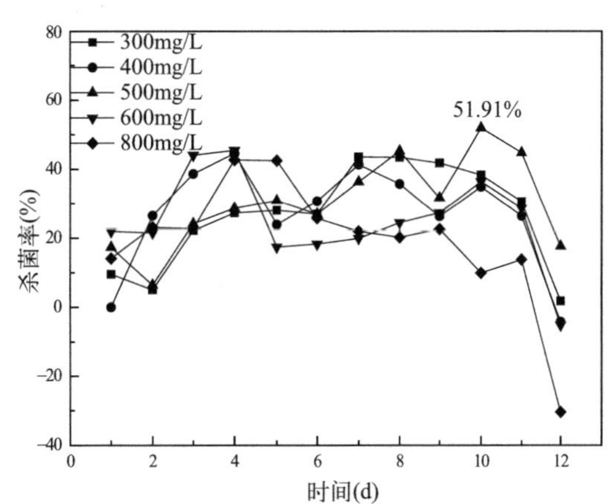

图 6-3 静置培养溴化钾对微生物的杀菌率

由图 6-2 可知，静置培养条件下，钨酸钠投放浓度为 600mg/L 时，杀菌率达到峰值，为 37.78%，而其余浓度 300mg/L、400mg/L、500mg/L、800mg/L，杀菌率峰值均较低。由图 6-3 可知，静置培养条件下，溴化钾投放浓度为 500mg/L 时，杀菌率出现峰值，为 51.91%，而其余投放浓度 300mg/L、400mg/L、600mg/L、800mg/L，杀菌率峰值均低于浓度 500mg/L 时对应值。由图 6-4 可知，静置培养条件下，溴化钠投放浓度为 600mg/L 时，杀菌率达到峰值，为 67.81%，而其余投放浓度 300mg/L、400mg/L、500mg/L、800mg/L，杀菌率峰值均较低。综上所述，静置培养条件下，溴化钠投放浓度为 600mg/L 时的杀菌效果最好。

2. 培养方式

为进一步探明溴化钠杀菌剂的杀菌率峰值，将投放溴化钠后溶液的培养方式改变为振荡培养（振荡培养至 4d 的硫氧化细菌，投放杀菌剂后，继续振荡培养），同时扩大溴化钠浓度梯度范围（400mg/L、600mg/L、800mg/L、1000mg/L、1200mg/L），研究其杀菌效果，结果如图 6-5 所示。

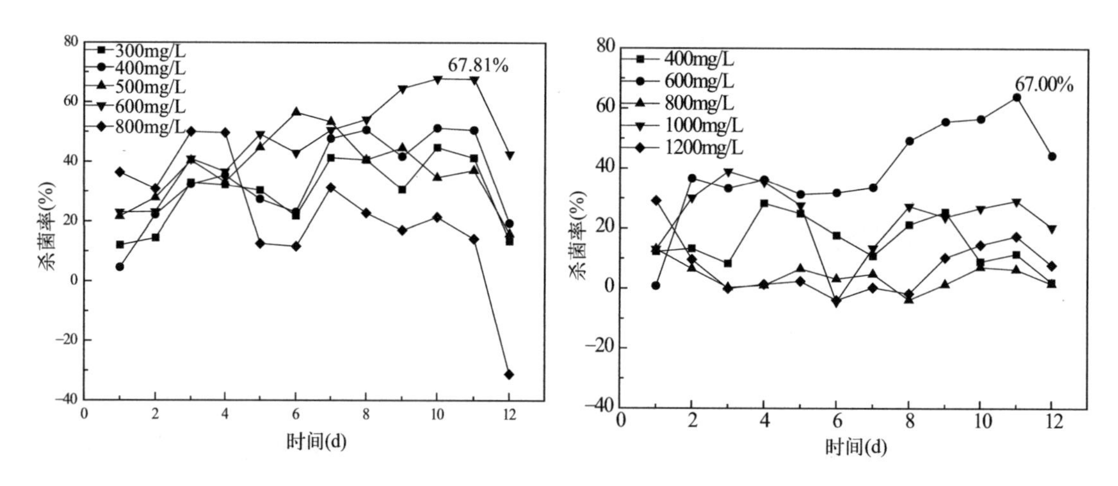

图 6-4 静置培养溴化钠对微生物的杀菌率　　图 6-5 振荡培养溴化钠对微生物的杀菌率

由图 6-5 可知，振荡条件下，投放溴化钠浓度为 600mg/L 时，杀菌率最高为 67.00%，此结果小于静置培养条件下溴化钠杀菌率峰值，即投放溴化钠浓度为 600mg/L 时的杀菌率值 67.81%。这说明培养条件的改变，并未影响杀菌剂的最适杀菌浓度，另一方面也说明杀菌剂浓度的提高对杀菌效果有抑制作用。综上所述，选择静置培养条件下，浓度为 600mg/L 的溴化钠作为后续杀菌效果研究。

6.2.2 杀菌剂对环境介质的影响

1. pH 值

在龄期 240d 内，每隔 1d 测得溶液 pH 值结果如图 6-6 所示。其中图 6-6(a)为未投放杀菌剂的对照组溶液 pH 值演变情况，图 6-6(b)为投放 600mg/L 溴化钠后杀菌组溶液 pH 值演变情况。

由图 6-6(a)可知，对照组溶液 pH 值始终保持在 7.0 左右，投放杀菌剂后的杀菌组溶液，即图 6-6(b)出现了 pH 值低于 7.0 的情况。结合第 3 章中未加硫氧化细菌但添加硫代硫酸钠后的溶液 pH 值比杀菌组溶液更低，可知杀菌组溶液 pH 值介于未添加硫氧化细菌和添加硫氧化细菌溶液 pH 值之间。这说明投放杀菌剂杀菌率未达到 100%，但

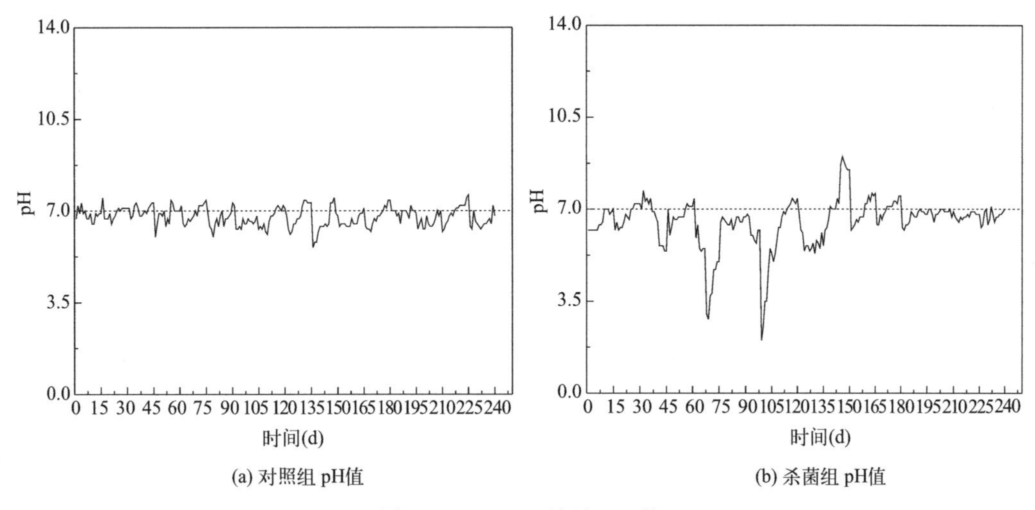

(a) 对照组 pH值　　(b) 杀菌组 pH值

图 6-6　0～240d 溶液 pH 值

也起到了一定的杀菌效果。也就是，杀菌组溶液中硫代硫酸钠一部分反应与未添加硫氧化细菌的反应一致，即硫代硫酸钠发生自身水解生成了 H^+，另一部分发生了与添加硫氧化细菌但未添加杀菌剂对照组溶液一致的反应，即硫代硫酸钠在硫氧化细菌作用下生成了 OH^-。因此杀菌组溶液 pH 值介于未加硫氧化细菌和加硫氧化细菌但未加杀菌剂溶液 pH 值之间。

2. SO_4^{2-} 浓度

试验方案中已提到浸泡混凝土的环境溶液每隔 15d 更换一次，取浸泡过混凝土试样后 0、15d、30d、45d、60d、75d 的溶液，进行 SO_4^{2-} 浓度测试，结果如表 6-2 和图 6-7 所示。由于 SO_4^{2-} 浓度每隔 15d 测试结果相差不大，后期将不再进行测试。

SO_4^{2-} 浓度　　**表 6-2**

时间(d)	硫酸根离子浓度(mg/L)	
	控制组	灭菌组
0	2389.76	11017.98
15	3200.78	11832.52
30	2621.72	16260.60
45	2455.93	5726.10
60	3049.69	11008.23
75	3307.41	12586.37

注：灭菌污水未加 $Na_2S_2O_3$ 时硫酸根离子浓度 459.45mg/L。

由表 6-2 和图 6-7 可知，在对照组和杀菌组中分别投入相同浓度 10g/L 且相同量的硫代硫酸钠时，杀菌组 SO_4^{2-} 浓度高于对照组 SO_4^{2-} 浓度。结合第 3 章中未加硫氧化细菌但添加硫代硫酸钠溶液 SO_4^{2-} 浓度值，发现杀菌组溶液中 SO_4^{2-} 浓度介于未加硫氧化细菌但加硫代硫酸钠组和对照组加硫氧化细菌未加杀菌剂组，说明了投放杀菌剂后杀菌率未达到 100%，但也起到了一定的杀菌效果。因此，杀菌组硫代硫酸钠产生 SO_4^{2-} 包括两个过程，即一部分硫代硫酸钠在硫氧化细菌作用下转化为 SO_4^{2-} 和其他价态硫的反应，另一部分未能被硫氧化细菌转化的硫代硫酸钠，发生自身水解生成了 SO_4^{2-}。

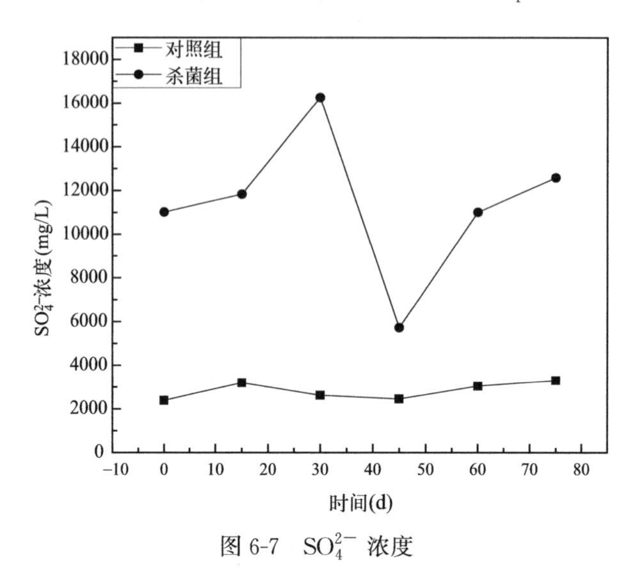

图 6-7 SO_4^{2-} 浓度

3. 溶出物质

对照组和杀菌组溶液表面均有黄色片状物质溶出，对其进行超景深显微镜观察，结果如图 6-8（a）所示，矿物组成结果如图 6-8（b）所示。

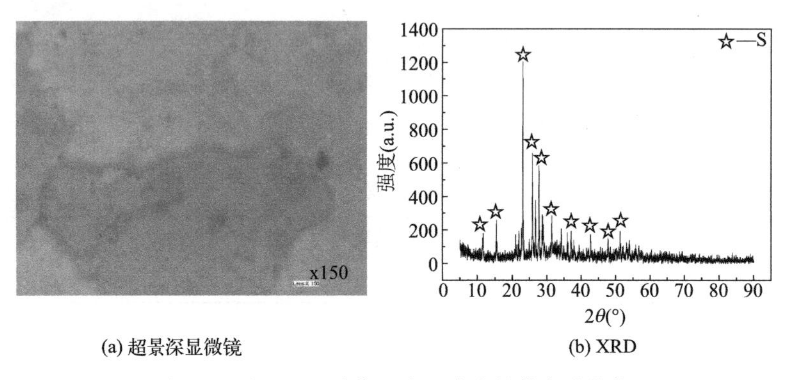

(a) 超景深显微镜　　(b) XRD

图 6-8 对照组和杀菌组液面溶出的黄色片状物

由图 6-8 可知，对照组和杀菌组溶液表面黄色片状物质，为硫单质。再结合溶液 pH 值及 SO_4^{2-} 浓度变化，得出以下结论：对照组溶液中硫代硫酸钠在微生物作用下，发生的反应为：$4S_2O_3^{2-}+2H_2O+O_2 \longrightarrow 2S_4O_6^{2-}+4OH^-$，硫氧化细菌进一步代谢将 $S_4O_6^{2-}$ 中三硫代和二硫代产物转化为 SO_4^{2-}，另一部分 $S_2O_3^{2-}$ 转化为硫单质。杀菌组溶液中硫代硫酸钠除发生与对照组相同的反应外，还发生了硫代硫酸钠自身水解反应，即 $S_2O_3^{2-}+H_2O+2O_2 \longrightarrow 2SO_4^{2-}+2H^+$。上述反应解释了对照组溶液 pH 值呈中性，而杀菌组溶液 pH 值低于 7.0 的原因，也进一步解释了杀菌组溶液中 SO_4^{2-} 浓度高于对照组溶液 SO_4^{2-} 浓度的原因。

此外，对照组和腐蚀组上述反应也表明，杀菌组发生反应需要的氧气含量比对照组少，这也与实际二者溶液中的溶氧量相吻合。对照组溶液在加入硫氧化细菌后消耗大量的氧气，使溶液溶氧较少。而杀菌组溶液经投放杀菌剂后，细菌大量死亡，造成溶液中溶氧比对照组相对充足。

6.2.3 杀菌剂对混凝土耐生物腐蚀的影响

1. 外观和粗糙度

（1）外观

图 6-9 为不同腐蚀龄期半浸环境下试样外观演变情况，每个龄期 3 行分别为：上表面、侧表面、下表面，每行从左到右分别为：对照组未除表面物、对照组去除表面物、杀菌组未除表面物、杀菌组去除表面物的情况下试样表面状态。图 6-10 为不同腐蚀龄期全浸环境下试样外观演变情况。以出现变化标记为例。

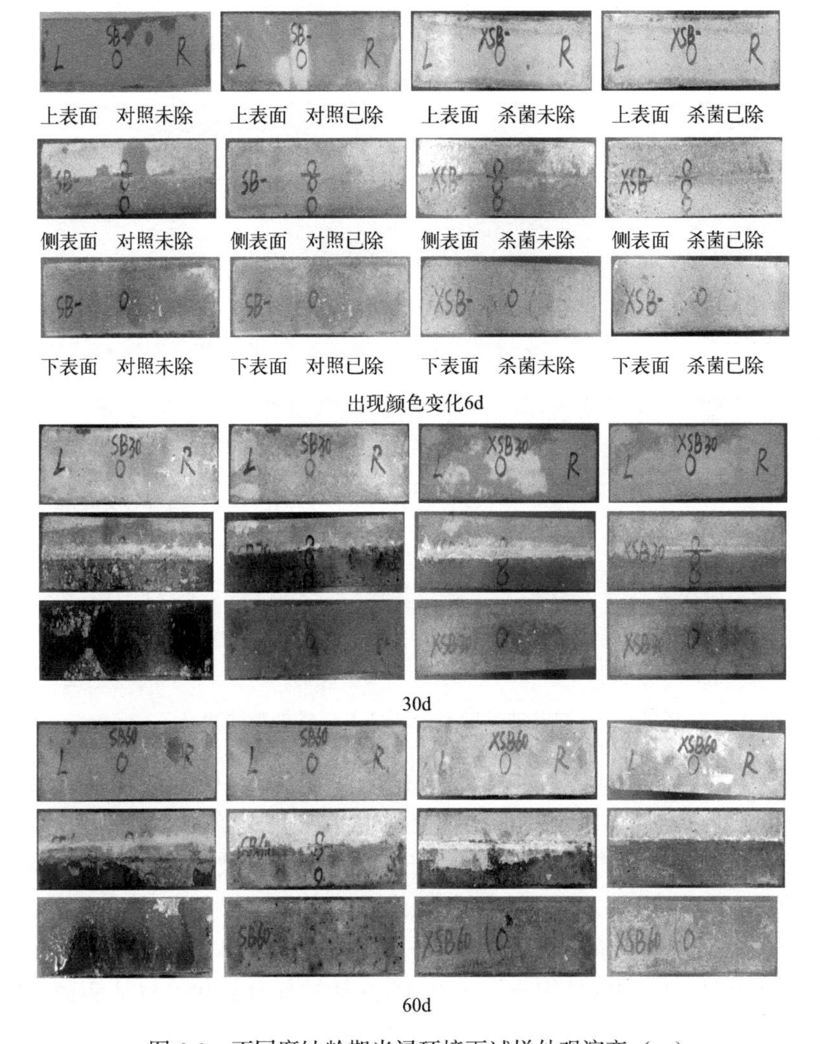

图 6-9 不同腐蚀龄期半浸环境下试样外观演变（一）

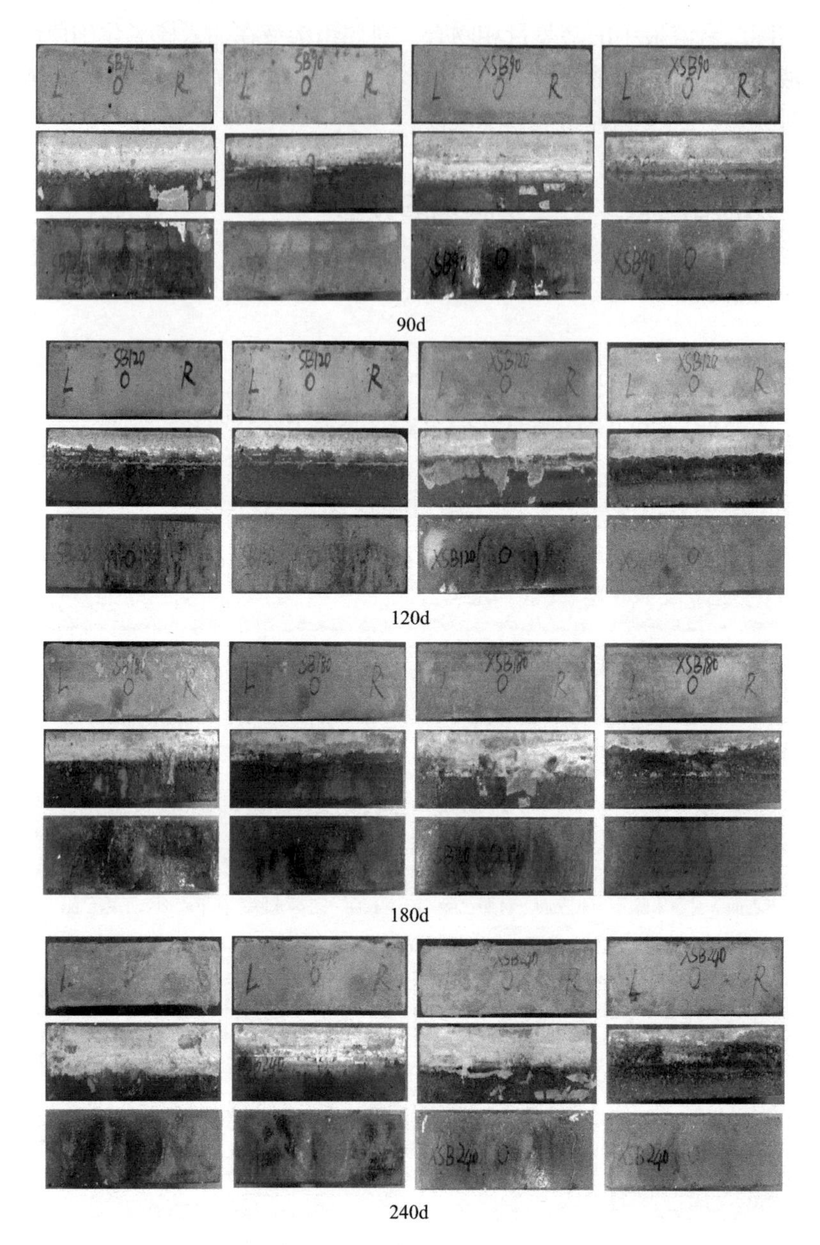

图 6-9 不同腐蚀龄期半浸环境下试样外观演变（二）

观察图 6-9、图 6-10 可知，对照组、杀菌组试样在不同腐蚀龄期时均出现了颜色变化，这是由于试验所用兼性厌氧型微生物进行呼吸作用消耗了溶液中溶解的氧气，导致溶液溶氧不足使成型试样水泥中的微量物质 FeS 和 MnS 不能被氧化，因此出现了墨绿色的颜色变化现象。在腐蚀 6d 后，对照组颜色变化（以全浸试样完全出现颜色变化为准）比杀菌组更加严重，这是由于杀菌组加入杀菌剂后，微生物的大量死亡造成溶液溶氧比对照组相对充足，成型试样中的微量物质 FeS 和 MnS 能被部分氧化，也从侧面说明了投放的杀菌剂起到了一定的杀菌效果。

观察图 6-9 不同龄期半浸试样外观演变情况发现，对照组半浸试样在腐蚀龄期达到

240d 时，侧表面仍未变粗糙，而杀菌组半浸试样在腐蚀龄期为 60d 时侧表面开始变粗糙。出现上述现象的原因是：杀菌组微生物量减少，导致溶液中硫代硫酸钠只有少部分被细菌转化，而大部分进行了自身水解作用，形成了侵蚀性氢离子，造成混凝土结构碱度降低，浆体脱落。另外，当腐蚀龄期为 240d 时，对照组半浸试样和杀菌组半浸试样上表面均出现了白色晶体，其矿物组成分析结果如图 6-11(a)所示，微观结构如图 6-11(b)所示。由

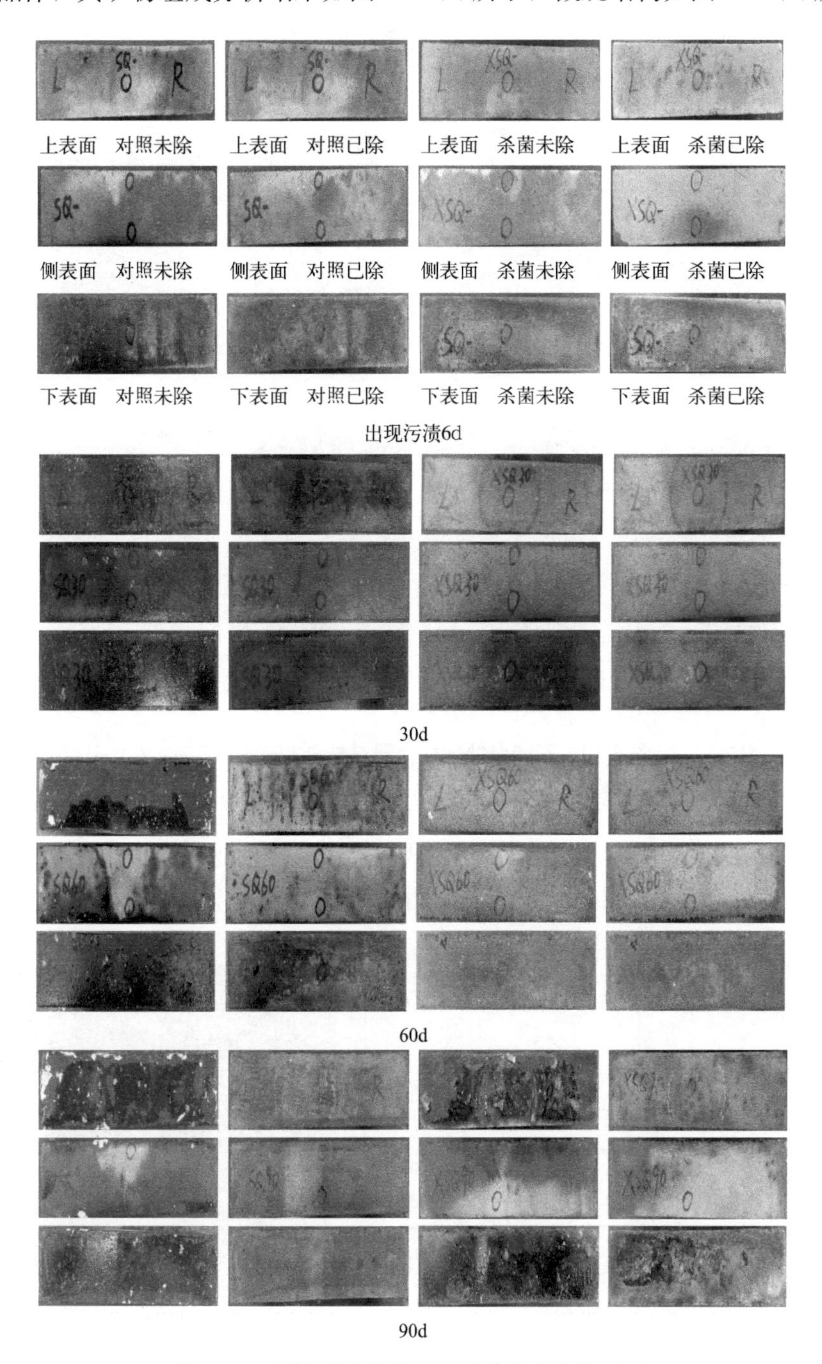

图 6-10 不同腐蚀龄期全浸试样外观变化（一）

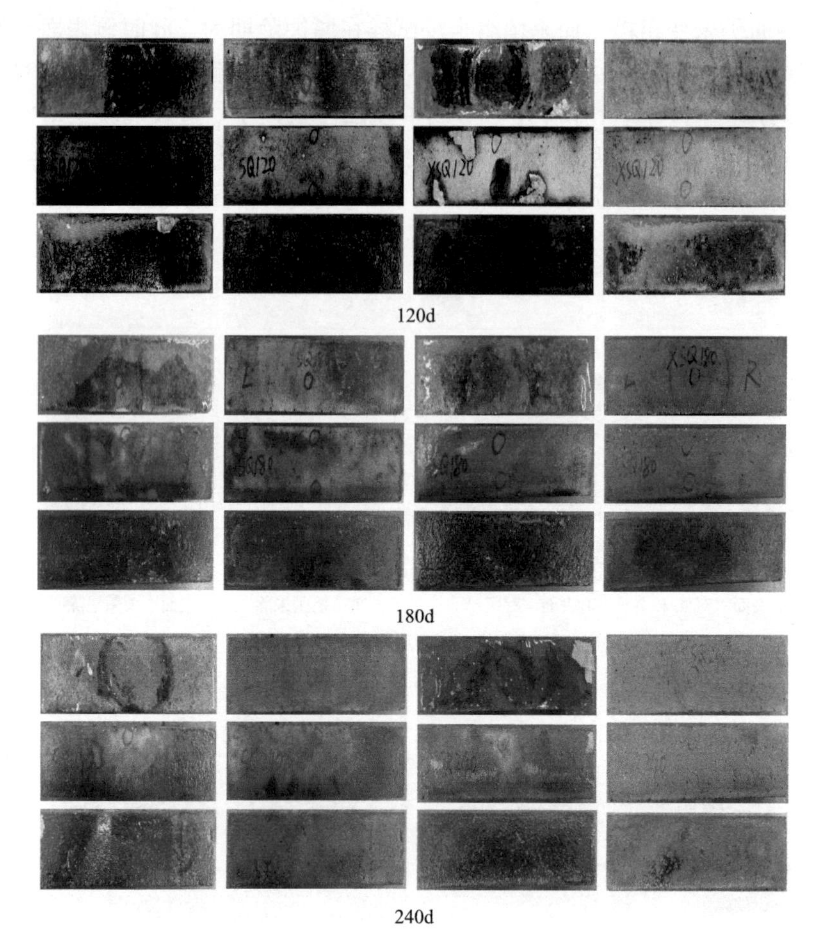

图 6-10　不同腐蚀龄期全浸试样外观变化（二）

图 6-11 可知，未充水的上表面白色晶体为硫酸钠晶体。这是由于溶液中硫代硫酸钠水解生成了硫酸根离子与钠离子，而且半浸泡方式满足了硫酸钠物理盐结晶条件。因此，溶液中硫酸根离子和钠离子进入混凝土内部结晶并析出硫酸钠晶体。

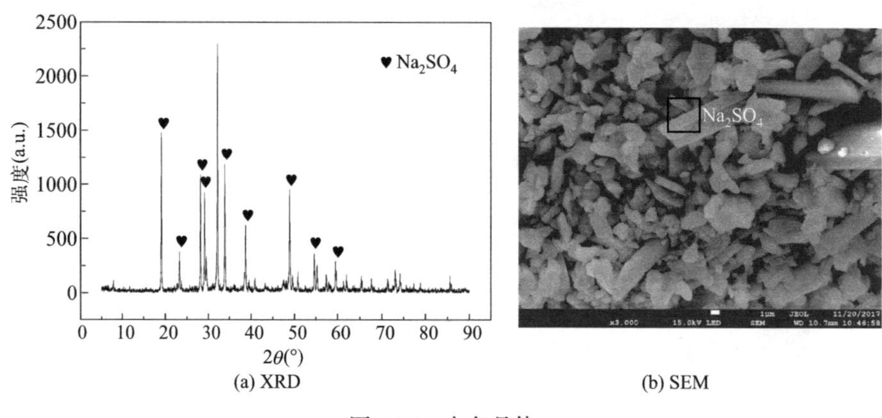

(a) XRD　　(b) SEM

图 6-11　白色晶体

观察图 6-10 不同腐蚀龄期全浸试样外观演变情况发现，60d 时对照组全浸上表面出现了镜面似的成膜状物质，而杀菌组此时无镜面似的成膜状物质。这是由于对照组腐蚀溶液中有大量硫氧化细菌在混凝土表面附着所致，而杀菌组经过杀菌后混凝土表面只有少量微生物附着。对对照组镜面似的成膜状物质进行矿物组成和微观结构分析，结果如图 6-12 所示。由图 6-12 可知，该物质的矿物组成衍射峰较为弥散，微观形貌为微生物细胞形态，因此该物质为硫氧化细菌生成的生物膜。

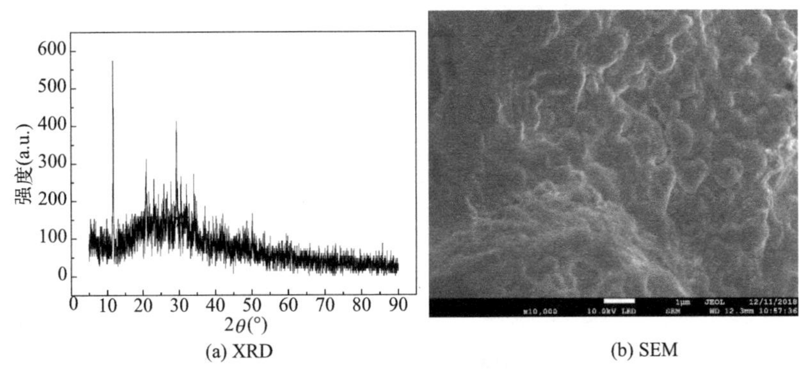

(a) XRD　　(b) SEM

图 6-12　成膜状物质

（2）粗糙度

图 6-13 为试样在不同浸泡状态下不同位置的标记示意图。混凝土腐蚀破坏往往会出现浆体脱落、骨料外露等现象，为了量化这一变化程度，本书借助超景深显微镜的 3D 模块，发明了一种混凝土表面粗糙度计算方法，依据上述计算方法计算得到试样不同位置粗糙度值 Ra，见表 6-3。表 6-3 中包括以下内容：腐蚀前 30 倍超景深图、腐蚀前 3D 图、腐蚀前试样表面粗糙度值（用 B Ra 表示）、腐蚀后 30 倍超景深图、腐蚀后 3D 图、腐蚀后试样表面粗糙度值（用 A Ra 表示）。

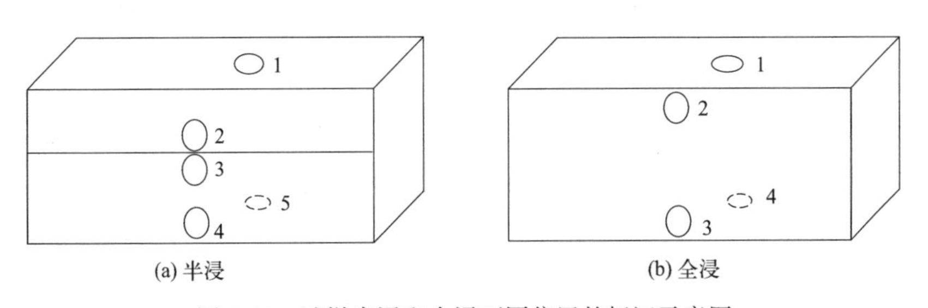

(a) 半浸　　(b) 全浸

图 6-13　试样半浸和全浸不同位置的标记示意图

龄期为 240d 试样粗糙度值　　**表 6-3**

样品位置		腐蚀前 30 倍超景深图	腐蚀前 3D 图	B Ra (μm)	腐蚀后 30 倍超景深图	腐蚀后 3D 图	A Ra (μm)
SB	1			105.6			71.0

续表

样品位置		腐蚀前30倍超景深图	腐蚀前3D图	B Ra(μm)	腐蚀后30倍超景深图	腐蚀后3D图	A Ra(μm)
SB	2	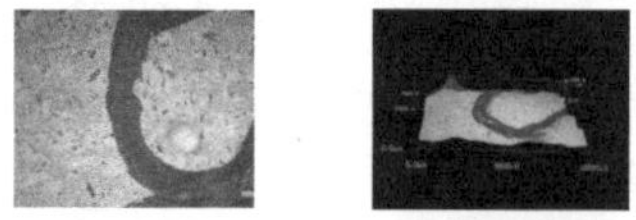		42.7	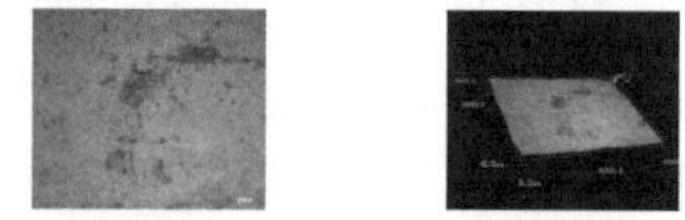		21.1
	3	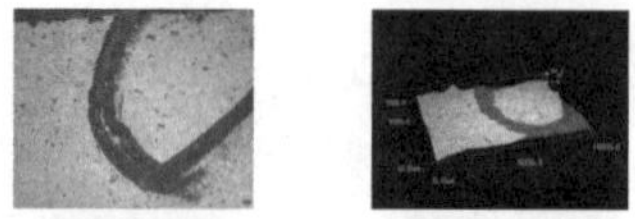		126.8	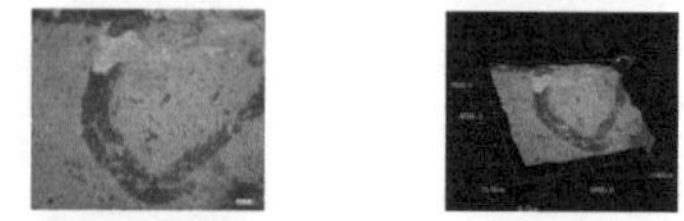		52.4
	4	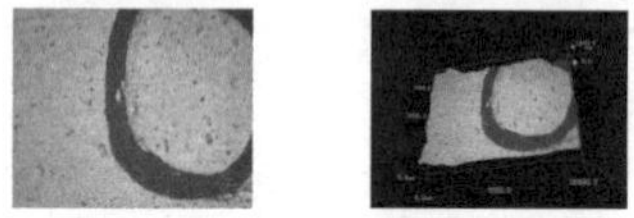		77.8			12.0
	5	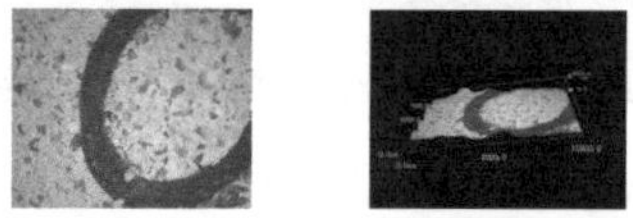		66.2			33.2
XSB	1	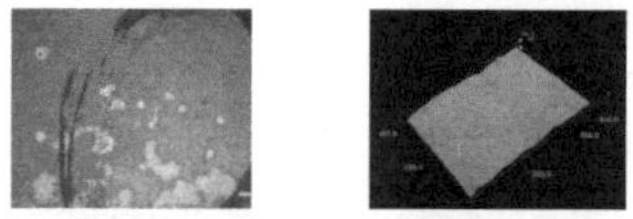		91.5	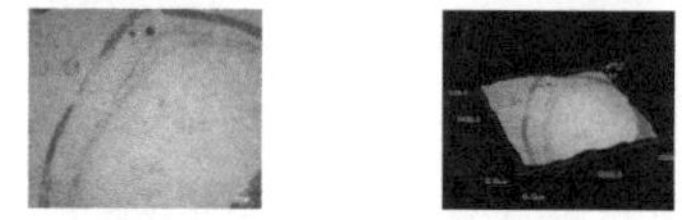		94.5
	2	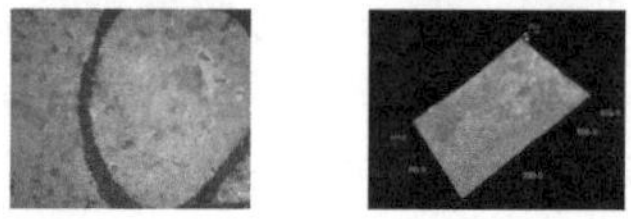		73.0			166.3
	3	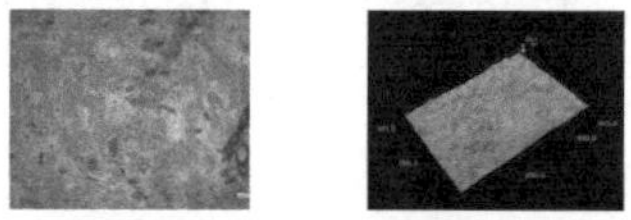		43.0			61.8
	4	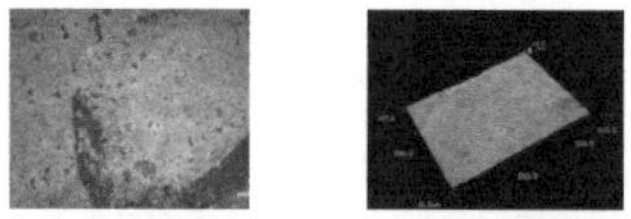		61.2	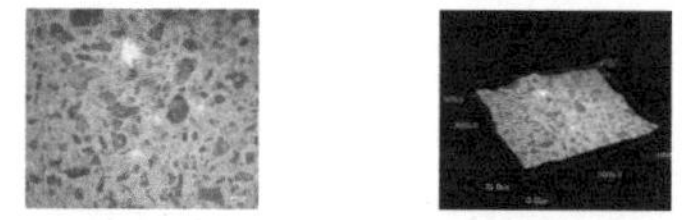		85.9
	5	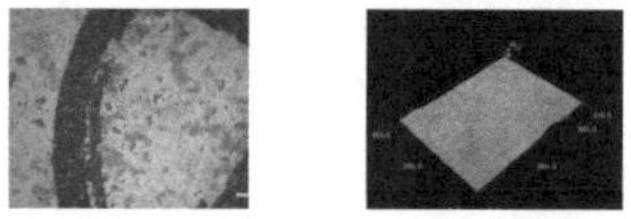		61.7			82.9
SQ	1	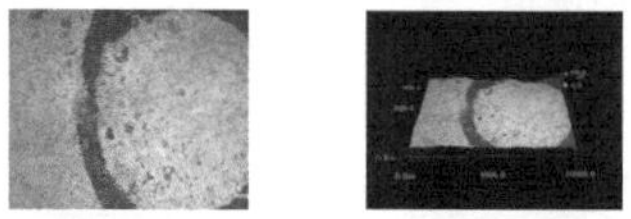		52.5			68.5
	2	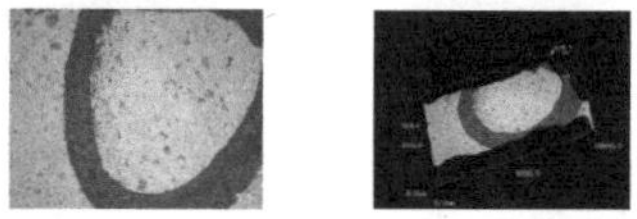		42.6			77.7

续表

样品位置		腐蚀前 30 倍超景深图	腐蚀前 3D 图	B Ra（μm）	腐蚀后 30 倍超景深图	腐蚀后 3D 图	A Ra（μm）
SQ	3			48.4			93.2
	4			30.5			55.2
XSQ	1			24.8			16.5
	2			73.6			27.2
	3			29.7			40.3
	4			54.6			122.0

根据式(6-1)计算各位置处的粗糙度变化率，最后计算整个试样的粗糙度变化率（各位置粗糙度变化率的平均值），龄期为 240d 计算结果见表 6-4。其余龄期（出现颜色变化、30d、60d、90d、120d、180d）粗糙度变化率计算类似于 240d，结果见表 6-4。

从图 6-9、图 6-10 不同腐蚀龄期外观演变中可以看出，试样表面受生物膜附着、盐晶体析出等影响，使混凝土试样表面粗糙度值在龄期 180d 之前的结果较不稳定。当腐蚀龄期到达 240d 时，混凝土试样表面粗糙度变化明显，附着或析出物质对粗糙度影响相对降低，因此对腐蚀龄期 240d 的粗糙度变化率进行分析。观察表 6-4 中腐蚀龄期 240d 粗糙度变化率可知，杀菌组半浸试样比对照组半浸试样粗糙。这是因为杀菌组未被硫氧化细菌转化的硫代硫酸自身发生水解生成了侵蚀性氢离子，使混凝土试样中碱性的水泥水化产物氢氧化钙被破坏，导致浆体物质脱落，砂子等骨料物质外露。杀菌组全浸试样粗糙度低于对照组全浸试样，可能的原因是对照组试样表面形成的生物膜使其表面凹凸不平，且去除时未能完全去除，而杀菌组由于硫氧化细菌数量减少，几乎未能形成生物膜。

粗糙度变化率 **表 6-4**

龄期(d)	粗糙度变化率(%)			
	SB	XSB	SQ	XSQ
出现颜色变化	2.8	−5.6	93.2	−27.2
30	−44.6	−21.3	−31.4	38.2
60	57.5	−26.8	31.6	54.9

续表

龄期(d)	粗糙度变化率(%)			
	SB	XSB	SQ	XSQ
90	14.7	−9.2	13.8	127.0
120	22.0	54.2	−9.7	158.4
180	−10.4	−30.3	−8.6	24.4
240	−55.3	28.8	71.7	15.6

注：表中“−”表示试样腐蚀后变密实。

2. 质量和抗压强度演变

图 6-14、图 6-15 分别为对照组和杀菌组混凝土试样质量损失率及抗压强度演变规律。由图 6-14、图 6-15 可知：(1) 腐蚀龄期 240d 时，杀菌组半浸试样质量比对照组损失了 400%，抗压强度 65.1MPa 比对照组抗压强度 66.5MPa 降低了约 2%。这是因为相比于对照组，杀菌组生成了大量侵蚀性氢离子和硫酸根离子，侵蚀性氢离子使混凝土浆体中的氢氧化钙被中和，混凝土试样表面胶结性的浆体物质减少，大量的硫酸根离子更容易进入混凝土内部，而且半浸方式为硫酸钠发生物理盐结晶转化提供了条件，再加上硫酸根离子浓度大大增加促使物理盐结晶反应向生成硫酸钠水合物——芒硝的方向进行，芒硝膨胀率较大为 311%，导致杀菌组试样质量损失，抗压强度降低。(2) 腐蚀龄期为 240d 时，杀菌组全浸试样质量比对照组损失了 150%，抗压强度 68.8MPa 比对照组全浸试样抗压强度 73.8MPa 降低了约 7%。这是因为相比于对照组，杀菌组生成了大量的侵蚀性氢离子和硫酸根离子，侵蚀性氢离子使混凝土结构中浆体遭受破坏，大量硫酸根离子渗入混凝土内部。当硫酸根离子渗入全浸混凝土内部时，混凝土试样不存在未充水部分，没有发生物理盐结晶反应的条件，而是与混凝土内部的氢氧化钙反应生成了钙矾石、石膏，即发生了化学反应。钙矾石、石膏造成混凝土试样膨胀破坏，导致杀菌组全浸试样质量损失严重，抗压强度降低。

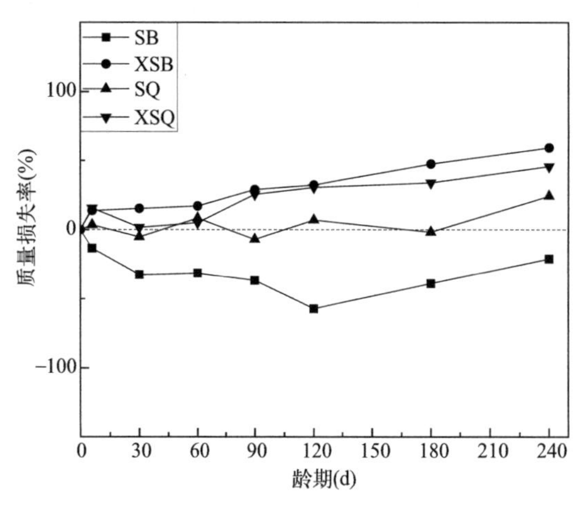

图 6-14　质量损失率

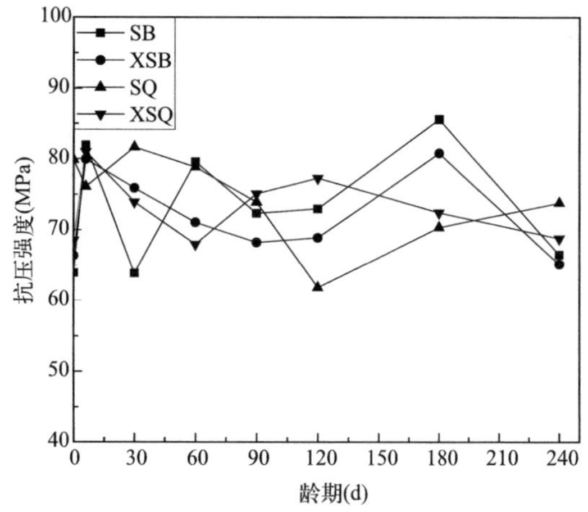

图 6-15　抗压强度

3. 矿物组成

为进一步探明杀菌剂耐生物腐蚀防治的机理，对腐蚀龄期240d时距表面0～5mm深度试样进行XRD分析，结果如图6-16所示。

由图6-16可知，随着腐蚀龄期的增加，（1）对照组和杀菌组半浸试样中钙矾石、石膏衍射峰较低，而硫酸钠和芒硝衍射峰较尖锐。而且杀菌组试样中硫酸钠、芒硝的衍射峰明显比对照组更加尖锐。这是由于杀菌组半浸溶液生成了大量的硫酸根离子，再加上气液交界面为物理盐结晶转化提供了干湿循环条件，导致溶液中大部分的硫酸根离子与钠离子结合形成硫酸钠晶体，硫酸钠大量积累促使反应向生成其水合物芒硝的方向发展，因此杀菌组半浸试样中硫酸钠和芒硝含量较多。（2）对照组和杀菌组全浸试样中硫酸钠和芒硝衍射峰不明显，而钙矾石、石膏衍射峰较尖锐。而且杀菌组试样中钙矾石、石膏衍射峰明显比对照组更加尖锐。这是由于杀菌组试样在溴化钠加入后，微生物含量大大降低，溶液中部分硫代硫酸钠不能被微生物转化，而是发生自身水解生成了大量硫酸根离子，硫酸根离子进入混凝土后在不存在气液交界面的干湿循环条件下，与水泥石中的氢氧化钙发生了化学反应，生成钙矾石和石膏。

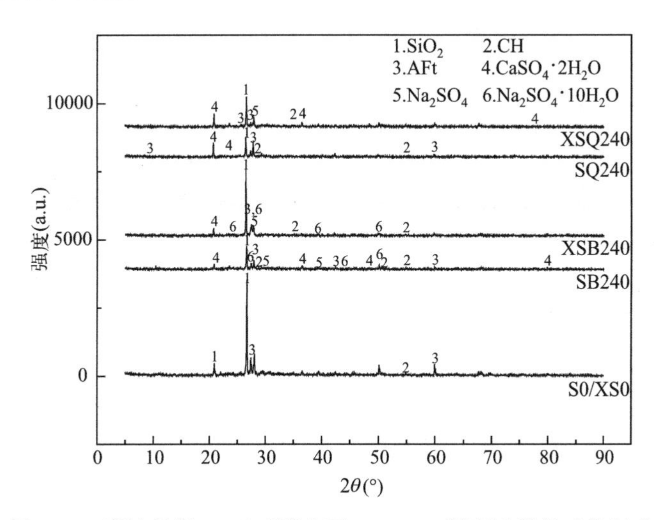

图6-16 腐蚀龄期240d时距表面0～5mm深度试样的矿物组成

4. 微观结构

对SB240、XSB240、SQ240、XSQ240试样取样，借助扫描电子显微镜观察，结果如图6-17所示。

由图6-17（a）和图6-17（b）可知，对照组半浸和杀菌组半浸试样均有少量钙矾石出现，而且也出现了硫酸钠晶体和芒硝晶体。杀菌组半浸试样中形成了须状芒硝晶体，而对照组半浸试样出现了絮状芒硝，说明杀菌组半浸试样中芒硝晶体晶型更加完全。这是由于杀菌组和对照组在半浸泡条件下均发生了物理盐结晶占主导的反应，与对照组相比，杀菌组中硫代硫酸钠发生水解生成了大量硫酸根离子，其与溶液中钠离子结合生成了大量硫酸钠晶体，促使物理盐结晶反应向生成芒硝的方向进行，因此杀菌组试样中芒硝晶体晶型比对照组更加完全。

由图6-17（c）和图6-17（d）可知，对照组全浸和杀菌组全浸试样均无硫酸钠和芒硝出现，而是对照组出现了钙矾石、氢氧化钙，杀菌组出现了板块状石膏。这是由于对照组全浸试样中硫代硫酸钠在硫氧化细菌作用下，一部分硫转化为硫酸根离子，一部分硫转化为硫单质，少量的硫酸根离子进入混凝土试样内部与氢氧化钙反应，试样内部大量的氢氧

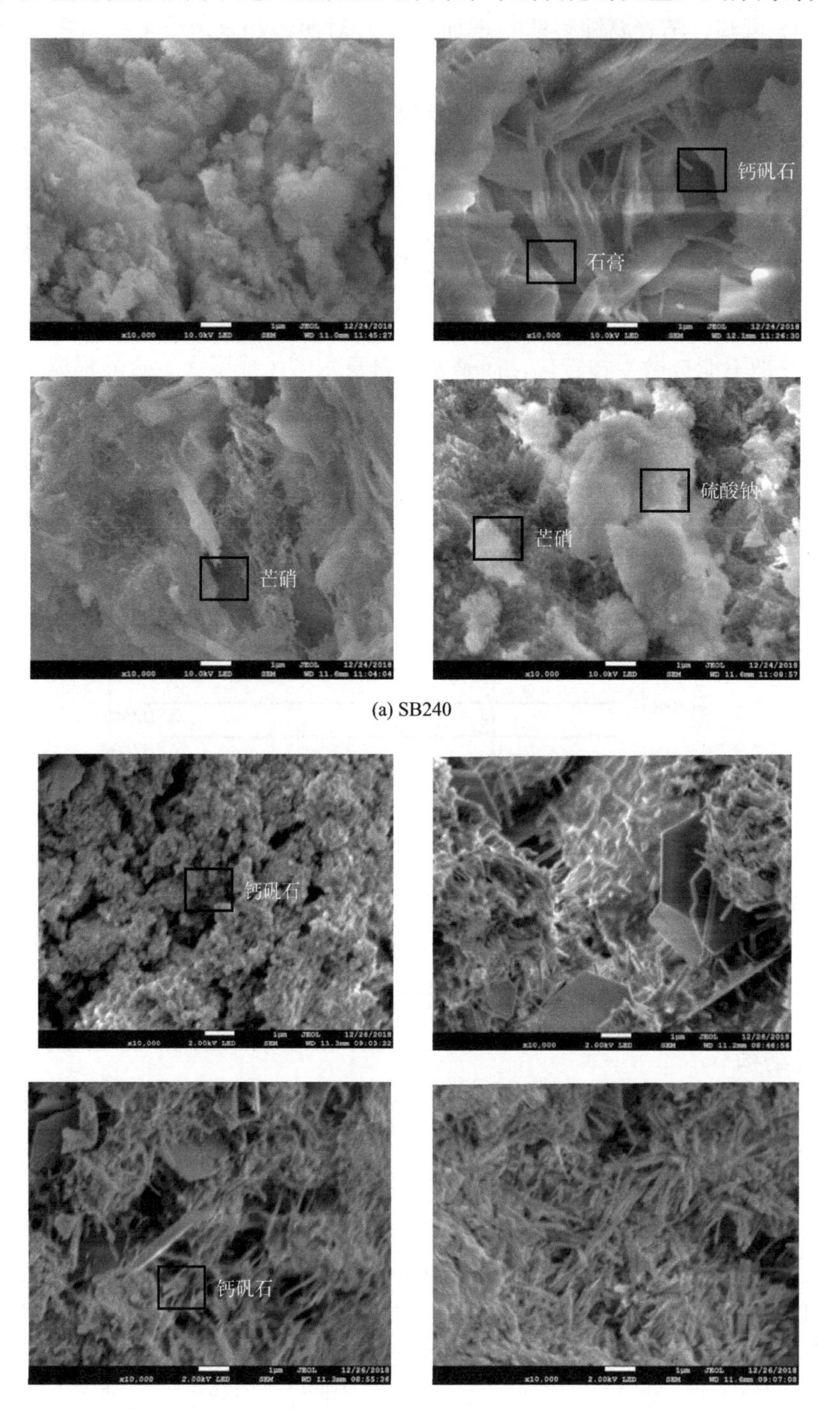

图 6-17　试样 SEM 结果（一）

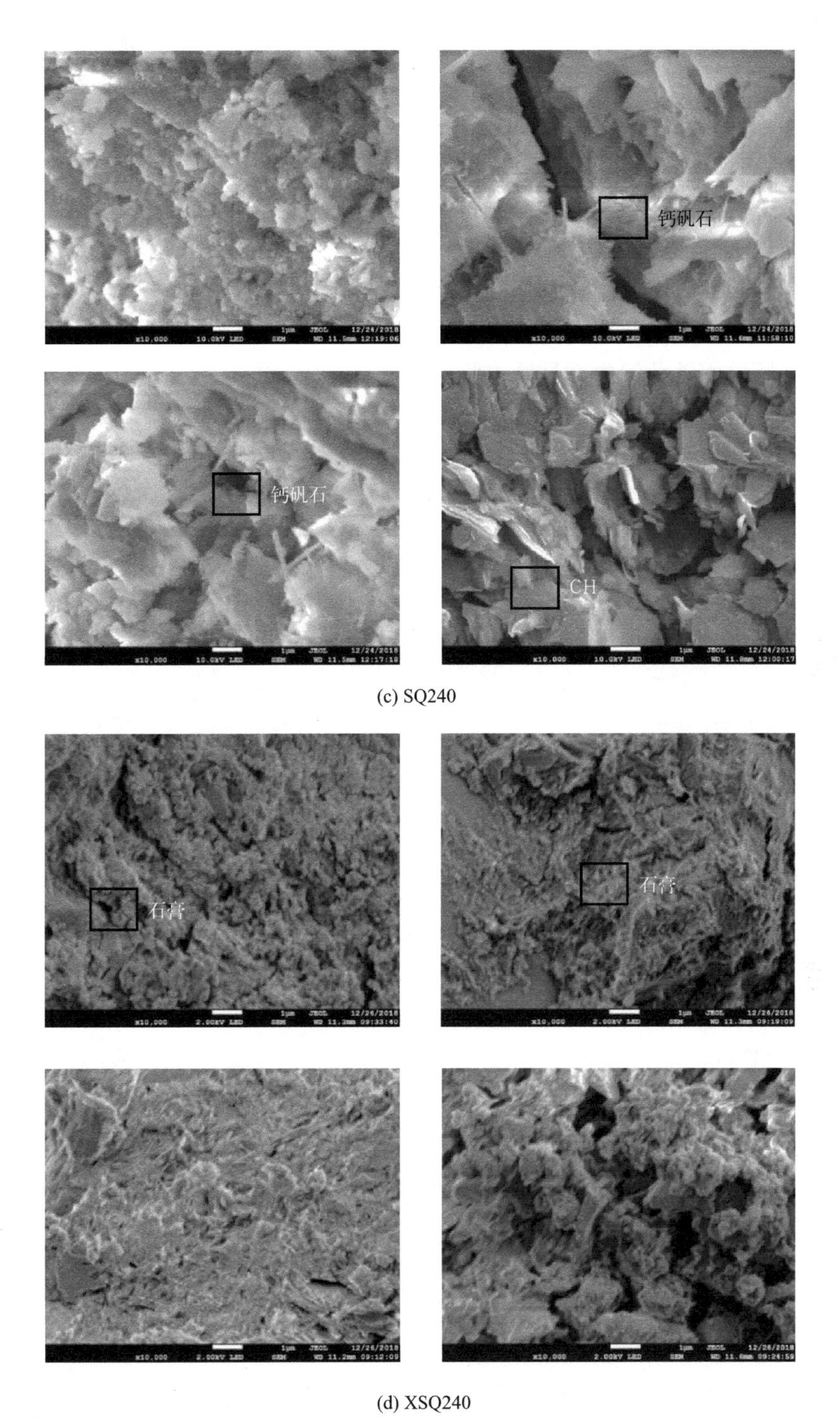

(c) SQ240

(d) XSQ240

图 6-17 试样 SEM 结果（二）

化钙仍然稳定存在。另外对照组全浸试样上表面形成的生物膜阻碍了硫酸根离子的进入，这也是形成钙矾石含量较少的原因。杀菌组全浸试样由于溴化钠杀菌剂的杀菌作用，溶液中硫代硫酸钠水解产生大量硫酸根离子，再加上水解产生氢离子对混凝土的侵蚀作用，使硫酸根离子进入混凝土更加容易。大量硫酸根离子进入混凝土后，与水泥石中的氢氧化钙发生反应，首先生成钙矾石，随着硫酸根离子的增多，进一步反应生成石膏，因此出现图 6-17 中杀菌组全浸试样出现大量石膏的现象。

5. 腐蚀速率

由 XRD 定性分析结果表明：混凝土内部新生成的产物有钙矾石、石膏、芒硝、硫酸钠，对腐蚀龄期为 240d 的试样不同深度 0～5mm、5～10mm、10～15mm 进行定量分析，结果如表 6-5 所示。结合微观结构分析，可知腐蚀龄期为 240d 时，半浸试样：对照组内部晶体主要是硫酸钠晶体，而杀菌组内部晶体主要是芒硝晶体。全浸试样：对照组内部晶体主要是钙矾石，而杀菌组内部晶体主要是石膏。

腐蚀龄期 240d 时试样不同深度 XRD 定量分析结果 表 6-5

样品		位置深度(mm)	钙矾石 AFt	石膏 $CaSO_4 \cdot 2H_2O$	芒硝 $Na_2SO_4 \cdot 10H_2O$	硫酸钠 Na_2SO_4	拟合度 R(%)
SB0		0～5	86.9	2.9	4.2	6.0	9.96
		5～10	70.9	11.6	9.1	8.4	12.76
		10～15	72.5	12.1	5.9	9.5	10.44
SB240	1	0～5	63.8	15.7	13.1	7.4	13.66
		5～10	92.8	2.2	1.1	3.9	13.31
		10～15	88.2	2.1	1.9	7.8	15.80
	2	0～5	95.9	1.5	0.8	1.8	12.53
		5～10	94.8	2.0	2.9	0.3	11.34
		10～15	53.5	6.7	3.8	36.0	13.09
	3	0～5	94.0	0.1	2.5	3.4	11.71
		5～10	89.9	0.0	0.3	9.8	17.58
		10～15	91.4	0.0	0.4	8.2	15.22
	4	0～5	89.2	0.0	0.7	10.1	14.35
		5～10	85.5	10.6	2.6	1.3	11.95
		10～15	83.7	2.0	8.7	5.6	10.78
	5	0～5	64.9	0.1	3.0	32.0	12.78
		5～10	78.9	0.1	11.5	9.5	13.94
		10～15	92.9	0.0	0.2	6.9	12.26
XSB240	1	0～5	85.1	4.3	2.3	8.3	12.42
		5～10	97	0	2.8	0.2	11.48
		10～15	81.2	14.9	3.5	0.4	12.42
	2	0～5	80.9	0.9	10.2	8	13.31
		5～10	46.6	0.1	15.1	38.2	10.82
		10～15	65.1	4.1	13.2	17.6	11.35

续表

样品	位置	深度(mm)	钙矾石 AFt	石膏 $CaSO_4 \cdot 2H_2O$	芒硝 $Na_2SO_4 \cdot 10H_2O$	硫酸钠 Na_2SO_4	拟合度 R(%)
XSB240	3	0～5	81.6	14.5	3.6	0.3	10.14
		5～10	97	0	1.3	1.7	14.44
		10～15	73.5	10.9	4.2	11.4	17.29
	4	0～5	86.2	4.1	4.8	4.9	10.76
		5～10	89.7	1.2	1.5	7.6	12.52
		10～15	83	5.7	3.2	8.1	13.33
	5	0～5	86.3	0.1	8.2	5.4	11.21
		5～10	86.1	1.4	5.6	6.9	9.27
		10～15	38.9	4.2	0.5	56.4	14.31
SQ240	1	0～5	77	8.4	6.1	8.5	12.21
		5～10	80.1	10.4	8.5	1	16.39
		10～15	85.4	0.1	3	11.5	11.66
	2	0～5	81.6	0.1	7.3	11	9.91
		5～10	84.4	0.1	2.5	13	10.76
		10～15	90	3.3	5.3	1.4	11.06
	3	0～5	91.4	4.2	3.9	0.5	13.35
		5～10	86.5	2.6	6	4.9	9.6
		10～15	84.4	0.1	2.5	13	10.76
	4	0～5	94.2	0.1	5.3	0.4	11.08
		5～10	86.6	7.7	4.5	1.2	11.25
		10～15	84.8	3.2	4.6	7.4	11.51
XSQ240	1	0～5	74.5	8.9	6.2	10.4	14.34
		5～10	89.7	0.1	1.9	8.3	15.23
		10～15	81.9	6.3	2.9	8.9	12.58
	2	0～5	92.1	1.1	4.6	2.2	11.97
		5～10	81.5	4.4	6.2	7.9	11.89
		10～15	92.3	0.3	3.7	3.7	11.23
	3	0～5	91.3	0.1	2.4	6.2	12.15
		5～10	84.0	0.1	2.7	13.2	12.90
		10～15	87.0	8.0	2.3	2.7	14.04
	4	0～5	79.0	4.2	7.9	8.9	11.80
		5～10	91.7	3.7	2.5	2.1	15.40
		10～15	81.4	13.2	4.5	0.9	9.69

由表 6-5 可知，其中 SB240 不同位置不同深度芒硝含量如第 4 章表 4-6 所示。XSB240 不同位置不同深度硫酸钠晶体含量如表 6-6 所示。SQ240 不同深度不同位置石膏含量如第

4 章表 4-8 所示。XSQ240 不同位置不同深度钙矾石含量如表 6-6 所示。

XSQ240 钙矾石含量 **表 6-6**

位置深度(mm)	1	2	3	4	5
0～5	2.3	10.2	3.6	4.8	8.2
5～10	2.8	15.1	1.3	1.5	5.6
10～15	3.5	13.2	4.2	3.2	0.5
平均值	2.87	12.83	3.03	3.17	4.77

由表 6-6 可知，腐蚀龄期到达 240d 时，杀菌组半浸试样不同位置侵蚀速率为位置 2>5>4>3>1。这是因为杀菌组有大量 SO_4^{2-} 生成，当 SO_4^{2-} 进入半浸泡混凝土后，在未充水部位发生物理盐结晶反应，但是与未添加硫氧化细菌的溶液相比，生成的 SO_4^{2-} 浓度较低，因此从充水位置渗入的 SO_4^{2-} 首先到达位置 2，生成大量芒硝。位置 1 还未出现芒硝晶体，其次被腐蚀的是位置 5，因为生物膜最不易在该位置附着，接着是位置 4，再者是可能有少量生物膜形成的位置 3，最后是 SO_4^{2-} 渗入最远的位置 1。

XSQ240 不同位置不同深度石膏含量如表 6-7 所示。

XSQ240 石膏含量 **表 6-7**

位置深度(mm)	1	2	3	4
0～5	8.9	1.1	0.1	4.2
5～10	0.1	4.4	0.1	3.7
10～15	6.3	0.3	8.0	13.2
平均值	5.10	1.93	2.73	7.03

由表 6-7 可知，腐蚀龄期到达 240d 时，杀菌组全浸试样不同位置侵蚀速率为位置 4>1>3>2。这是因为杀菌组全浸试样下表面位置 4 和上表面的位置 1 比侧表面的位置 2 和位置 3 更容易渗入 SO_4^{2-}。位置 4 腐蚀速率大于位置 1 是因为尽管溶液中加入杀菌剂但并未达到 100%杀菌率，硫氧化细菌在全浸试样上表面位置 1 容易附着，阻碍了 SO_4^{2-} 渗入。同理，生物膜在位置 2 附着比位置 3 更容易。因此腐蚀速率出现上述现象。

通过研究杀菌剂种类和培养方式对杀菌率的影响，确定了主动防治技术是向处于静置环境下的污水中，添加浓度为 600mg/L 的溴化钠，其杀菌率为 67.81%。主动防治效果研究结果表明，加入杀菌剂半浸试样，浸泡 6d 起出现较浅的墨绿色，240d 抗压强度为 65.1MPa，比未加杀菌剂半浸试样抗压强度降低了约 2%，由于加入杀菌剂后，试样表面附着生物膜减少，导致试样腐蚀速率由快到慢依次为气液交界面上方位置、下表面位置、侧表面下方位置、气液交界面下方位置、上表面位置。加入杀菌剂 240d 后全浸试样，浸泡 6d 起出现较浅的墨绿色，240d 抗压强度为 68.8MPa，比未加杀菌剂全浸试样抗压强度降低了约 7%，试样腐蚀速率由快到慢依次为下表面位置、上表面位置、侧表面下方位置、侧表面上方位置。此外，还发现半浸试样腐蚀更严重，半浸试样抗压强度比全浸试样降低了约 5%。这是由于加入杀菌剂后，溶液中硫代硫酸钠的反应过程不仅包含未加硫氧化细菌环境下的反应过程，而且还包含加入硫氧化细菌环境下的反应过程。因此，混凝土的腐蚀破坏程度介于上述两者环境对混凝土的腐蚀破坏程度。

6.3 基于渗透型有机硅的混凝土微生物腐蚀防治技术

初期，人们认为污水管道混凝土的腐蚀是由浑浊的污水里面的有害化学物质所致，后来部分学者对污水中的化学物质进行检测发现，其浓度不至于腐蚀混凝土。相同试验条件下发现：微生物腐蚀远比一般化学硫酸严重，化学腐蚀深度为0.4mm，而生物腐蚀为0.8mm。混凝土微生物腐蚀往往造成混凝土结构表面砂浆脱落，骨料外露，甚至导致结构开裂和钢筋锈蚀，使混凝土结构服役寿命大大缩短，进而造成了巨大经济损失。例如，洛杉矶约10%的污水管道有明显的腐蚀现象，经粗略估计，修复这些管道要花费4亿欧元。德国每年用于修复被完全破坏的污水系统的资金约为1000亿欧元。弗兰德斯（比利时）每年因污水管道的生物硫酸腐蚀造成的损失约为500万欧元，占污水收集与处理总花费的10%左右。

目前，针对混凝土微生物腐蚀防护研究，主要有在混凝土内部添加杀菌物质、添加矿物掺合料、涂刷涂料。如王萌在城市生活污水对混凝土的腐蚀及防治研究中，研究了混凝土中掺入钨酸钠、溴化钠、十二烷基二甲基苄基氯化铵三种杀菌剂对混凝土防治效果影响，结果表明掺入十二烷基二甲基苄基氯化铵效果并不理想，掺入钨酸钠效果不如掺入溴化钠。另外，向混凝土内部添加矿物掺合料的大量研究是用于增加混凝土耐久性，然而用于防治微生物的研究较少，如天津大学闻宝联对城市污水环境下混凝土的腐蚀及研究，结果表明：在混凝土中掺入粉煤灰和矿粉对微生物腐蚀混凝土有一定防护效果。尽管上述两种方式均起到一定的防护效果，但并不能从根本上解决混凝土遭受微生物腐蚀的问题。因此，有些学者通过在混凝土表面涂刷成膜型涂料来防护混凝土，但随着时间的推移和环境的变化，成膜型涂料往往出现老化现象。还有学者在混凝土表面涂刷渗透型涂料，改变混凝土的表面及孔道的表面能，从而减少外界离子与混凝土的接触机会。但对于渗透型有机硅研究均侧重于涂刷后混凝土结构耐久性，对其用于腐蚀环境中研究甚少。为此，本节拟采用一种渗透型有机硅涂刷混凝土以阻碍混凝土的微生物腐蚀，通过对溶液pH值、SO_4^{2-}浓度、溶出物质及试样外观、粗糙度、质量、抗压强度、矿物组成、微观结构和腐蚀速率研究其防护效果，以期为污水管道混凝土结构提供一种被动型防治技术。

6.3.1 渗透型有机硅涂敷工艺对混凝土性能的影响

1. 接触角

对不同涂敷方式下试样表面进行接触角测试，测试结果如图6-18所示。从图6-18中可以看出，涂1遍方式下，随着涂敷量的增加，试件表面接触角降低，且均大于90°，最大为130.73°，最小为120.26°，表现为疏水憎水性。涂2遍方式下，随着涂敷量的增加，接触角上升趋势较缓。另外，涂2遍方式下的试件表面接触角均小于涂1遍方式下的试件表面接触角，涂2遍方式下试件表面的最大接触角也比涂1遍方式下试件表面的最小接触角小。

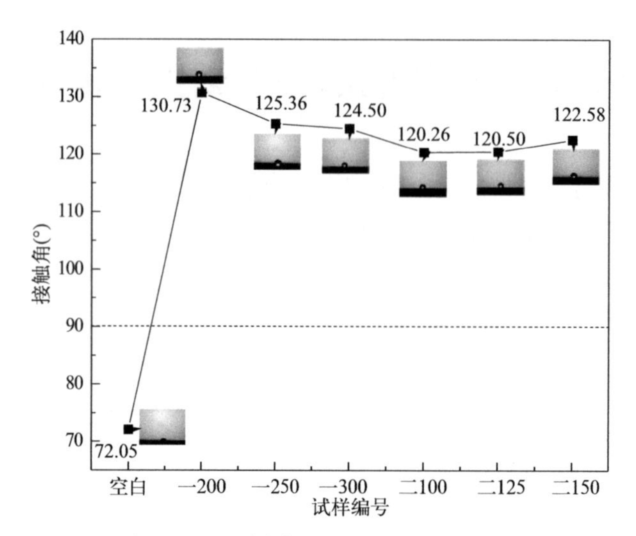

图 6-18　不同涂敷方式下试样的接触角

出现上述现象的原因可能是：涂 1 遍方式下，有机硅能够与砂浆表面充分结合；涂 2 遍方式下，尽管少量的有机硅能够与砂浆表面充分结合，但是第 1 次涂刷并未达到最佳用量，当间隔 6h 进行第 2 次涂刷时，第 1 次涂刷形成的有机硅树脂使砂浆表面能降低，从而使后续涂刷的有机硅无法再渗入砂浆表面，进而导致其涂刷效果不佳。此外，第 2 次涂刷还可能会破坏第 1 次涂刷的有机硅树脂，降低其防护效果。

2. 渗透深度

不同涂敷方式下试样的渗透深度如图 6-19 所示。由图 6-19 中可以看出，涂 1 遍方式下，随着涂敷量的增加，渗透深度呈先升高后降低的趋势；涂 2 遍方式下，渗透深度相差不大；涂敷有机硅后，试件的最低渗透深度为 1.41mm（高于 0mm）。另外还可发现：涂 1 遍方式下的渗透深度均大于涂 2 遍方式下的渗透深度，如涂 1 遍方式下的渗透深度最低为 2.88mm，而涂 2 遍方式下的渗透深度最大仅为 2.25mm。

出现上述现象的原因可能是：涂 1 遍方式下，有机硅渗入试样孔道并结合形成具有防水性的有机硅树脂，当涂敷量小于最佳量（$250g/m^2$）时，有机硅能够充分与混凝土结合；当涂敷量大于最佳量（$250g/m^2$）时，过量的液态有机硅会流失未能达到最佳用量。涂 2 遍方式下，第 1 次涂刷均未能达到有机硅最佳用量，间隔 6h 进行第 2 次涂刷时，已经形成的具有防水效果的有机硅树脂阻碍了其渗入，或者第 2 次涂刷破坏了第 1 次涂刷形成的有机硅树脂。

由此可知，只有涂 1 遍且涂敷量为 $250g/m^2$ 的有机硅涂敷方式才能满足规范《公路工程混凝土结构耐久性设计规范》JTG/T 3310—2019 的验收要求：C45 以下混凝土的渗透深度为 3～4mm。

3. 吸水率

不同涂敷方式下试样吸水高度及吸水率见图 6-20 和图 6-21。从图 6-20 和图 6-21 可以看出，涂 1 遍方式下，随着涂覆量的增加，吸水率呈现出先降低后升高现象；涂 2 遍方式下，吸水率随着涂覆量的增加而上升。未涂有机硅的空白组试样的吸水率为 0.01544mm/

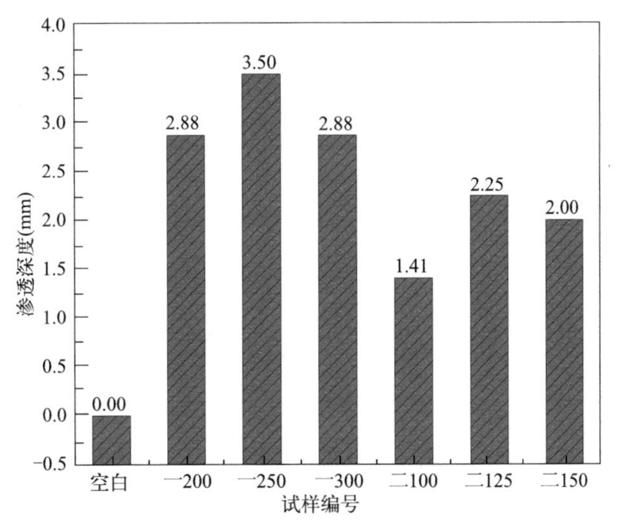

图 6-19 不同涂敷方式下试样的渗透深度

$min^{1/2}$，涂有机硅后试样的吸水率最低为 0.00092mm/$min^{1/2}$。此外，涂 1 遍有机硅的试样吸水率几乎均低于涂 2 遍试样，其中涂 1 遍有机硅的最大吸水率为 0.00269mm/$min^{1/2}$，涂 2 遍有机硅的最小吸水率为 0.00264mm/$min^{1/2}$。

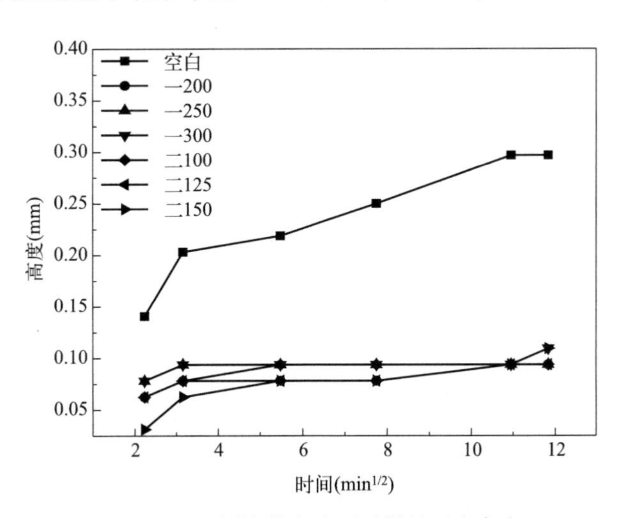

图 6-20 不同涂敷方式下试样的吸水高度

出现上述现象可能的原因是：涂 1 遍时，随着涂敷量的增加，与试样表面及孔隙结合的有机硅增加，导致试样吸水率降低。但是当涂敷量超过 250g/m^2 后，渗入试样的有机硅部分流失，导致吸水率反而升高；涂 2 遍时，第 1 次涂刷均未达到涂刷的最佳用量，涂敷的有机硅能够与试样充分结合，而间隔 6h 涂刷第 2 遍时，可能会破坏已经涂刷的有机硅，第 2 遍涂刷量越多，对第 1 遍涂刷破坏程度越大，因此涂 2 遍的情况下，随着涂敷量的增加，吸水率呈现升高趋势。

而《水运工程结构防腐蚀施工规范》JTS/T 209—2020 要求的试样吸水率值不应大于 0.01mm/$min^{1/2}$。本试验结果表明涂有机硅后试样吸水率均满足规范要求，而涂 1 遍

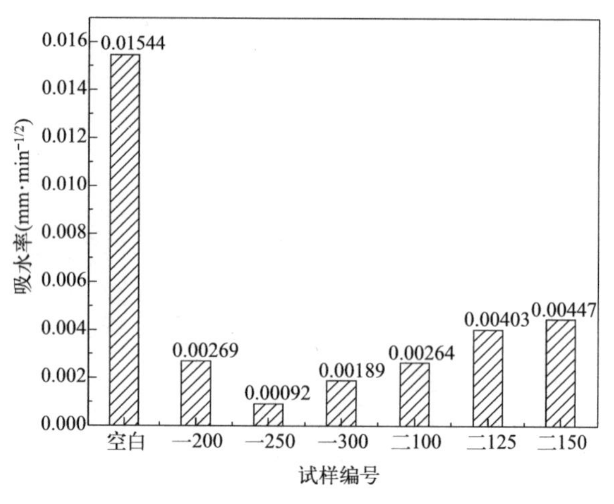

图 6-21　不同涂敷方式下试样的吸水率

250g/m^2 试样吸水率最低。因此，涂 1 遍 250g/m^2 这种涂敷方式最优，防水憎水效果最好。

综合吸水率、渗透深度和接触角指标，选择最优的有机硅涂敷方式为 1 遍且有机硅涂敷量为 250g/m^2。

4. 红外光谱

不同涂敷方式下试样的红外光谱图如图 6-22 所示。观察图 6-22 发现，涂有机硅后，涂 1 遍有机硅与涂 2 遍有机硅的试样出现特征频率的位置是一致的，因此选择防水效果最优的涂敷方式“一 250”与空白试样进行对比分析，结果如图 6-23 所示。由图 6-22、图 6-23 可知，空白组试样由于试样表面呈碱性，因而在 3552cm^{-1}、3484cm^{-1}、3414cm^{-1}、3129cm^{-1} 附近出现游离的—OH 吸收峰。在 1637cm^{-1}、1617cm^{-1} 附近的吸收峰由 $CaSO_4$ 引起，1132cm^{-1}、1016cm^{-1}、612cm^{-1}、468cm^{-1} 附近的吸收峰由 C-S-H 中的 Si-O 弯曲振动引起，这是因为试样中存在大量的二氧化硅。另外，试件“一 250”在与空白试件相近的特征频率处，如 3551cm^{-1}、3485cm^{-1}、3413cm^{-1} 附近也出现了 $Ca(OH)_2$ 中—OH 伸缩振动引起的吸收峰，然而 3129cm^{-1} 附近的吸收峰消失，在 3232cm^{-1} 附近出现了新的吸收峰，这是由砂浆表面的—OH 与有机硅反应后出现的分子间氢键引起的；2360cm^{-1}、2341cm^{-1} 附近的吸收峰由 CO_2 引起，在 1638cm^{-1}、1617cm^{-1} 附近的吸收峰也是由 $CaSO_4$ 引起的，1401cm^{-1} 附近的吸收峰由有机硅中的亚甲基与氧原子连接引起，1037cm^{-1} 附近的吸收峰由有机硅中羟基与砂浆表面—OH 发生缩合作用后产生的疏水硅氧树脂分子中 Si—O 伸缩振动引起。陈自娇用红外光谱对聚甲基硅氧烷树脂进行分析发现，1124cm^{-1} 与 1037cm^{-1} 为有机硅树脂中 Si—O—Si 键反对称伸缩振动引起的特征频率，该结果也与常明等、戴飞亮有关有机硅树脂的特征吸收峰在 1100～1000cm^{-1} 范围内的研究结论相符；778cm^{-1} 附近的吸收峰是$\text{+}CH_2\text{+}_n$面内振动引起的，589cm^{-1}、468cm^{-1} 附近的吸收峰由 SiO_2 的 Si—O 振动引起；3443cm^{-1} 附近的吸收峰由有机硅与水作用之后生成的—OH 引起。综上可知，1037cm^{-1} 为该有机硅的特征吸收峰，同时也表明有机硅中羟基与砂浆表面—OH 发生缩合作用后产生了疏水硅氧树

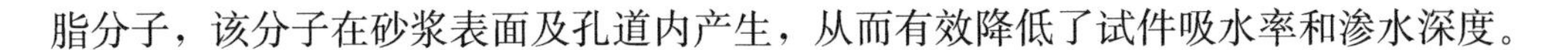

脂分子，该分子在砂浆表面及孔道内产生，从而有效降低了试件吸水率和渗水深度。

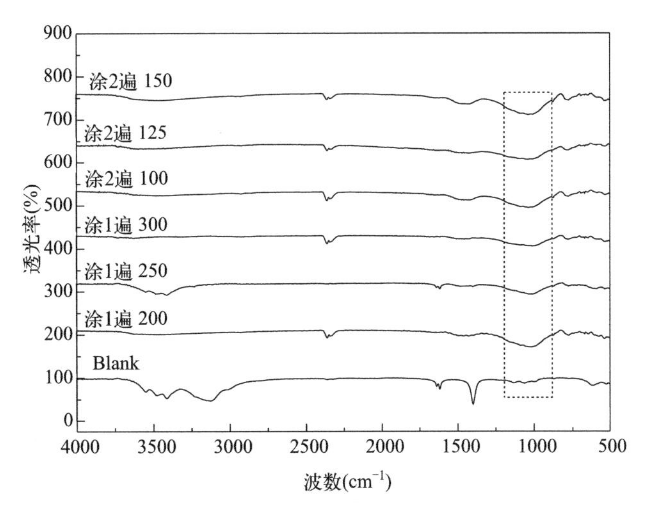

图 6-22　不同涂敷方式下试样的红外光谱

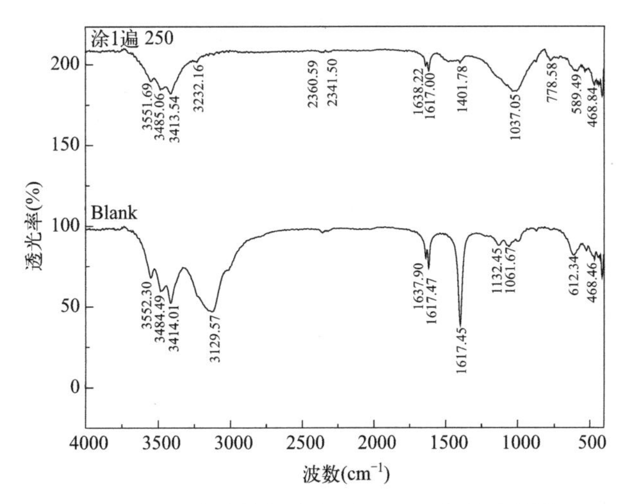

图 6-23　空白试件与试件“一 250”红外光谱图

5. 矿物组成

不同涂敷方式下试样的矿物组成如图 6-24 所示。由图 6-24 可知，与空白组试样对比，涂 1 遍有机硅与涂 2 遍有机硅的试样衍射峰几乎没有发生变化，试样中均出现二氧化硅（SiO_2）、未水化的水泥颗粒（C_3S）、水化产物（C-S-H、CH、AFt），未水化水泥颗粒及水泥水化产物，说明涂刷遍数和用量不会影响矿物组成，即无论采用涂刷 1 遍还是 2 遍方式，有机硅与试样之间均没有新的晶体形成，该结果与文献中涂敷有机涂料后试样结晶相并未改变结果一致。尽管有机硅作用于试样表面会形成具有防水作用的有机硅树脂，但是有机硅树脂为有机物，结晶度较低，在 XRD 图谱中为较宽的弥散峰而不是较为尖锐的衍射峰，这与文献中描述的在衍射角 22°附近有较宽的弥散峰一致。因此，结合涂有机硅后接触角的改变，参考文献中不同处理方式下陶粒泡沫混凝土的水化产物并未改变，而是改变了试样的物理性能，因此试样表面涂有机硅后，并未出现新的结晶物质，而是改变了试样的物理表面活性。

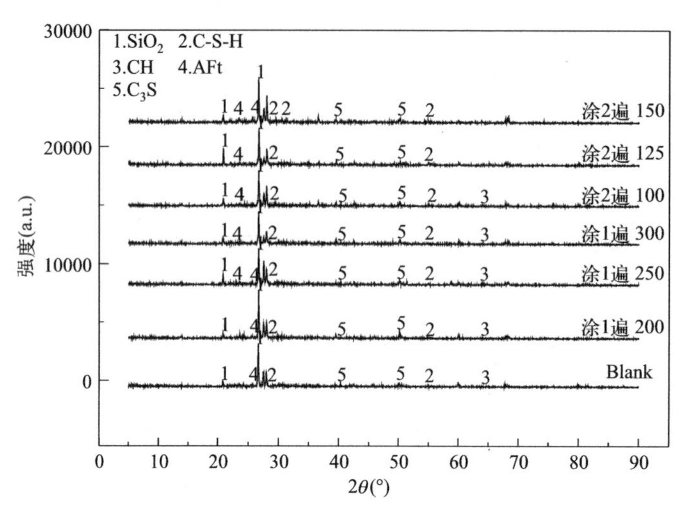

图 6-24 不同涂敷方式下试样的矿物组成

6. 微观结构

吸水率及渗透深度测试结果满足规范要求的均为“一 250”，而且红外光谱分析与XRD分析中，涂 1 遍有机硅与涂 2 遍有机硅没有发生物质变化。因此选择两组，即空白和“一 250”进行观察。用超景深显微镜拍摄试样在 30 倍下的平面图以及 3D 形貌图，结果如图 6-25 所示。从图 6-25 中可以看出，涂有有机硅的图 6-25（b）比未涂有机硅的图 6-25（a）的空白试样表面更加致密，对两组试样 30 倍下 3D 图像进行粗糙度值计算得出：空白试样粗糙度值 Ra 为 65.55μm，“一 250”粗糙度值 Ra 为 54.73μm。结果表明：涂刷有机硅后试样粗糙度减少，这是由于纳米级的有机硅分子进入试样内部后，能够填充试样内部孔隙，使其孔隙率减小，密实度增加所致。

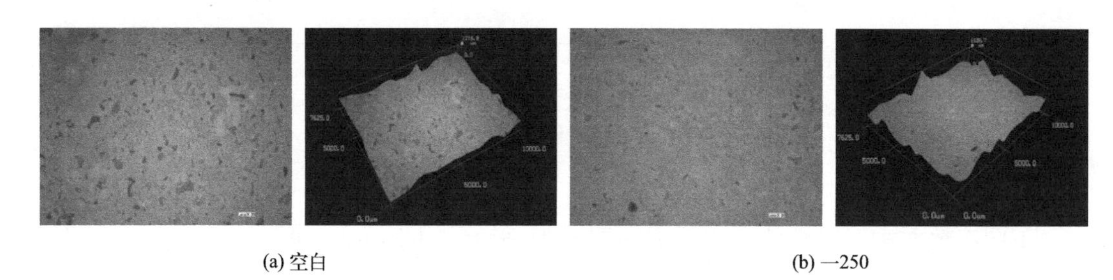

(a) 空白　　(b) —250

图 6-25 试样表面超景深显微结构

为进一步探究试样与有机硅之间的作用机制，选择空白和“一 250”两组试样进行微观形貌观察，如图 6-26 所示。从图 6-26 中可以看出，图 6-26(b)中颗粒物质均与图 6-26(a)类似，说明涂有机硅后，并没有形成黏膜状物质包裹水泥石颗粒，这是由于三甲基戊基三乙氧基硅烷这种有机硅中作为疏水基的—R 基（三甲基戊基）较长，能够减缓有机硅与试样的脱水缩合反应，使有机硅可以充分渗入试样内部的毛细孔道内才开始缩合反应，因此与文献相同，涂有机硅后并未形成新的膜或者其他网状结构，仅仅是有机硅渗透进入混凝土内部后，形成硅树脂改变了结构的表面能。

(a) 空白　　(b) —250

图 6-26 试样 SEM 图

6.3.2 渗透型有机硅对环境介质的影响

1. pH 值

在龄期 240d 内，每隔 1d 测得溶液 pH 值结果如图 6-27 所示。其中图 6-27(a)为未涂有机硅混凝土试样所处的对照组溶液 pH 值演变情况，图 6-27(b)为涂 1 遍 250g/m^2 有机硅后混凝土试样所处的防护组溶液 pH 值演变情况。由图 6-27 可知，对照组和防护组溶液 pH 值均始终保持在 7.0 左右。这说明在混凝土表面涂敷有机硅并未影响溶液中硫氧化细菌对营养物质硫代硫酸钠的转化，进而未造成防护组溶液 pH 值变化。

2. SO_4^{2-} 浓度

试验方案中已提到浸泡混凝土的环境溶液每隔 15d 更换一次，取浸泡过混凝土试样后 0d、15d、30d、45d、60d、75d 的溶液，进行 SO_4^{2-} 浓度测试，结果如表 6-8 和图 6-28 所示。由于 SO_4^{2-} 浓度每隔 15d 测试结果相差不大，后期将不再进行测试。

由表 6-8 和图 6-28 可知，在对照组和防护组中分别投入相同浓度 10g/L 且相同量的硫代硫酸钠时，防护组 SO_4^{2-} 浓度与对照组 SO_4^{2-} 浓度相差无几。这说明涂有机硅前后试样所处污水环境中的硫代硫酸钠发生了相同的反应，即硫代硫酸钠在硫氧化细菌作用下转化为 SO_4^{2-}。

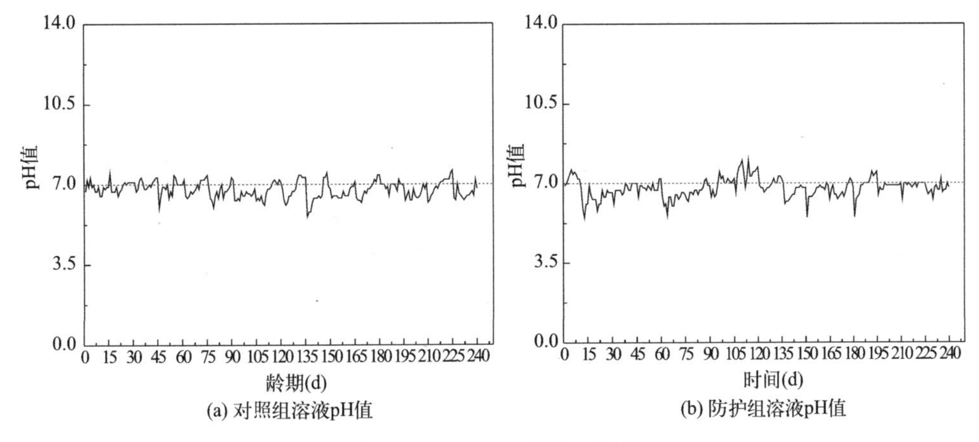

(a) 对照组溶液pH值　　(b) 防护组溶液pH值

图 6-27 0～240d 溶液 pH 值

表 6-8

SO_4^{2-} 浓度

时间/d	SO_4^{2-} 浓度/(mg/L)	
	对照组	防护组
0	2389.76	2470.24
15	3200.78	2640.11
30	2621.72	2709.66
45	2455.93	2568.52
60	3049.69	2269.75
75	3307.41	2357.66

注：灭菌污水未加 $Na_2S_2O_3$ 时 SO_4^{2-} 浓度 459.45mg/L。

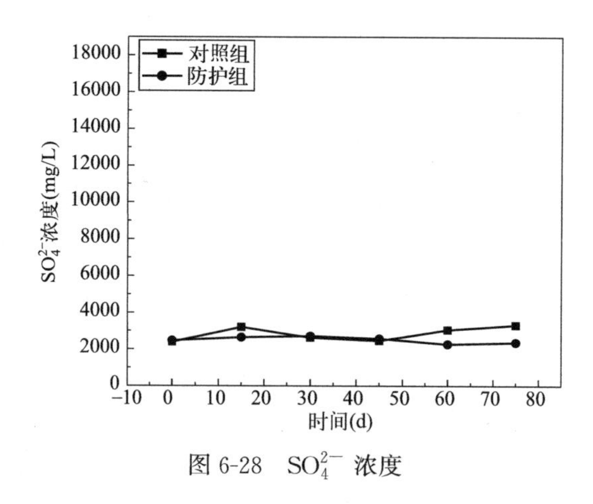

图 6-28 SO_4^{2-} 浓度

3. 溶出物质

对照组和防护组溶液表面均有黄色片状物质溶出，对其进行超景深显微镜观察，结果如图 6-29（a）所示，矿物组成结果如图 6-29（b）所示。

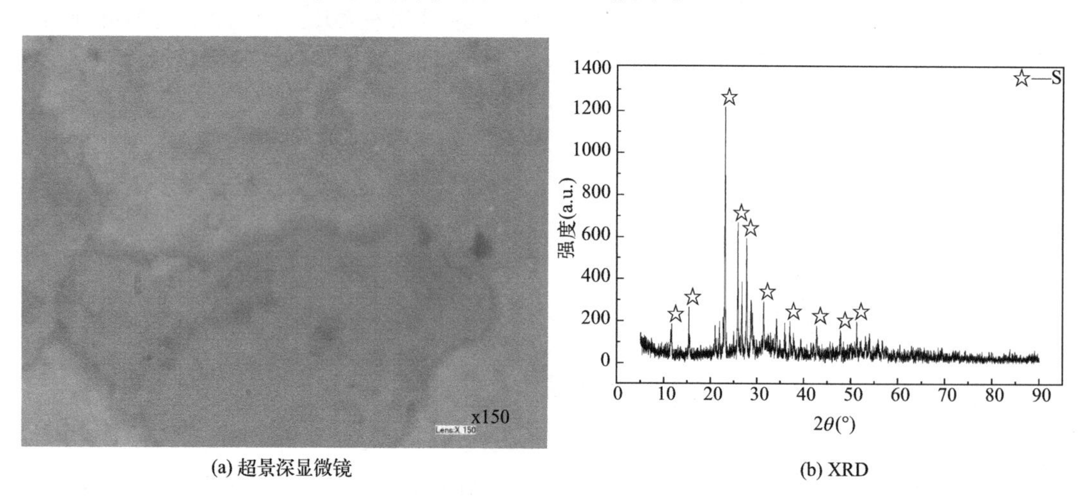

(a) 超景深显微镜　　(b) XRD

图 6-29 对照组和防护组液面溶出的黄色片状物

由图 6-29 可知，对照组和防护组溶液表面黄色片状物质，为硫单质。再结合溶液 pH

值及 SO_4^{2-} 浓度变化，得出以下结论：防护组溶液中硫代硫酸钠在硫氧化细菌作用下，发生的反应为：$4S_2O_3^{2-}+2H_2O+O_2 \longrightarrow 2S_4O_6^{2-}+4OH^-$，硫氧化细菌进一步代谢将 $S_4O_6^{2-}$ 中三硫代和二硫代产物转化为 SO_4^{2-}，另一部分 $S_2O_3^{2-}$ 转化为硫单质。

6.3.3 渗透型有机硅对混凝土耐生物腐蚀的影响

1. 外观和粗糙度

（1）外观

图 6-30 为不同腐蚀龄期半浸环境下试样外观演变情况，每个龄期 3 行分别为：上表面、侧表面、下表面，每行从左到右分别为：对照组未除表面物、对照组去除表面物、防护组未除表面物、防护组去除表面物的情况下试样表面状态。图 6-31 为不同腐蚀龄期全浸环境下试样外观演变情况。以出现变化标记为例。

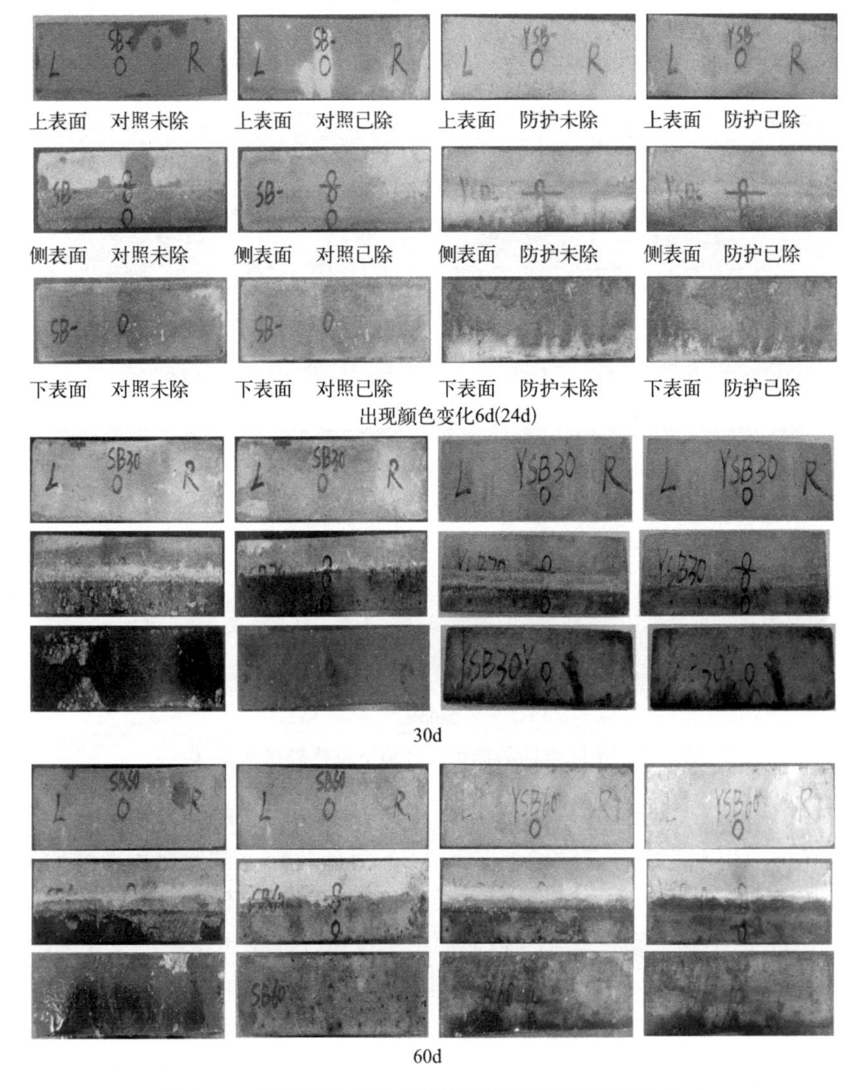

图 6-30 不同腐蚀龄期半浸环境下试样外观演变（一）

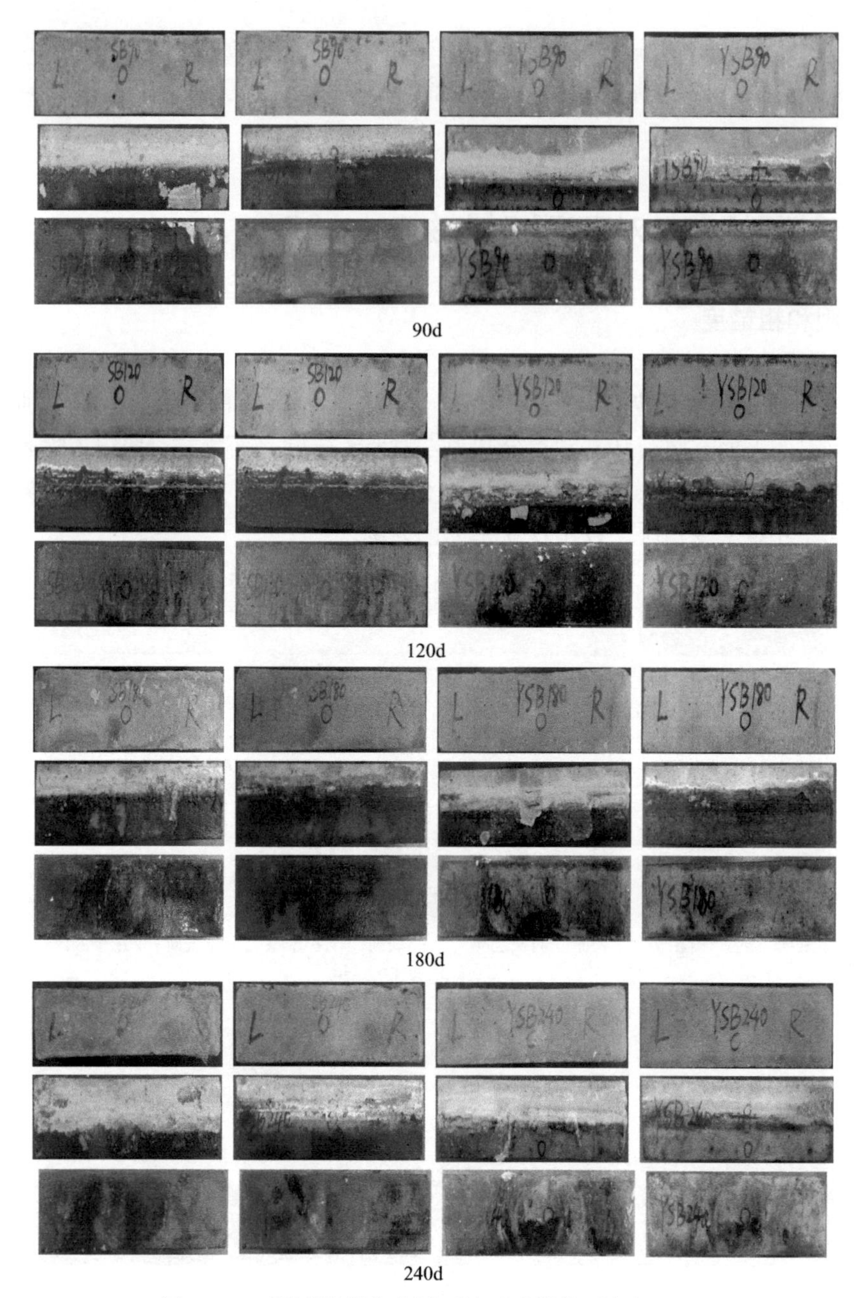

图 6-30　不同腐蚀龄期半浸环境下试样外观演变（二）

观察图 6-30、图 6-31 发现，对照组和防护组在不同腐蚀龄期均出现了颜色变化，这是由于成型试样所用水泥中存在微量 FeS 和 MnS 等硫化物，试验所用兼性厌氧型微生物进行呼吸作用消耗了溶液中溶解的氧气，导致 FeS 和 MnS 不能被氧化，因此有显色现象。对照组在 6d 时出现了颜色变化（以对照组全浸试样完全出现颜色变化为准），而防护组出现颜色变化的时间为 24d，这说明有机硅起到了一定的防治效果。

观察图 6-30 不同龄期半浸试样外观变化情况发现，随着腐蚀龄期的增加，对照组和防护组半浸试样在 180d 之前，上表面、侧表面、下表面并未出现破坏现象，当 240d 时，对照组半浸试样上表面出现明显的起皮现象，且出现了图 6-30 的白色硫酸钠晶体。而防护组半浸试样并未出现此现象，试样上、侧、下表面均完好无损。这说明涂敷有机硅后试样能够在腐蚀溶液中稳定存在而不被破坏。

观察图 6-31 不同龄期全浸试样外观变化情况发现，60d 时对照组全浸上表面出现了镜面似的成膜状物质，而防护组镜面似的成膜状物质直到 180d 才逐渐明显。这是由于对

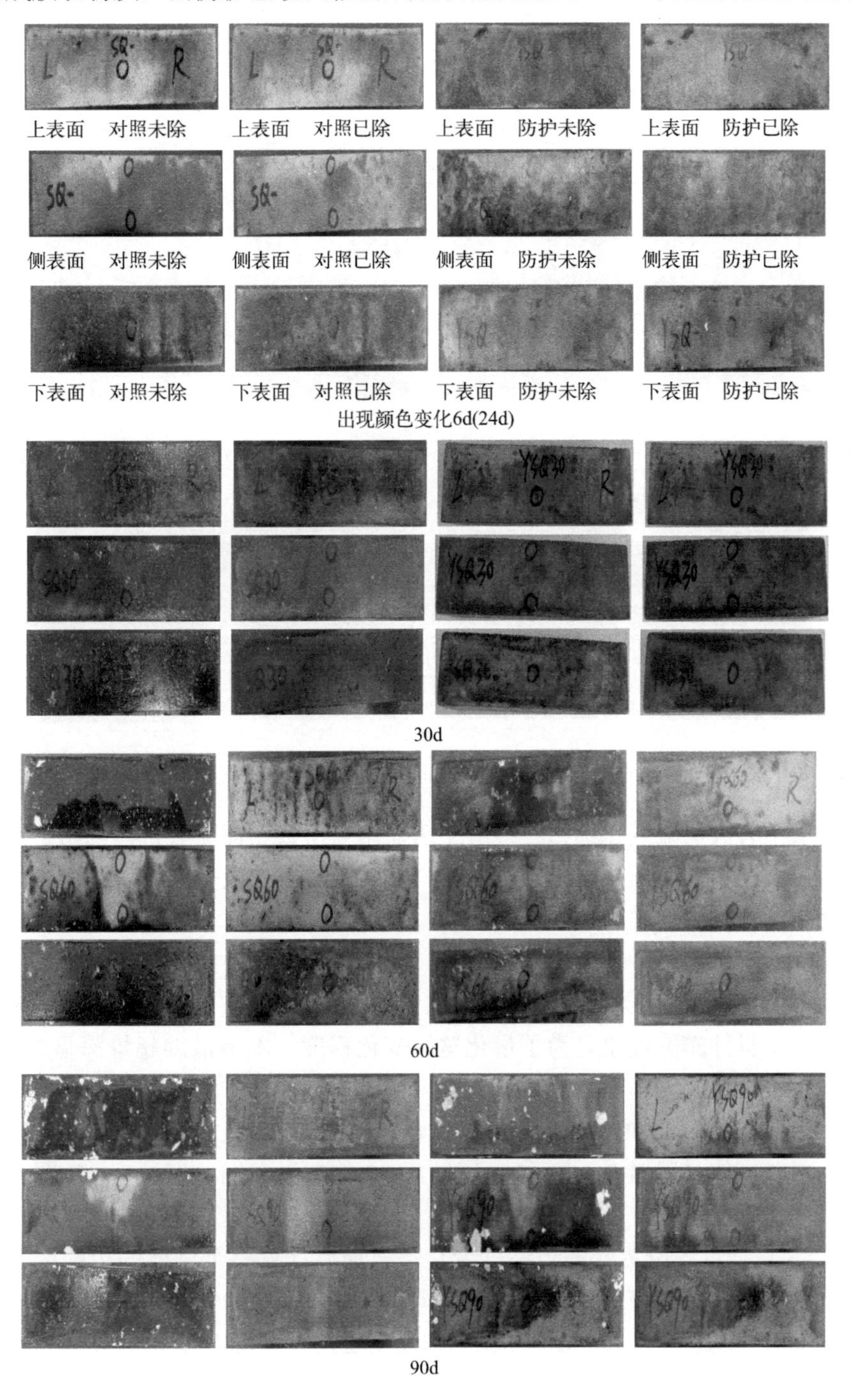

图 6-31 不同腐蚀龄期全浸试样外观变化（一）

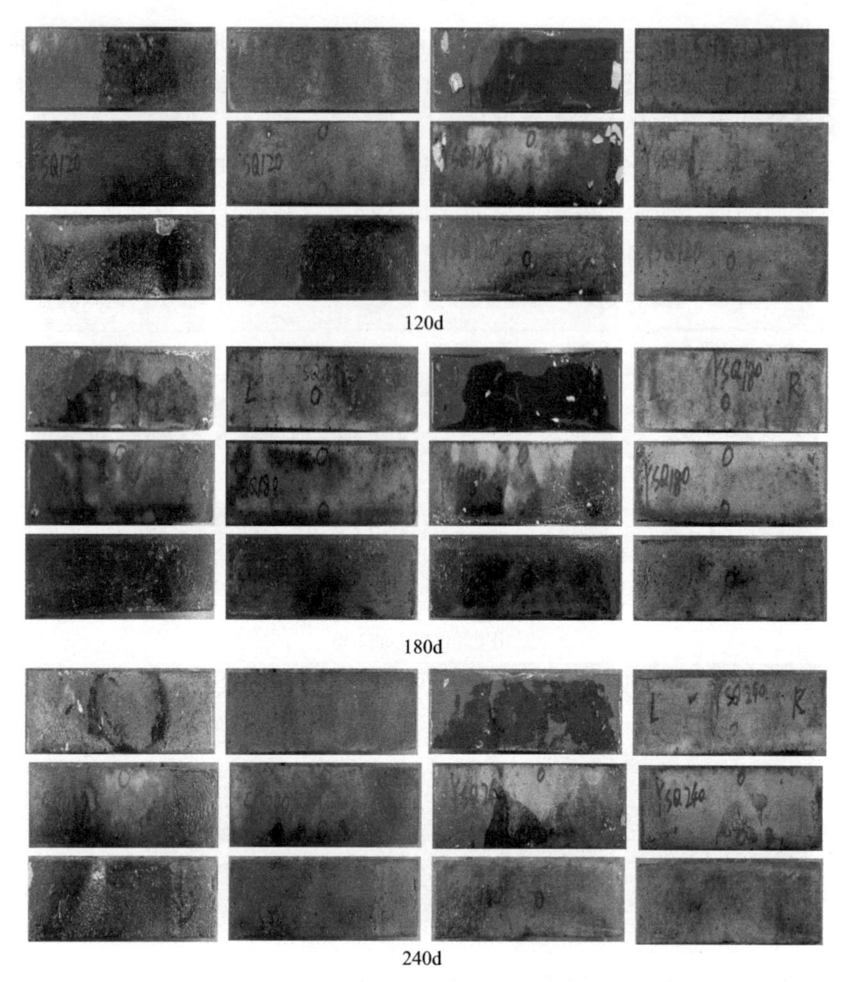

图 6-31　不同腐蚀龄期全浸试样外观变化（二）

照组腐蚀溶液中有大量硫氧化细菌在混凝土表面附着所致，而涂有机硅的防护组试样由于有机硅在混凝土试样表面形成了憎水性的 Si—O—Si 键，使微生物在防护组试样表面不易附着。镜面似的生物膜如图 6-12 所示。

（2）粗糙度

图 6-32 为试样在不同浸泡状态下不同位置的标记示意图。混凝土腐蚀破坏往往会出现浆体脱落、骨料外露等现象，为了量化这一变化程度，本节借助超景深显微镜的 3D 模块，发明了一种混凝土表面粗糙度计算方法，依据上述计算方法计算得到试样不同位置粗糙度值 *Ra*，见表 6-9。表中包括以下内容：腐蚀前 30 倍超景深图、腐蚀前 3D 图、腐蚀前试样表面粗糙度值（用 B *Ra* 表示）、腐蚀后 30 倍超景深图、腐蚀后 3D 图、腐蚀后试样表面粗糙度值（用 A *Ra* 表示）。

根据式(6-1)计算各位置处的粗糙度变化率，最后计算整个试样的粗糙度变化率（各位置粗糙度变化率的平均值），龄期为 240d 计算结果见表 6-10 中所示。其余龄期（出现颜色变化、30d、60d、90d、120d、180d）粗糙度变化率计算类似于 240d，各龄期粗糙度变化率结果见表 6-10。

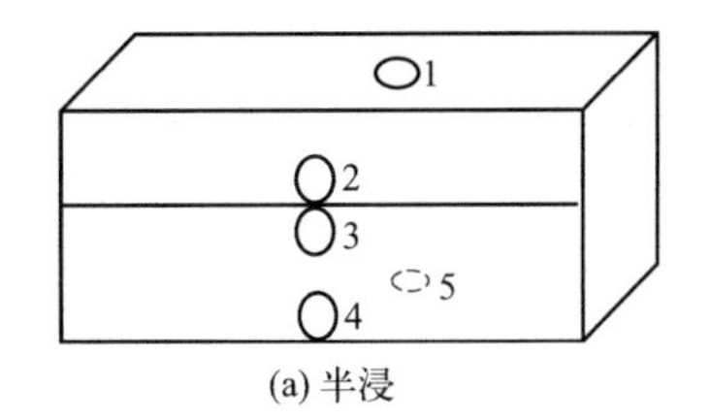

(a) 半浸

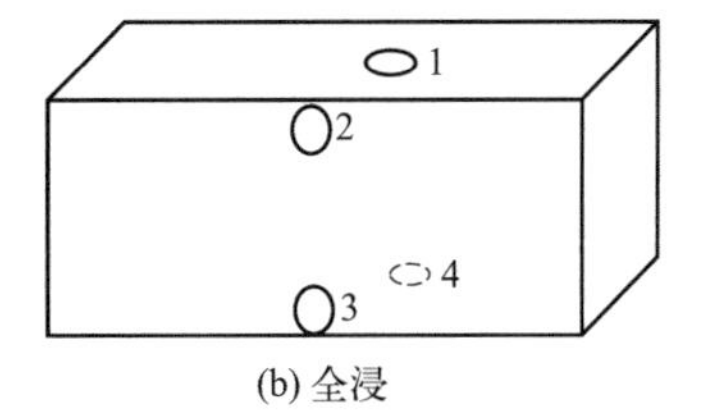

(b) 全浸

图 6-32　试样半浸全浸不同位置标记示意图

龄期为 240d 试样粗糙度值　　**表 6-9**

样品位置		腐蚀前 30 倍超景深图	腐蚀前 3D 图	B *Ra* (μm)	腐蚀后 30 倍超景深图	腐蚀后 3D 图	A *Ra* (μm)
SB	1			105.6			71.0
	2			42.7			21.1
	3			126.8			52.4
	4			77.8			12.0
	5			66.2			33.2
YSB	1			65.9			48.3
	2			75.7			34.3
	3			79.9			63.2

续表

样品位置		腐蚀前 30 倍超景深图	腐蚀前 3D 图	B Ra (μm)	腐蚀后 30 倍超景深图	腐蚀后 3D 图	A Ra (μm)
YSB	4	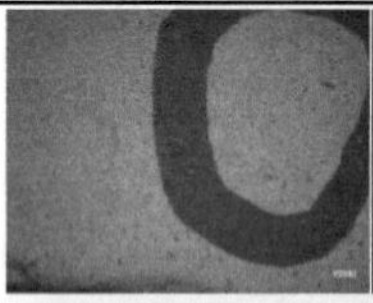	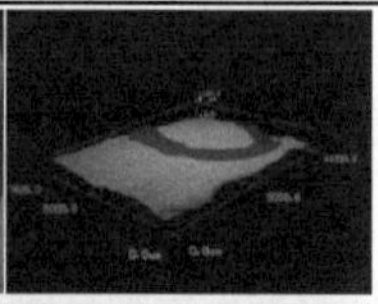	71.3	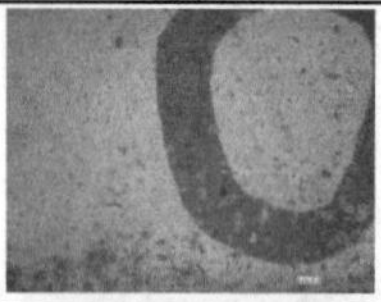	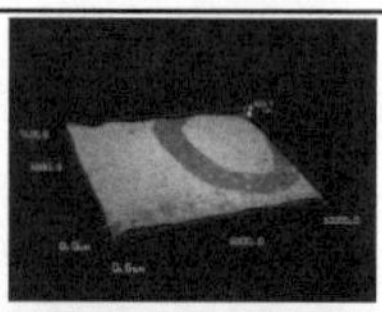	15.8
	5	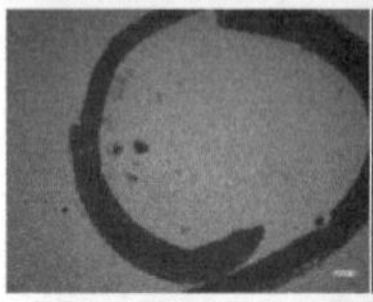	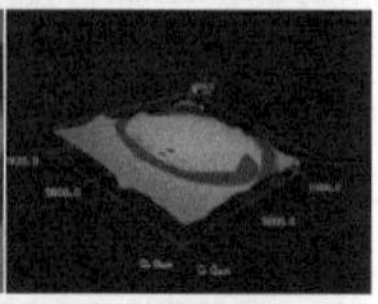	111.5	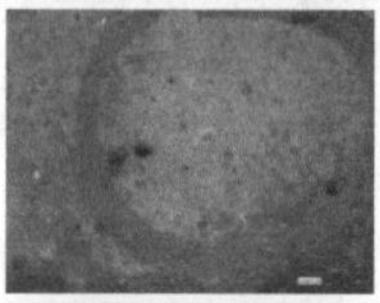	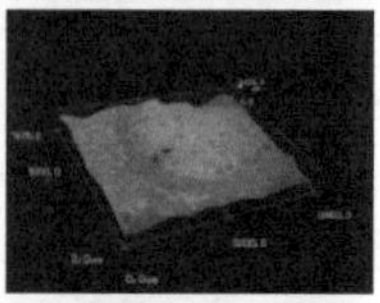	113.3
SQ	1	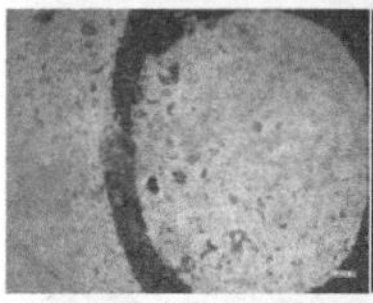	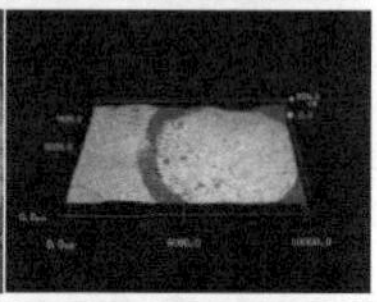	52.5	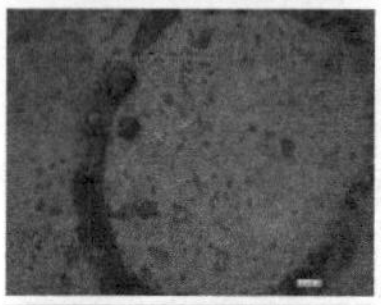	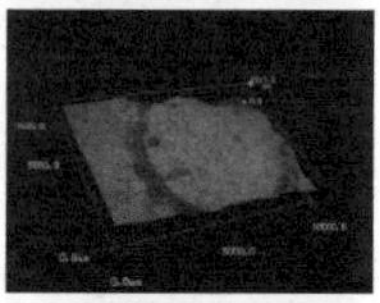	68.5
	2	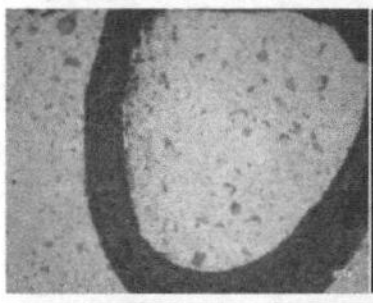	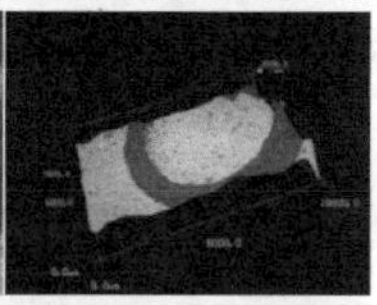	42.6	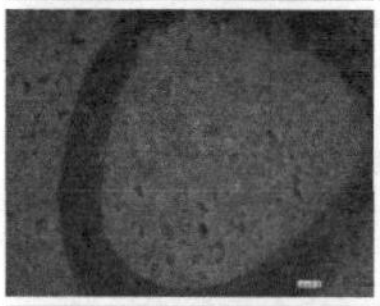	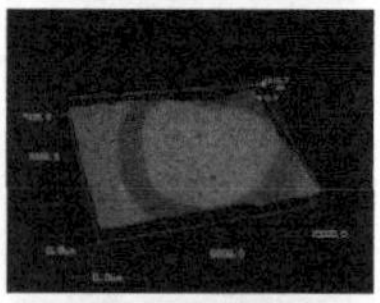	77.7
	3	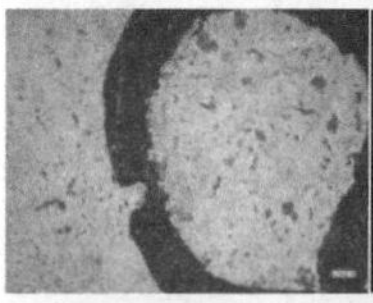	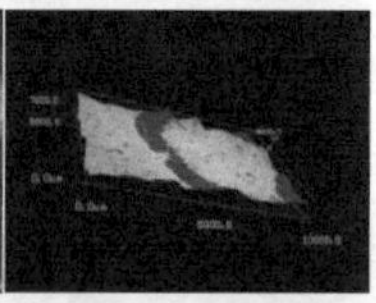	48.4	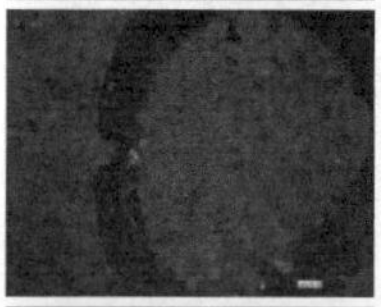	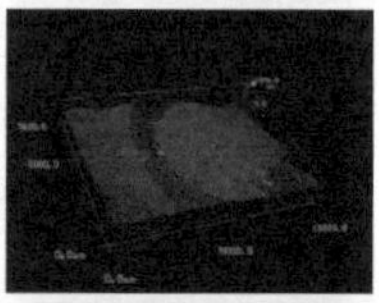	93.2
	4		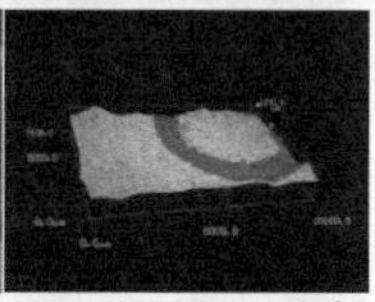	30.5		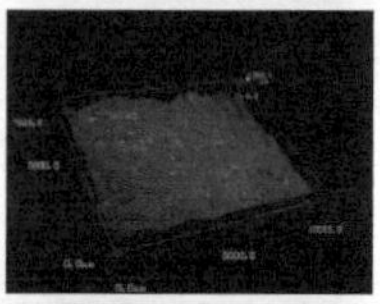	55.2
YSQ	1	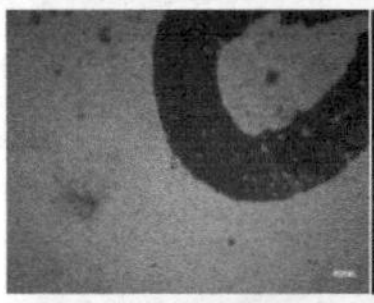	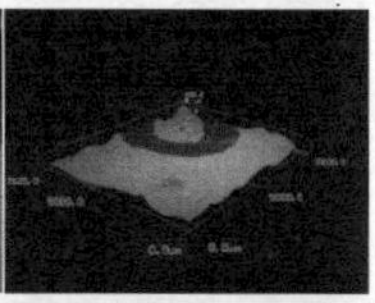	54.6	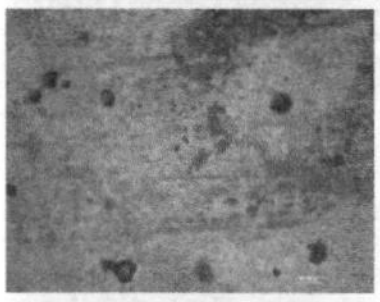	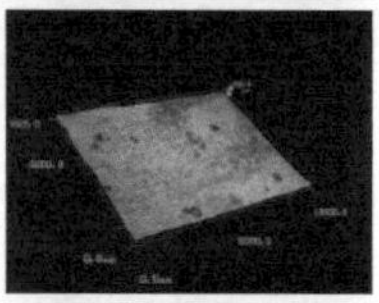	14.7
	2		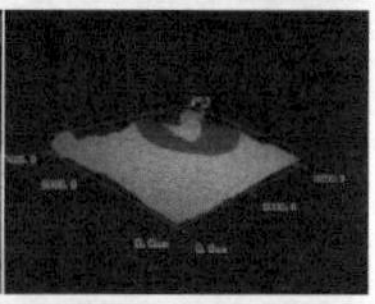	63.1		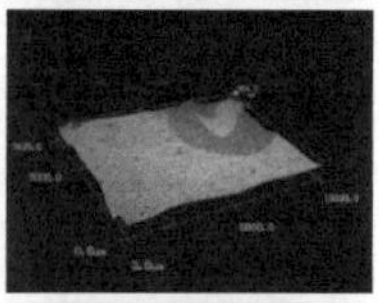	49.6
	3		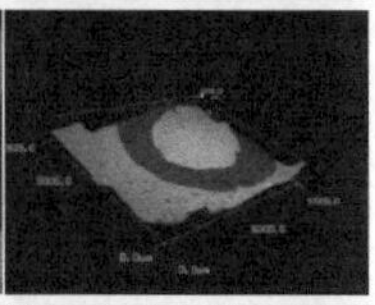	67.8	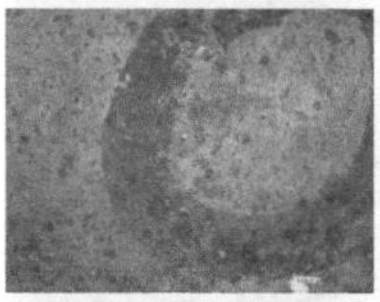	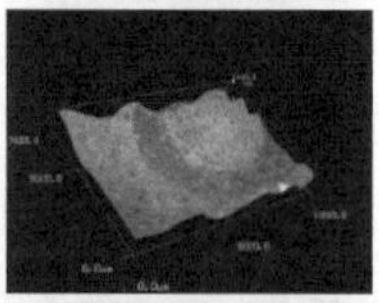	93.1
	4		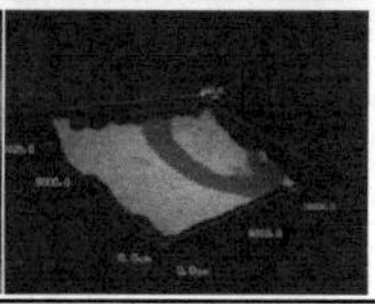	97.3	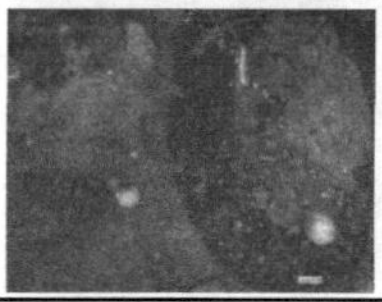	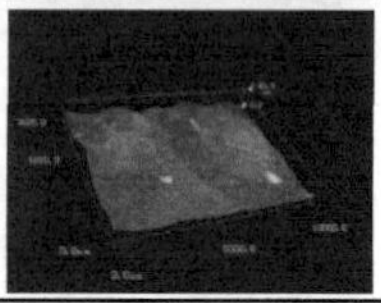	101.9

图 6-30、图 6-31 表明不同龄期，试样表面受生物膜附着、盐晶体析出等影响，使混凝土试样表面粗糙度值在龄期 180d 之前的结果较不稳定。当腐蚀龄期到达 240d 时，混凝土试样表面粗糙度变化明显，附着或析出物质对粗糙度影响相对降低，因此对腐蚀龄期 240d 的粗糙度变化率进行分析。观察表 6-10 中腐蚀龄期 240d 粗糙度变化率可知，（1）防护组半浸试样在腐蚀龄期为 240d 时表面变密实，这可能是因为防护组试样在有机硅的作用下，延缓了溶液中 SO_4^{2-} 进入混凝土内部，而试样内部的水泥得以进一步水化，使半浸试样表面更加密实。而对照组半浸试样变密实，是由于其所处溶液中硫代硫酸钠水解，生成 SO_4^{2-} 和 Na^+，这两种离子进入混凝土孔道，生成硫酸钠晶体，少量的硫酸钠晶体填充了试样内部孔隙。（2）防护组全浸试样当腐蚀龄期为 240d 时，试样表面变密实，这可能是因为防护组试样在有机硅的作用下，延缓了溶液中 SO_4^{2-} 进入混凝土内部，而试样内部的水泥得以进一步水化，使防护组全浸试样表面更加密实。而对照组全浸试样在腐蚀龄期 240d 时变粗糙，可能的原因是对照组溶液中硫代硫酸钠水解生成的 SO_4^{2-} 进入混凝土试样后，与试样内部氢氧化钙反应生成了钙矾石和石膏等膨胀性产物，导致对照组全浸试样表面疏松，孔隙增大，最终导致试样表面粗糙度增加，或者是试样表面形成生物膜，造成表面凹凸不平，且去除时未能完全去除。

粗糙度变化率 **表 6-10**

龄期(d)	粗糙度变化率(%)			
	SB	YSB	SQ	YSQ
出现颜色变化	2.8	48.5	93.2	−4.0
30	−44.6	104.9	−31.4	−19.8
60	57.5	−76.2	31.6	−85.2
90	14.7	−0.9	13.8	−0.5
120	22.0	7.6	−9.7	16.8
180	−10.4	18.5	−8.6	84.3
240	−55.3	−35.7	71.7	−13.1

注：表中“—”表示试样腐蚀后变密实。

2. 质量和抗压强度演变

图 6-33、图 6-34 分别为对照组和防护组混凝土试样质量损失率、抗压强度演变规律。由图 6-33、图 6-34 可知：

① 腐蚀龄期 240d 时，涂有机硅的防护组半浸试样质量比对照组试样增加了 350%，抗压强度 81.8MPa 比对照组抗压强度 66.5MPa 提高了约 23%。出现上述现象是由于防护组涂敷有机硅后，延缓了溶液中 SO_4^{2-} 进入混凝土试样内部的时间，从而使试样内部能够进一步完成水泥水化过程，形成大量 C—S—H 凝胶等水泥水化产物，使结构更加致密。对照组半浸试样所处溶液中硫代硫酸钠在硫氧化细菌作用下，生成 SO_4^{2-}，当 SO_4^{2-} 进入对照组半浸试样后生成少量腐蚀产物——硫酸钠和芒硝晶体。因此，出现防护组半浸试样质量增加更多，抗压强度更高的现象。

② 腐蚀龄期为 240d 时，防护组全浸试样质量比对照组增加了 314%，抗压强度 84.5MPa 比对照组试样抗压强度 73.8MPa 提高了 14%。出现上述现象是由于防护组涂敷

有机硅后，延缓了溶液中 SO_4^{2-} 进入混凝土试样内部的时间，从而使试样内部能够进一步完成水泥水化过程，形成大量 C—S—H 凝胶等水泥水化产物，使结构更加致密。而对照组全浸试样 SO_4^{2-} 进入混凝土内部，与水泥石中氢氧化钙的反应生成膨胀性的钙矾石、石膏，增加了结构孔隙率，降低了对照组全浸试样的胶结性。因此，出现上述防护组全浸试样质量增加，且抗压强度更高的现象。

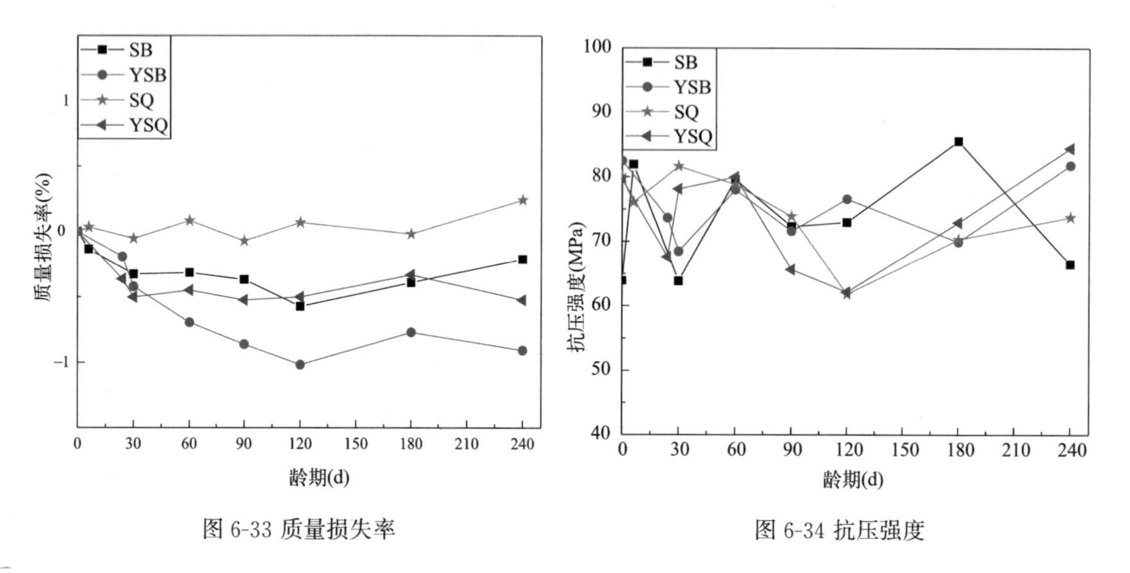

图 6-33 质量损失率

图 6-34 抗压强度

3. 矿物组成

为进一步探明渗透型有机硅耐生物腐蚀的防治机理，对腐蚀龄期 240d 时距表面 0～5mm 深度的试样进行矿物组成分析，结果如图 6-35 所示。

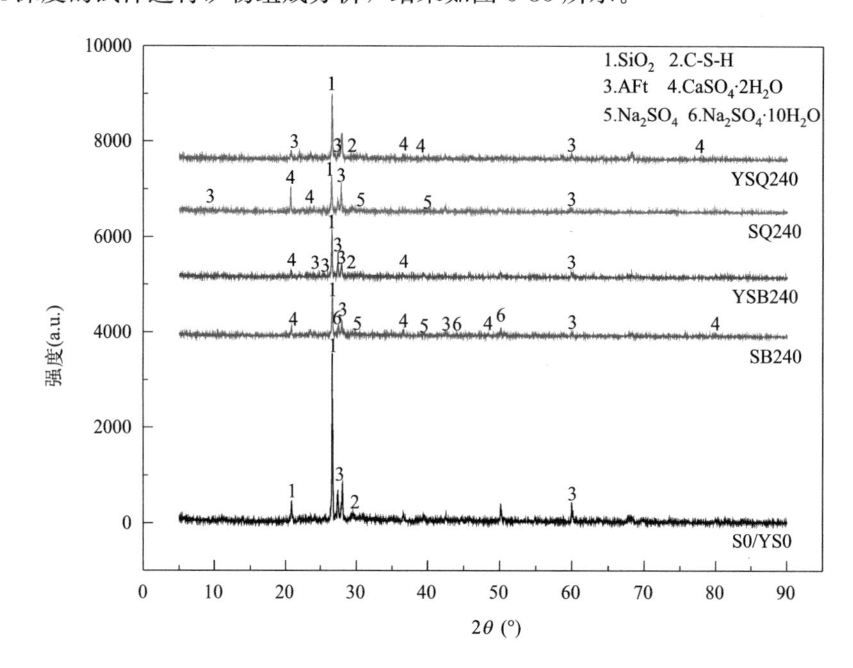

图 6-35 试样距表面 0～5mm 深度试样的矿物组成

由图6-35可知，随着腐蚀龄期的增加，（1）防护组半浸试样，有少量钙矾石出现，另外还出现了C-S-H凝胶的衍射峰，这是由于防护组半浸试样涂刷有机硅后，使混凝土与溶液环境隔离，混凝土内部进行自身水化反应生成了水化硅酸钙凝胶等物质。而未涂有机硅的对照组半浸试样出现了硫酸钠和少量芒硝晶体，这是由于溶液中硫代硫酸钠水解，生成的SO_4^{2-}进入混凝土试样内部，在半浸条件下，发生了物理盐结晶反应。（2）防护组全浸试样，出现了C-S-H凝胶和少量钙矾石。原因是防护组全浸试样涂刷有机硅后，延缓了溶液中SO_4^{2-}进入混凝土试样内部的时间，从而使试样内部能够进一步完成水泥水化过程，生成了水化硅酸钙凝胶等物质。而对照组全浸试样中出现了钙矾石和石膏，且钙矾石的衍射峰比防护组更加尖锐，这是由于对照组全浸试样所处的溶液中硫代硫酸钠在硫氧化细菌作用下生成SO_4^{2-}，SO_4^{2-}进入混凝土内部在全浸条件下，与未涂刷有机硅的混凝土中氢氧化钙发生反应，生成钙矾石和石膏。

4. 微观结构

对SB240、YSB240、SQ240、YSQ240试样取样，借助电子扫描显微镜观察，结果如图6-36所示。

由图6-36(a)可知，对照组半浸试样结构较为松散，内部C-S-H凝胶被破坏，出现了针棒状的钙矾石、石膏等水化产物，另外还出现了硫酸钠和絮体状芒硝晶体。图6-36(b)可知，防护组半浸试样经过240d的腐蚀后结构内部胶结仍致密，与骨料间结合非常紧密，试样内部出现大量蜂窝状的水化硅酸钙C-S-H凝胶。由图6-36(c)可知，对照组全浸试样整体结构较为松散，内部出现针棒状钙矾石、石膏等物质。图6-36(d)可知，防护组全

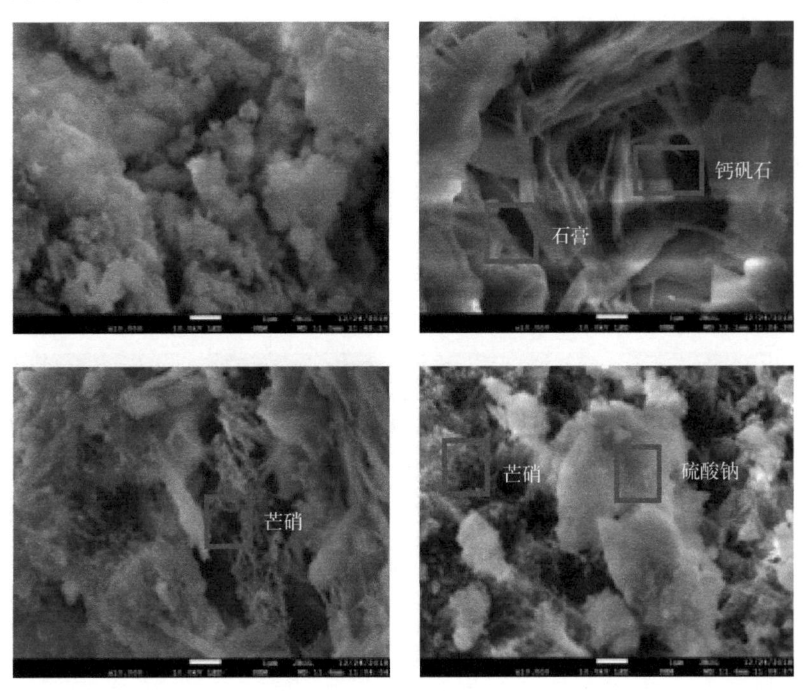

(a) SB240

图6-36 试样SEM结果（一）

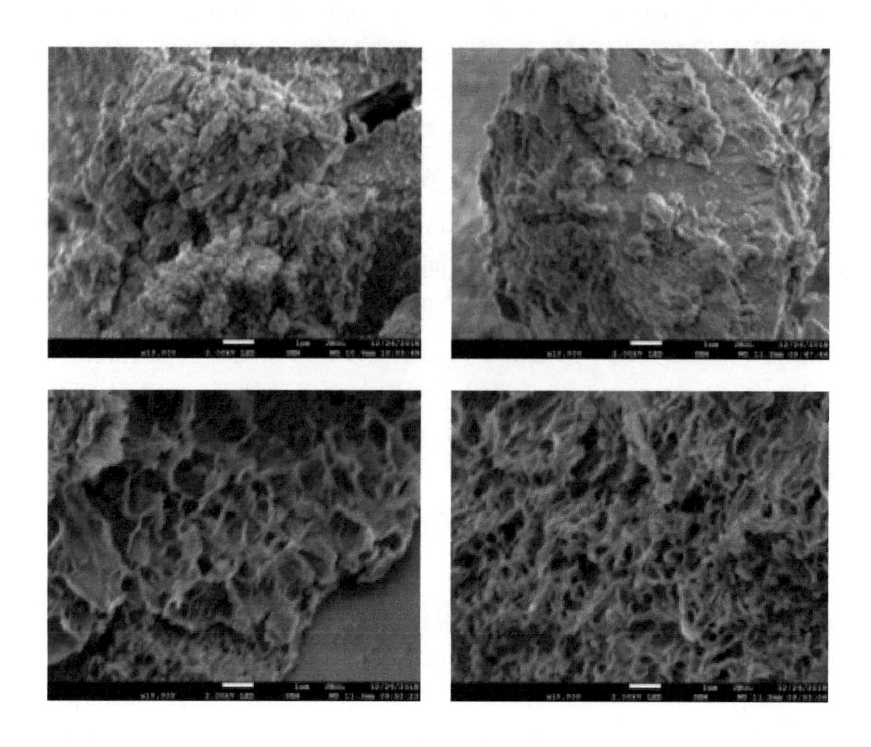

(b) YSB240

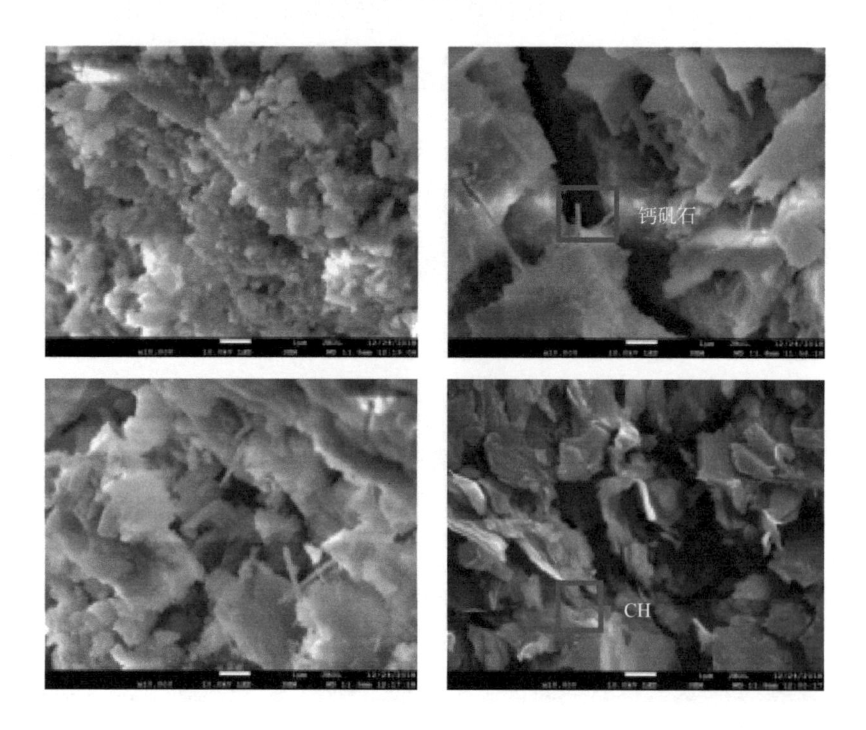

(c) SQ240

图 6-36　试样 SEM 结果（二）

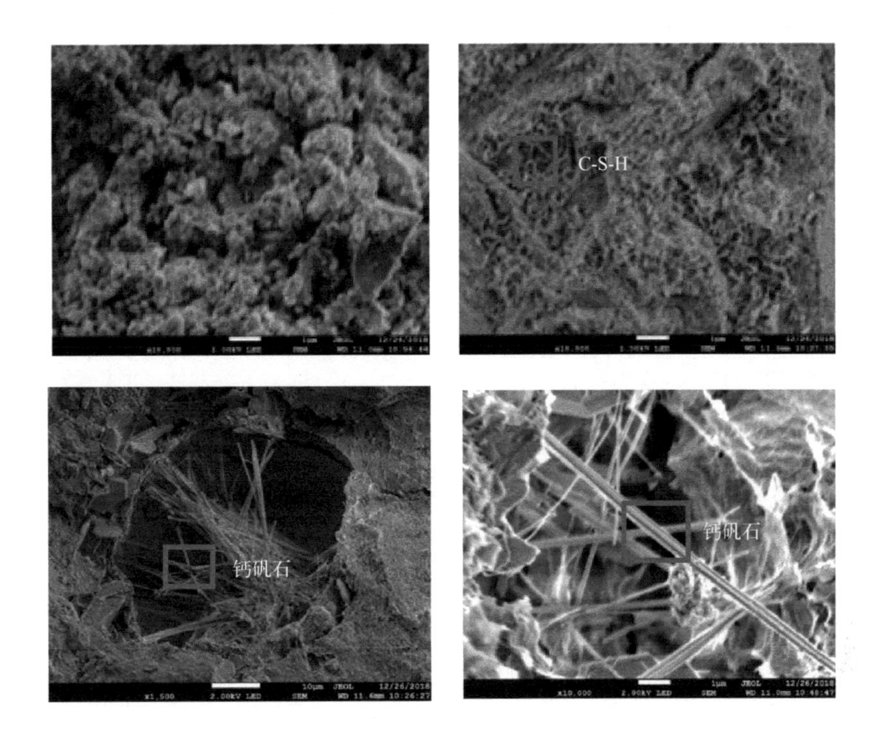

(d) YSQ240

图 6-36 试样 SEM 结果（三）

浸试样经过 240 腐蚀后，内部结构胶结仍较紧密，不仅有水化硅酸钙凝胶 C-S-H 物质，还有少量水泥水化产物针棒状的钙矾石（AFt）、层状氢氧化钙（CH）。充分说明：防护组试样在涂刷有机硅后，延缓了 SO_4^{2-} 进入混凝土试样的时间，使混凝土内部水泥石进一步完成水化作用，生成具有胶结作用的 C-S-H 凝胶物质，增加了结构密实度。而未涂刷有机硅的对照组全浸试样则与溶液进行离子交换，生成了膨胀性腐蚀产物钙矾石、石膏。

5. 腐蚀速率

由 XRD 定性分析表明：混凝土内部新生成的产物有钙矾石、石膏、芒硝、硫酸钠，对腐蚀龄期为 240d 的试样不同深度 0～5mm、5～10mm、10～15mm 进行定量分析，结果如表 6-11 所示。结合微观结构分析，可知龄期为 240d 时对照组半浸试样内部晶体主要是硫酸钠晶体，对照组全浸试样内部主要是钙矾石，而矿物组成和微观结构表明，防护组试样中有大量 C-S-H 凝胶物质产生，说明有机硅作用下，防护组试样能够完成进一步水化反应，不论半浸还是全浸试样均完好无损，因此这里不讨论防护组试样的腐蚀速率。

腐蚀龄期 240d 时试样不同深度 XRD 定量分析结果表 **表 6-11**

样品	位置深度(mm)	钙矾石 AFt	石膏 $CaSO_4 \cdot 2H_2O$	芒硝 $Na_2SO_4 \cdot 10H_2O$	硫酸钠 Na_2SO_4	拟合度 R(%)
SB0	0～5	86.9	2.9	4.2	6.0	9.96
	5～10	70.9	11.6	9.1	8.4	12.76
	10～15	72.5	12.1	5.9	9.5	10.44

续表

样品	位置	深度(mm)	钙矾石 AFt	石膏 $CaSO_4 \cdot 2H_2O$	芒硝 $Na_2SO_4 \cdot 10H_2O$	硫酸钠 Na_2SO_4	拟合度 R(%)
SB240	1	0～5	63.8	15.7	13.1	7.4	13.66
		5～10	92.8	2.2	1.1	3.9	13.31
		10～15	88.2	2.1	1.9	7.8	15.80
	2	0～5	95.9	1.5	0.8	1.8	12.53
		5～10	94.8	2.0	2.9	0.3	11.34
		10～15	53.5	6.7	3.8	36.0	13.09
	3	0～5	94.0	0.1	2.5	3.4	11.71
		5～10	89.9	0.0	0.3	9.8	17.58
		10～15	91.4	0.0	0.4	8.2	15.22
	4	0～5	89.2	0.0	0.7	10.1	14.35
		5～10	85.5	10.6	2.6	1.3	11.95
		10～15	83.7	2.0	8.7	5.6	10.78
	5	0～5	64.9	0.1	3.0	32.0	12.78
		5～10	78.9	0.1	11.5	9.5	13.94
		10～15	92.9	0.0	0.2	6.9	12.26
YSB240	1	0～5	92.2	0.0	3.0	4.8	19.16
		5～10	93.0	0.1	0.7	6.2	14.21
		10～15	78.4	0.2	7.8	13.6	11.40
	2	0～5	82.2	0.2	3.0	14.6	13.49
		5～10	69.1	17.5	3.6	9.8	11.53
		10～15	84.9	3.9	5.1	6.1	11.97
	3	0～5	90.6	0.1	2.2	7.1	9.32
		5～10	84.0	0.1	8.3	7.6	9.74
		10～15	90.3	7.4	1.9	0.4	15.50
	4	0～5	92.6	3.3	3.7	0.4	9.75
		5～10	77.2	0.1	14.1	8.6	11.58
		10～15	82.6	0.1	7.6	9.7	14.53
	5	0～5	92.3	0.1	4.0	3.6	12.95
		5～10	86.8	0.1	7.6	5.5	11.28
		10～15	87.0	3.1	4.0	5.9	13.09
SQ240	1	0～5	77	8.4	6.1	8.5	12.21
		5～10	80.1	10.4	8.5	1	16.39
		10～15	85.4	0.1	3	11.5	11.66
	2	0～5	81.6	0.1	7.3	11	9.91
		5～10	84.4	0.1	2.5	13	10.76
		10～15	90	3.3	5.3	1.4	11.06
	3	0～5	91.4	4.2	3.9	0.5	13.35
		5～10	86.5	2.6	6	4.9	9.6
		10～15	84.4	0.1	2.5	13	10.76
	4	0～5	94.2	0.1	5.3	0.4	11.08
		5～10	86.6	7.7	4.5	1.2	11.25
		10～15	84.8	3.2	4.6	7.4	11.51
YSQ240	1	0～5	90.1	0.1	5.0	4.8	11.81
		5～10	80.1	0.2	6.0	13.7	10.13
		10～15	94.8	1.5	2.2	1.5	12.10
	2	0～5	94.0	2.3	1.6	2.1	8.48
		5～10	77.2	6.7	9.1	7.0	13.58
		10～15	86.8	3.6	1.7	7.9	13.91

续表

样品	位置	深度(mm)	钙矾石 AFt	石膏 $CaSO_4 \cdot 2H_2O$	芒硝 $Na_2SO_4 \cdot 10H_2O$	硫酸钠 Na_2SO_4	拟合度 R(%)
YSB240	3	0～5	70.3	7.7	3.2	18.8	11.45
		5～10	84.6	0.1	1.8	13.5	14.97
		10～15	91.7	0.1	2.5	5.7	11.36
	4	0～5	88.2	6.2	2.4	3.2	10.97
		5～10	91.7	0.1	2.5	5.7	12.33
		10～15	90.5	0.0	4.6	4.9	12.81

由表6-11可知：其中SB240不同位置不同深度硫酸钠含量如第4章表4-6所示。YSB240不同位置不同深度钙矾石含量如表6-12所示。SQ240不同深度不同位置钙矾石含量如第4章表4-8所示。YSQ240不同位置不同深度钙矾石含量如表6-13所示。

由表6-12、表6-13可知，腐蚀龄期到达240d时，防护组半浸和防护组全浸试样不同位置中钙矾石含量相差不大。这是因为涂刷有机硅后，延缓了试样与溶液间的离子交换过程，其内部形成的钙矾石来自自身水化反应，因此半浸和全浸试样均未被 SO_4^{2-} 侵蚀。

YSB240钙矾石含量（%） **表6-12**

位置深度(mm)	1	2	3	4	5
0～5	92.2	82.2	90.6	92.6	92.3
5～10	93.0	69.1	77.2	77.2	86.8
10～15	78.4	84.9	82.6	82.6	87.0
平均值	87.87	78.73	83.47	84.13	88.70

YSQ240钙矾石含量（%） **表6-13**

位置深度(mm)	1	2	3	4
0～5	90.1	94.0	70.3	88.2
5～10	80.1	77.2	84.6	91.7
10～15	94.8	86.8	91.7	90.5
平均值	88.33	86.00	82.20	90.13

通过研究涂敷有机硅对混凝土性能的影响，最终确定了被动防治技术是在混凝土试样表面涂刷一遍有机硅，用量为 $250g/m^2$，其吸水率为 $0.00092mm/min^{1/2}$，渗透深度为3.5mm，接触角为125.36°；涂有机硅后，试样中出现新的红外吸收峰，特征频率在 $1037cm^{-1}$ 附近。被动防治效果研究结果表明，涂有机硅后的半浸试样，浸泡24d起才出现墨绿色，240d抗压强度为81.8MPa，比对照组半浸抗压强度提高了约23%。涂有机硅后全浸试样，浸泡24d起才出现墨绿色，240d抗压强度为84.5MPa，比对照组全浸试样抗压强度提高了约14%。这是由于有机硅涂敷后，在混凝土表面形成了Si-O-Si键，延缓了溶液中 SO_4^{2-} 与混凝土内部物质发生物理化学反应，有效提高了混凝土耐硫氧化细菌腐蚀性。

6.4 防护涂层对水泥基材料耐微生物腐蚀行为和性能的影响

混凝土表面涂层防腐是指将涂料涂敷于混凝土表面，以此减弱生物污损对海洋设施的危害和腐蚀。防护涂料的品种多样，包括环氧树脂、氟碳涂料、丙烯酸树脂、聚氨酯和醇酸树脂等。但研究表明，海水中的细菌在表面形成的生物膜产生的代谢物和生物酶会降解高分子聚合物，破坏涂层分子结构，造成涂层表层开裂、粉化、孔洞等。因此，本节选取海洋中常见的硫氧化细菌作为试验菌种，环氧树脂和聚氨酯为防护涂层，首先通过分析涂层表面生物膜附着演变形貌、生物膜厚度、生物膜内微生物数量等，来探究防护涂层对海洋微生物附着进程的影响，然后通过分析试样水化产物组成、水化产物含量、水化产物形貌等指标来探明两种防护涂层对试样性能的影响。

6.4.1 生物膜附着演变过程研究

1. 形貌变化

表 6-14 为不同龄期时，砂浆表面生物膜附着演变情况。根据表 6-14 可以发现，15d 时，3 组试样表面均没有明显的生物膜附着痕迹，但环氧树脂涂层表面在气液交界面处显现出淡黄色。到 30d 时，对照组试样表面首先出现较为连续的生物膜，而环氧树脂组和聚氨酯组表面生物膜的附着痕迹仍然较淡，并且环氧树脂涂层在气液交界面处淡黄色转变为深黄色，变色范围也较之前扩大。这说明在这期间，对照组中硫氧化细菌已经适应了生存的海水环境，开始分泌胞外聚合物（EPS），逐渐在气液交界面处形成生物膜，而防护组由于砂浆表面的防护涂层本身具有低表面性能，表面呈疏水性，阻碍了这期间生物膜的附着。30～75d 之间，对照组附着增加的生物膜最快，且在气液交界面处呈向下附着的趋势，这期间，对照组表面的硫氧化细菌在持续不断地分泌胞外聚合物，氧气通过生物膜自上而下地传递，使得生物膜向下生长，海水中的营养物质也源源不断进入生物膜深处，加强了生物膜的黏附作用。防护组在 60d 后试样表面附着的生物膜逐渐增多，其中聚氨酯组在 75d 时，生物膜附着了试样气液交界面下方的大部分位置，而环氧树脂组表面生物膜附着范围变化不大，始终附着在气液交界面处，并且在 75d 时环氧树脂涂层颜色转为褐色。

生物膜附着形貌 **表 6-14**

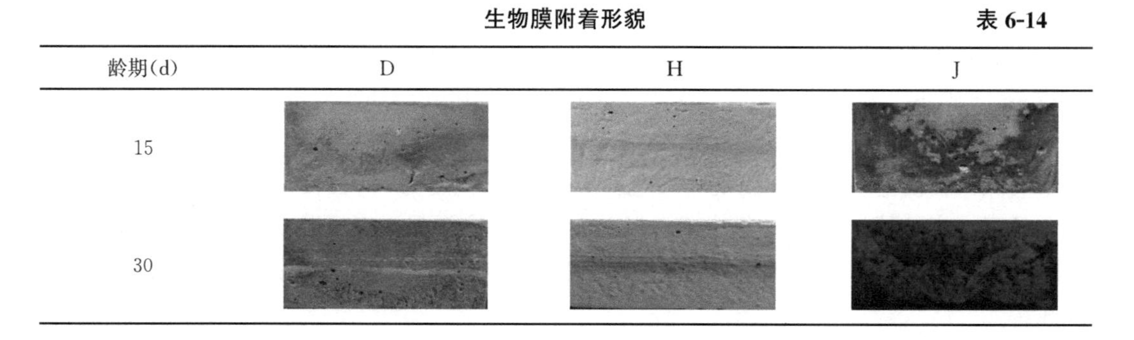

龄期(d)	D	H	J
15			
30			

续表

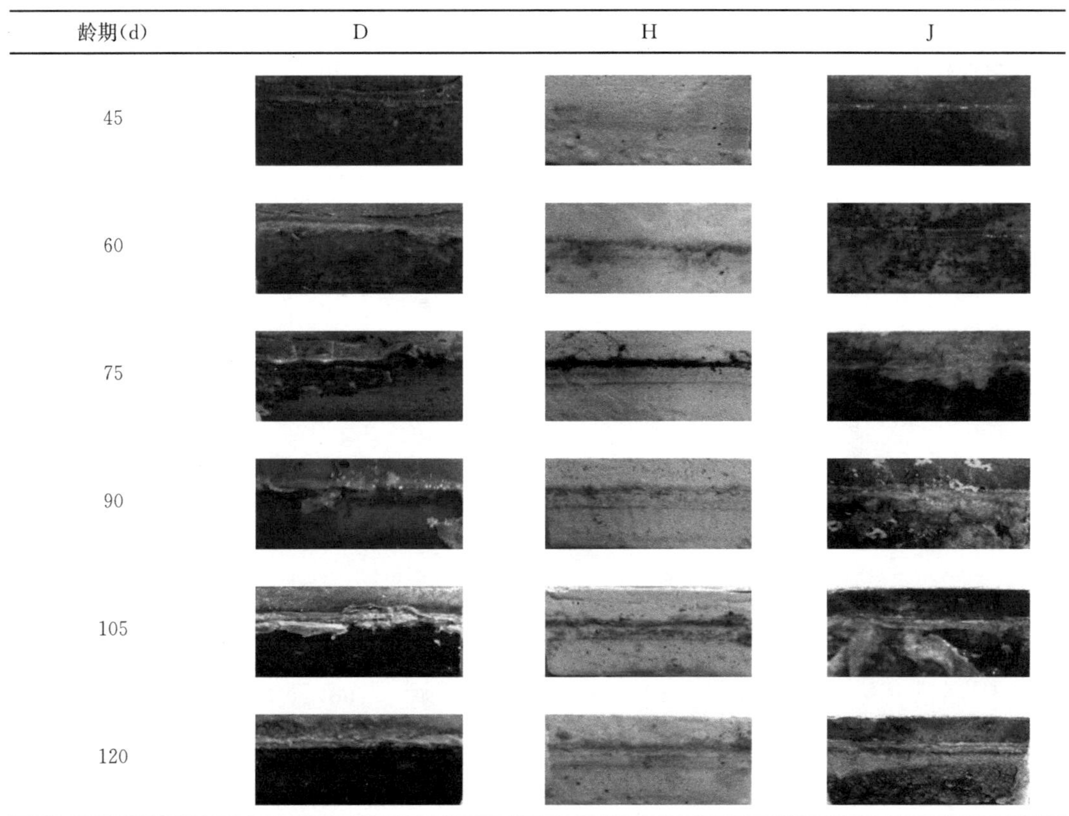

龄期(d)	D	H	J
45			
60			
75			
90			
105			
120			

90～120d之间，对照组表面的生物膜部分开始脱落，随后在120d时重新附着上新的生物膜，这是由于海水中的营养物质以及氧气难以维持深处生物膜的需求，部分生物膜开始脱落，之后海水中的营养物质重新满足了硫氧化细菌分泌EPS的条件，重新附着上了新的生物膜。聚氨酯组表面的生物膜附着范围在这期间仍在不断地扩大，在120d时，生物膜彻底覆盖住了砂浆在气液交界面下方的部分。环氧树脂组生物膜附着范围依旧稳定，始终附着在气液交界面处，120d时涂层颜色呈深褐色。

2. 厚度演变

对照组最早在30d时开始附着生物膜，故从30d起对生物膜的厚度进行测定。图6-37为各龄期下试样表面生物膜厚度变化情况。

如图6-37所示，可以发现，对照组表面附着的生物膜厚度始终高于防护组，对照组在30～75d之间，生物膜厚度呈快速上升趋势，从0.08mm增加至0.66mm，这期间生物膜经历快速生长期和生长成熟期，试样表面生物膜分泌的胞外聚合物使得生物膜叠加生长，厚度得到增加。75d之后生物膜黏附力下降，部分生物膜脱落，在90d时厚度为0.62mm，之后厚度再次缓慢上升，在120d时厚度达到0.65mm。

30～60d时，环氧树脂组生物膜厚度始终高于聚氨酯组生物膜厚度，但两组厚度差距不大，均没有高于0.1mm。这说明在初期，防护涂层有效阻碍了生物膜的黏附。60d后，聚氨酯组表面的生物膜厚度急速增加，在75d时厚度为0.32mm，相比60d时增长了87.5%，之后生物膜继续繁殖，在120d时聚氨酯组生物膜厚度达到0.58mm。环氧树脂组在 60d 后增长趋势也开始扩大，在 75d 时厚度为 0.24mm，相比 60d 时增长了 58.3%，之后生物膜平稳增加，在 120d 时厚度达到 0.42mm。这说明，在中期时虽然生物膜会逐渐黏附在涂层表面，但相比于无防护涂层的，防护组表面生物膜的快速生长期明显延后，并且生物膜附着的厚度相对较小，防护涂层对生物膜的附着起到了延后与减缓作用。

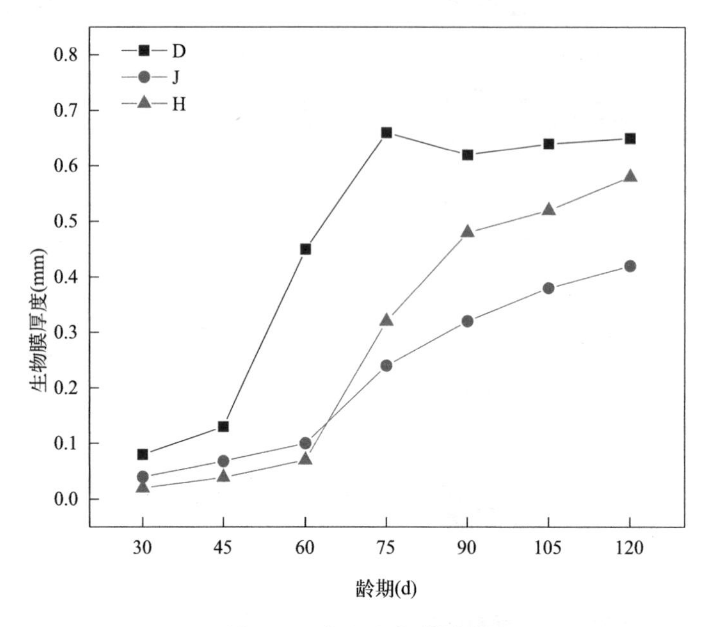

图 6-37　各组生物膜厚度

3. 微生物数量变化

从 30d 起，对各组生物膜内微生物数量进行测定，结果如图 6-38 所示。

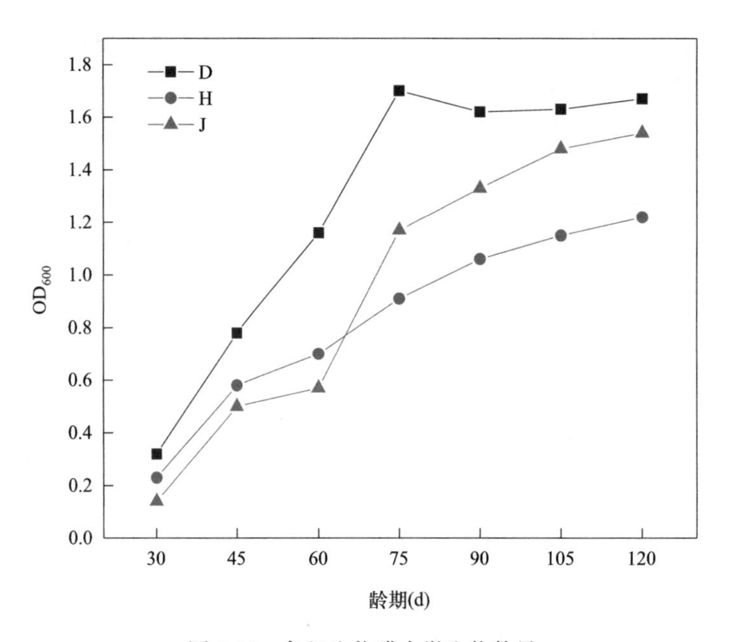

图 6-38　各组生物膜内微生物数量

根据图 6-38 可以发现，3 组试样的变化趋势与生物膜厚度变化基本一致。对照组在 30～75d 之间 OD_{600} 呈快速上升趋势，OD_{600} 从 0.32 增加至 1.70。75d 之后 OD_{600} 开始下降，在第 90d 时为 1.62，之后再次上升，在 120d 时达到 1.67。结合图 6-38 的结果，说明在 120d 内，对照组表面的生物膜已经经历了初步附着期、快速生长期、生长稳定期、脱落期以及新的生物膜重新附着这几个过程。

防护组中，在 30～60d 之间，环氧树脂组 OD_{600} 略高于聚氨酯组，在 60d 时，环氧树脂组 OD_{600} 为 0.7，聚氨酯组 OD_{600} 为 0.57。这是因为在这期间，环氧树脂组表面附着的生物膜略多于聚氨酯组。60d 后，聚氨酯组 OD_{600} 开始急速上升，在 75d 时达到 1.17，之后保持上升趋势，在 120d 时 OD_{600} 为 1.54。在这期间，由于 60d 后聚氨酯组表面生物膜开始大量附着，并且向下拓展，生物膜的厚度和范围都得到了增加，因此生物膜内微生物持续繁殖分裂，微生物数量得到增加。环氧树脂组在 60d 后生物膜内微生物数量平稳增加，在 120d 时为 1.22，低于聚氨酯组。通过图 6-37 和图 6-38 的结果可以发现，这期间环氧树脂组表面生物膜依旧只附着在气液交界面处，没有向下延伸，厚度增长不大，因此分泌胞外聚合物较少，微生物的繁殖也较少。

综上，在 120d 内，由于环氧树脂防护涂层和聚氨酯防护涂层本身具有的低表面性能，提高了砂浆表面的疏水性，因此对初期生物膜的黏附起到了减弱作用，延缓了生物膜快速生长期到来的时间，并且减少了生物膜附着量，其中环氧树脂组在缓解生物膜附着上，效果优于聚氨酯组。

6.4.2 防护涂层对砂浆宏观性能的影响

1. 涂层表面形貌分析

由于防护组表面在 60d 时开始附着大量的生物膜，因此在 60d 时对对照组和防护组表面生物膜形貌进行观察。图 6-39 为 60d 时 3 组试样在气液交界面处的表面形貌。根据图 6-39 可以看到 3 组试样表面都附着上了生物膜，微生物在试样表面形成了密集的菌落，排列紧密。经过 EDS 测试，发现对照组的 P 元素含量为 7.46%，环氧树脂组为 5.27%，聚氨酯组为 4.80%。P 元素是生物膜内脂质所特有的元素，60d 时对照组表面生物膜正在经历快速生长期，而防护组表面的生物膜才刚准备进入快速生长期，附着的生物膜较少，因此含量低于对照组。

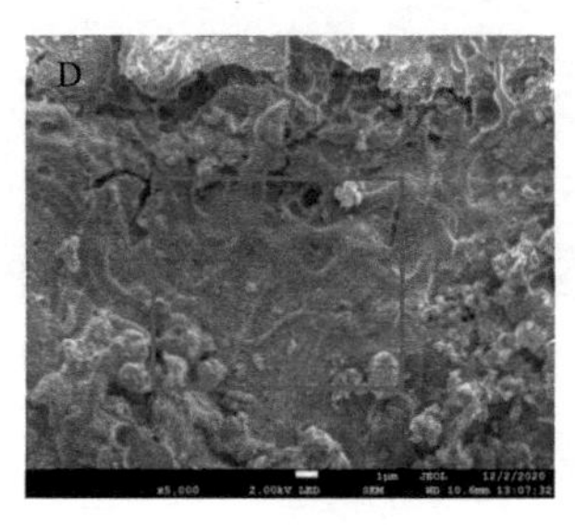

(a) ×5000

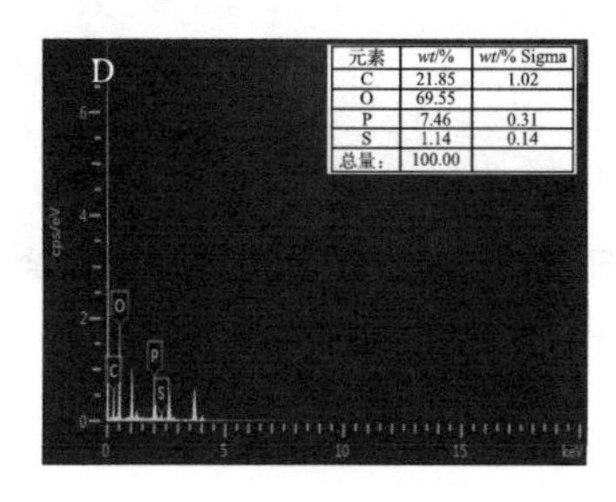

元素	wt/%	wt/% Sigma
C	21.85	1.02
O	69.55	
P	7.46	0.31
S	1.14	0.14
总量：	100.00	

(b) EDS-D

图 6-39 试样表层形貌（一）

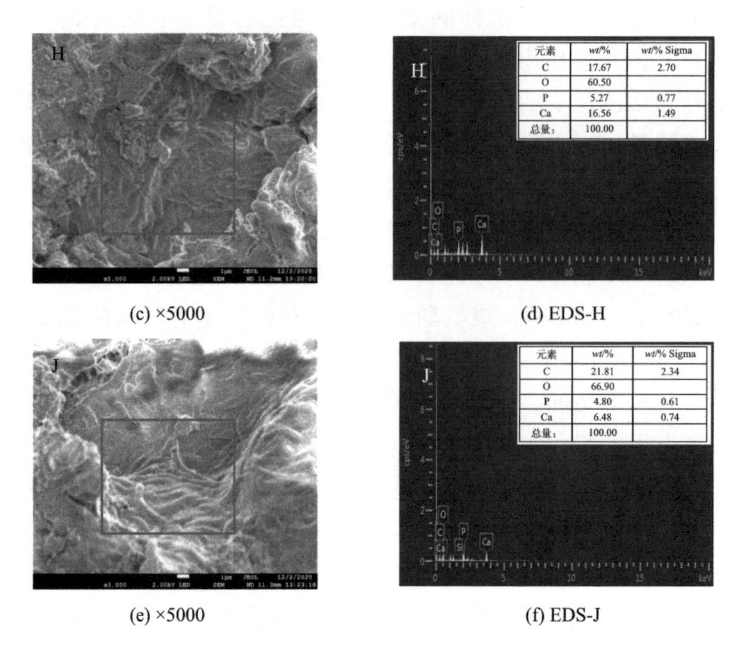

(c) ×5000　(d) EDS-H

(e) ×5000　(f) EDS-J

图 6-39　试样表层形貌（二）

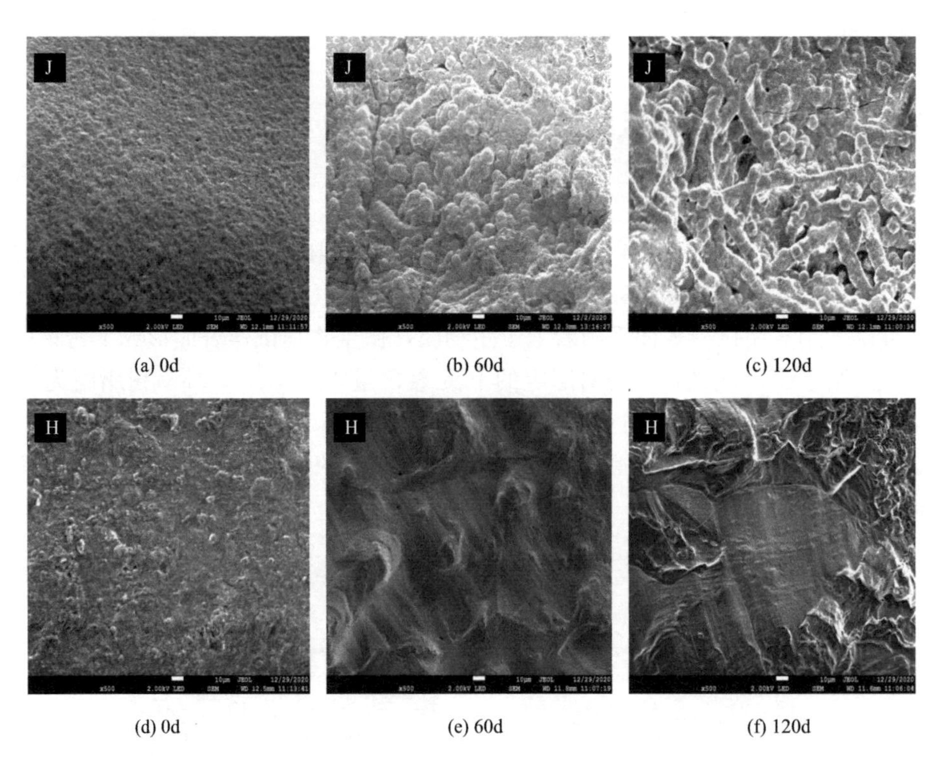

(a) 0d　(b) 60d　(c) 120d

(d) 0d　(e) 60d　(f) 120d

图 6-40　涂层形貌

图 6-40 为不同龄期的涂层在扫描电镜 500 倍下的形貌。通过图 6-40 可以发现，在 60d 时环氧树脂涂层表面开始起泡，出现了大量分散、疏松的圆球状，并且出现了明显的开裂痕

迹，在120d时，环氧树脂涂层内部孔隙较之前有所增多，分布也更加分散，这说明在海水环境下，随着龄期的增加，生物膜中的硫氧化细菌繁殖速度加快，微生物数量增多，导致微生物产生越来越多的酸性代谢物，对附着部位的环氧树脂产生了降解作用，这会导致环氧树脂涂层防护效果加速减弱，严重影响了环氧树脂涂层的防护效果，使得腐蚀性介质 SO_4^{2-} 方便进入。同时通过图6-40可以看出，在龄期内聚氨酯组表面的涂层始终较为光滑，无明显疏松、多孔、开裂等现象，这说明聚氨酯涂层受到硫氧化细菌影响较小。

2. 抗压强度

图6-41为3组试样在龄期内的抗压强度，可以发现，在15d时，对照组抗压强度为68.3MPa，环氧树脂组为67.5MPa，聚氨酯组为67.2MPa，各组试样抗压强度差距不大，但随着龄期的增长，对照组抗压强度的增长最为显著，从15d时的68.3MPa增长至120d时的84.9MPa，相比15d增长了24.3%。环氧树脂组抗压强度仅次于对照组，从15d时的67.5MPa增长至120d时的82.1MPa，增长了21.6%。聚氨酯组抗压强度从15d时的67.2MPa增长至120d时的79.6MPa，增长了18.5%。

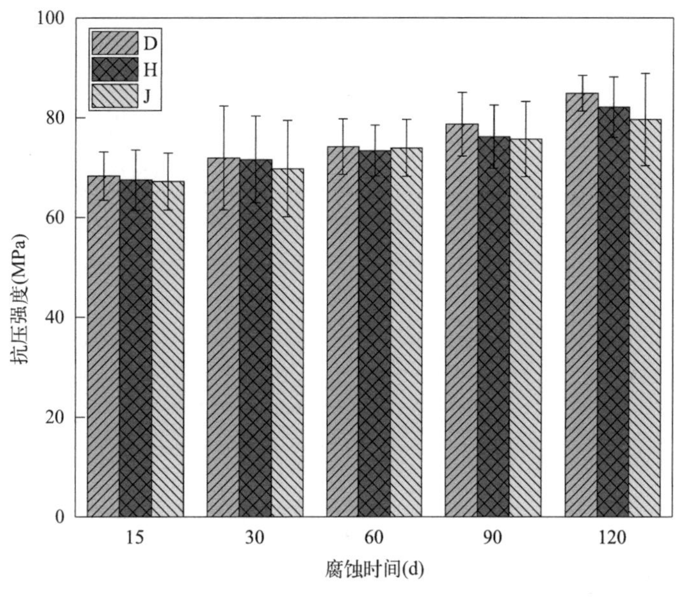

图6-41 试样抗压强度

对照组抗压强度在龄期内逐渐增加，首先是前期试样内部的正常水化提高了抗压强度，然后在后期随着生物膜在试样表面的大量附着，海水中的部分腐蚀性介质仍可以通过生物膜进入了试样内部，影响了试样内部的水化反应，在试样内部可能生成了填充物质，使得抗压强度大大提高。而防护组由于表面的防护涂层，在前期延缓了生物膜的附着，加上防护涂层本身对腐蚀性介质的阻碍效果，导致较少的腐蚀性介质可以通过生物膜进入试样内部，在内部生成的填充物质较少，因此试样内部可以进行正常的水化反应，抗压强度增速低于对照组。120d时环氧树脂抗压强度高于聚氨酯组，可能是由于后期硫氧化细菌对环氧树脂涂层的降解与腐蚀作用，使得防护涂层被破坏，进入环氧树脂组内部的腐蚀性介质增多，导致在内部生成的填充物多余聚氨酯组，因此抗压强度高于聚氨酯组。

6.4.3 防护涂层对砂浆微观性能的影响

1. 矿物组成

图 6-42 是 120d 时 3 组试样的 XRD 图。结果显示，三组试样主要水化产物是氢氧化钙、

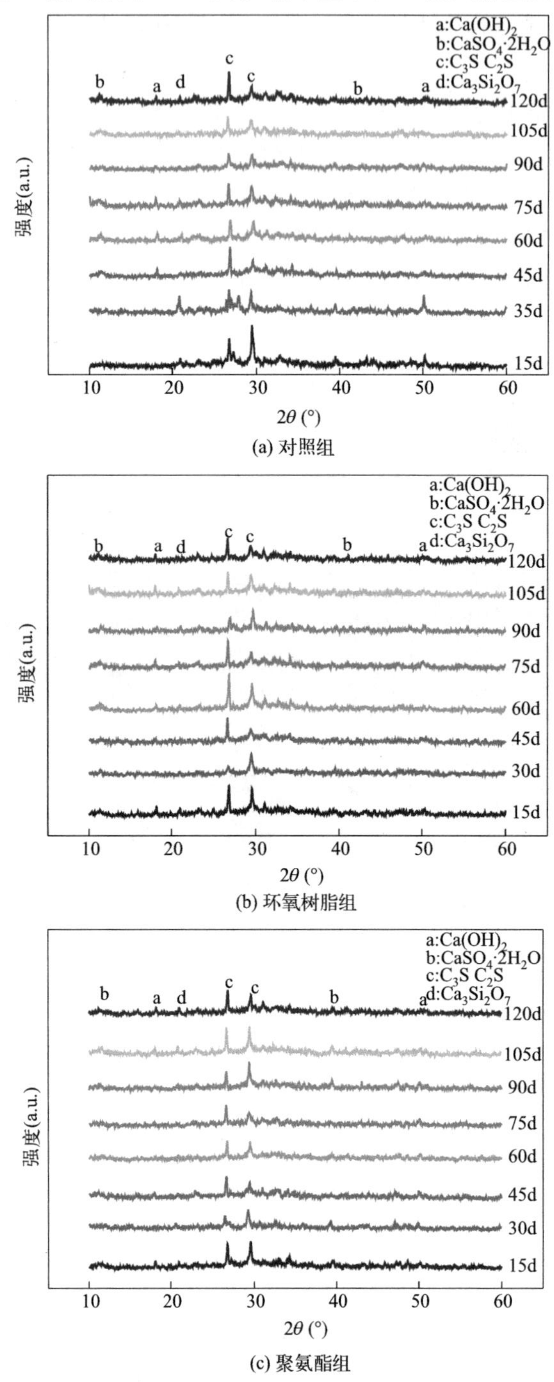

(a) 对照组

(b) 环氧树脂组

(c) 聚氨酯组

图 6-42 砂浆水化产物 XRD 分析

石膏、硅钙石、部分未水化的 C_2S 和 C_3S。通过图6-42可以发现，石膏是矿化产物中主要的腐蚀产物，120d时各组试样均受到了海水中腐蚀介质的影响，在砂浆内部发生了化学反应，生成了具有膨胀性的石膏。但石膏衍射峰的大小与最早出现的时间三组之间有明显差异。

对照组在60d时就已经出现了明显的石膏衍射峰，在120d时相较于防护组的石膏衍射峰，对照组的石膏衍射峰的峰值也最大。这是由于随着龄期的增加，部分海水中的 SO_4^{2-} 通过生物膜的传递作用，逐渐与试样中的氢氧化钙和强氧化钙等发生反应生成石膏。防护组中，环氧树脂组也在60d出现了石膏衍射峰，这是由于环氧树脂组在60d前也已开始受到了海水中微生物的降解作用，表层出现开裂现象，方便了环境中 SO_4^{2-} 的进入，随后侵蚀内部，生成膨胀性的石膏。聚氨酯组出现石膏衍射峰的时间最晚，在90d时才出现明显的石膏衍射峰，并且聚氨酯组表面进入快速生长期后表面附着了大量的生物膜，虽然这期间海水中有部分 SO_4^{2-} 可以通过生物膜，但聚氨酯涂层有效阻碍了它们的直接进入，对砂浆的耐腐蚀性起到了一定的保护作用。

2. 腐蚀产物含量

图6-43为120d时对照组和防护组的热重曲线图。根据图6-43，可以看出，150～180℃时，由二水石膏引起了脱水失重，其中对照组的石膏失重最多，质量损失为1.15%，环氧树脂组其次，质量损失为1.02%，聚氨酯组最少，质量损失为0.1%。400～500℃时，由氢氧化钙引起了脱水失重，其中聚氨酯组失重最多，质量损失为2.51%，环氧树脂组其次，质量损失为2.45%，对照组最少，质量损失为1.77%。石膏本身具有转大的膨胀系数，一般可以使砂浆体积增大1.2～2.2倍，这会导致砂浆内部产生膨胀应力，最后对砂浆性能造成破坏。

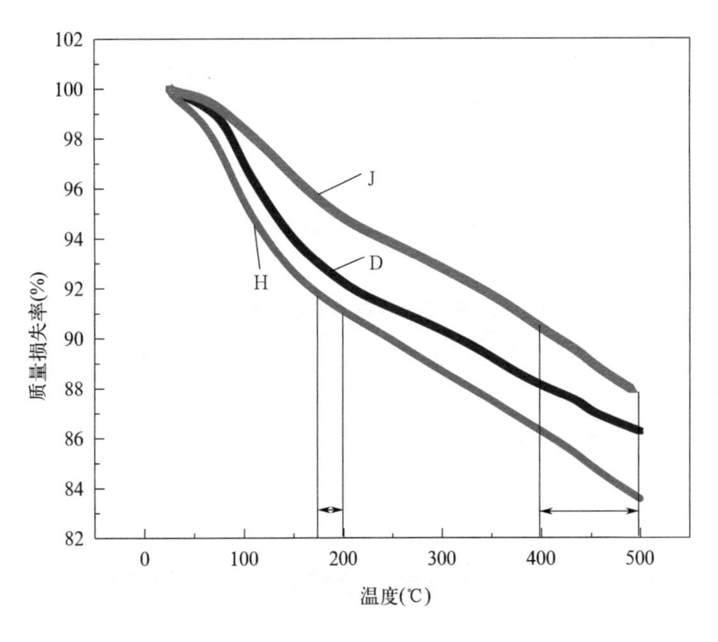

图6-43 砂浆水化产物TG曲线

上述数据可以说明，海水环境下进入到对照组试样内部的腐蚀性介质更多，腐蚀性介质通过与氢氧化钙发生反应生成二水石膏，因此对照组的石膏质量损失最多，而氢氧化钙质量损失最少。环氧树脂组的石膏质量损失次于对照组而多于聚氨酯组，是由于后期生物膜不断地附着与微生物的降解作用，降低了环氧树脂的防护效果，因此腐蚀性介质也相继进入试样内部。聚氨酯组石膏质量损失最少，因此防护效果最好，这说明即使随着龄期与酸性代谢物的增加，聚氨酯涂层受到的影响也较小，保持了良好的防护效果。

3. 微观结构

图 6-44 为 120d 时在扫描电镜下的水化产物形貌，可以看到三组试样内部出现了板状晶体，结合 EDS 结果中出现了 Ca、S 元素，结合 XRD 物相分析，可以判定这个板状晶体是石膏。试样里出现石膏是由于随着硫氧化细菌将底物硫代硫酸钠转化生成 SO_4^{2-}，并且硫氧化细菌在代谢过程中消耗大量氧气，当氧气受限时，硫代硫酸钠会与氧气反应生成

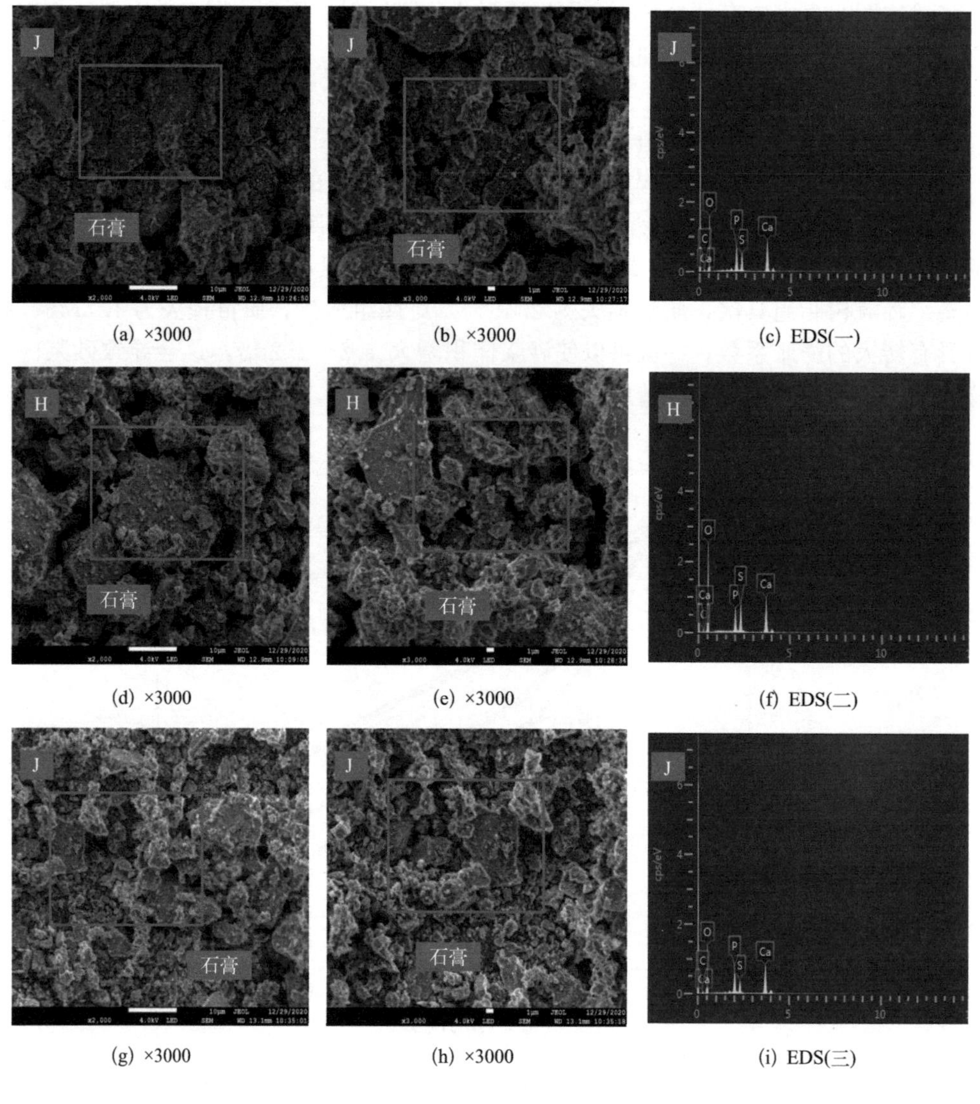

(a) ×3000 (b) ×3000 (c) EDS(一)

(d) ×3000 (e) ×3000 (f) EDS(二)

(g) ×3000 (h) ×3000 (i) EDS(三)

图 6-44 水化产物形貌

SO_4^{2-}，最后SO_4^{2-}进入试样内部，与氢氧化钙发生反应生成石膏，反应方程式如下：

$$Ca(OH)_2+SO_4^{2-}+2H_2O=CaSO_4 \cdot 2H_2O+2OH^- \tag{6-1}$$

综上，可以确定在120d内，海水环境中，聚氨酯防护涂层可以延缓微生物的附着，且相比于无防护涂层和环氧树脂组，聚氨酯组在90d后内部生成的石膏也更少，因此聚氨酯涂层可以减少海水环境中的SO_4^{2-}通过生物膜进入砂浆内部，缓解砂浆受到的膨胀倾向，起到一定的防护效果。

通过涂层表面生物膜附着演变形貌、生物膜厚度、生物膜内微生物数量、涂层形貌等，确定了硫氧化细菌与环氧树脂涂层、聚氨酯涂层间的相互作用关系。结果表明，环氧树脂涂层和聚氨酯涂层可以延缓生物膜的附着，生物膜开始进入快速生长期时间由30d延缓至60d，但生物膜在演变过程中对环氧树脂造成降解，导致表面出现起泡、疏松、多孔等现象，降低环氧树脂的防护效果，对聚氨酯涂层的影响较小。

通过对试样的抗压强度、矿化产物、腐蚀产物含量等，探明了防护涂层的防护效果。120d时，三组试样内部均会生成石膏，但涂有聚氨酯涂层试样内部生成石膏时间晚于另外两组，且生成石膏量也远低于另外两组。因此聚氨酯涂层可以有效防护砂浆性能，减少由硫氧化细菌转化底物而来的SO_4^{2-}进入试样内部，进而减少内部膨胀性石膏的生成，对砂浆的性能起到了一定防护效果。

参 考 文 献

[1] JIANG G, ZHOU M, CHIU T H, et al. Wastewater-enhanced microbial corrosion of concrete sewers [J]. Environ Technol, 2016, 50 (15): 8084-8092.

[2] PARKER, IMMUNOLOGY C J, BIOLOGY C. The corrosion of concrete [J]. Immunol Cell Biol, 1945, 23 (2): 91-98.

[3] VOLLERTSEN J, NIELSEN A H, JENSEN H S, et al. Corrosion of concrete sewers—The kinetics of hydrogen sulfide oxidation [J]. Sci Total Environ, 2008, 394 (1): 162-170.

[4] WAHSHAT T M. Sulfur mortar and polymer modified sulfur mortar lining for concrete sewer pipe [D]. Ames: Lowa State University, 2001.

[5] 林魁. 生物硫酸对 SAC 海砂混凝土劣化及氯离子固化影响 [D]. 福州: 福州大学, 2016.

[6] MONTENY J, BELIE N D, VINCKE E, et al. Chemical and microbiological tests to simulate sulfuric acid corrosion of polymer-modified concrete [J]. Cem Concr Res, 2001, 31 (9): 1359-1365.

[7] MONTENY J, VINCKE E, BEELDENS A, et al. Chemical, microbiological, and in situ test methods for biogenic sulfuric acid corrosion of concrete [J]. Cem Concr Res, 2000, 30 (4): 623-634.

[8] ALEXANDER M G, FOURIE C J M, STRUCTURES. Performance of sewer pipe concrete mixtures with portland and calcium aluminate cements subject to mineral and biogenic acid attack [J]. Mater Struct, 2011, 44 (1): 313-330.

[9] DIERCKS M, SAND W, BOCK E J C, et al. Microbial corrosion of concrete [J]. CMLS, 1991, 47 (6): 514-516.

[10] GRENGG C, MITTERMAYR F, BALDERMANN A, et al. Microbiologically induced concrete corrosion: A case study from a combined sewer network [J]. Cem Concr Res, 2015, 77: 16-25.

[11] ISLANDER R L, DEVINNY J S, MANSFELD F, et al. Microbialecology of crown corrosion in sewers [J]. J Environ Eng, 1991, 117 (6): 751-770.

[12] LI X, KAPPLER U, JIANG G M, et al. The ecology of acidophilic micro organisms in the corroding concrete sewer environment [J]. Front Microbiol, 2017 (8): 683.

[13] LING A L, ROBERTSON C E, HARRIS J K, et al. High-resolution microbial community succession of microbially induced concrete corrosion in working sanitary manholes [J]. Plos One, 2015, 10 (3): 0116400.

[14] MORI T, KOGA M, HIKOSAKA Y, et al. Microbial corrosion of concrete sewer pipes, H_2S production from sediments and determination of corrosion rate [J]. Water Sci Technol, 1991, 23 (7/9): 1275-1282.

[15] MORI T, NONAKA T, TAZAKI K, et al. Interactions of nutrients, moisture and pH on microbial corrosion of concrete sewer pipes [J]. Water Res, 1992, 26 (1): 29-37.

[16] OKABE S, ODAGIRI M, ITO T, et al. Succession of sulfur-oxidizing bacteria in the microbial community on corroding concrete in sewer systems [J]. Appl Environ Microbiol, 2007, 73 (3): 971-980.

[17] PADIVAL N A, WEISS J S, ARNOLD R G. Control of thiobacillus by means of microbial competition—Implications for corrosion of concrete sewers [J]. Water Environ Res, 1995, 67 (2): 201-205.

[18] PARKER C D. Mechanics of corrosion of concrete sewers by hydrogen sulfide [J]. Sewage Industr Wastes, 1951, 23 (12): 1477-1485.

[19] SAND W, BOCK E J E T L. Concrete corrosion in the Hamburg sewer system [J]. Eviron Technol Lett, 1984, 5 (12): 517-528.

[20] SARICIMEN H, SHAMEEM M, BARRY M S, et al. Durability of proprietary cementitious materials for use in wastewater transport systems [J]. Cem Concr Compos, 2003, 25 (4/5): 421-427.

[21] DAN W, DAN P, DANFORD M, et al. The effect of microstructure on microbiologically influenced corrosion [J]. JOM, 1993, 45 (9): 22-30.

[22] KULMAN F E J C H T. Microbiological corrosion of buried steel pipe [J]. Corros Houston Tx, 1953, 9 (1): 11-18.

[23] KONG L, FANG J, ZHOU X, et al. Assessment of coatings for protection of cement paste against microbial induced deterioration through image analysis [J]. Constr Build Mater, 2018, 191: 342-353.
[24] KONG L, LIU C, CAO M, et al. Mechanism study of the role of biofilm played in sewage corrosion of mortar [J]. Constr Build Mater, 2018, 164: 44-56.
[25] LIJUAN, KONG, BEI, et al. Study on the applicability of bactericides to prevent concrete microbial corrosion [J]. Constr Build Mater, 2017, 149: 1-8.
[26] 韩静云，戴超，郜志海，等．混凝土的微生物腐蚀 [J]. 材料导报，2002 (10): 45-47.
[27] 乐建新，高培伟．混凝土中微生物的侵蚀机理及其控制的研究 [J]. 山东建材，2007，28 (5): 61-63.
[28] 乐建新，闫亚楠，李小燕，等．微生物对混凝土的侵蚀机理及其控制的研究 [J] 江苏建材，2006 (3): 14-16，26.
[29] 闻宝联．城市污水环境下混凝土腐蚀及耐久性研究 [D]. 天津：天津大学，2005.
[30] 闻宝联，刘一然，王新刚，等．城市污水环境下混凝土腐蚀研究 [C]//中国商品混凝土可持续发展论坛暨第五届全国商品混凝土技术交流大会论文集，昆明，中国，2008: 235-242.
[31] 孔丽娟，包昕，曹梦凡．生物膜对污水环境下混凝土腐蚀的影响 [J]. 硅酸盐学报，2016，44 (2): 279-285.
[32] 张小伟，张雄．混凝土微生物腐蚀的作用机制和研究方法 [J]. 建筑材料学报，2006，9 (1): 52-58.
[33] MONTENY, VINCKE, et al. Chemical, microbiological, and in situ test methods for biogenic sulfuric acid corrosion of concrete [J]. Cem Concr Res, 2000, 30 (4): 623-634.
[34] O' CONNELL M, MCNALLY C, RICHARDSON M G J C, et al. Biochemical attack on concrete in wastewater applications: A state of the art review [J]. Cem Concr Compos, 2010, 32 (7): 479-485.
[35] AYOUB G, AZAR N, FADEL M E, et al. Assessment of hydrogen sulphide corrosion of cementitious sewer pipes: A case study [J]. Urban Water J, 2004, 1 (1): 39-53.
[36] BANERJEE, MAHAPATRA M, BANERJEE D J M I. Fungal exopolysaccharide: Production, composition and applications [J]. Microbiol Insights, 2013, 6: 1-16.
[37] HEWAYDE E, NEHDI M, ALLOUCHE E, et al. Effect of geopolymer cement on microstructure, compressive strength and sulphuric acid resistance of concrete [J]. Mag Concr Res, 2006, 58 (5): 321-331.
[38] HOUSE M, WEISS W J. Review of microbially induced corrosion and comments on needs related to testing procedures [C]//International Conference on the Durability of Concrete Structures, West Lafayette, America, 2014: 94-103.
[39] HOUSE M W J D, GRADWORKS T. Using biological and physico-chemical test methods to assess the role of concrete mixture design in resistance to microbially induced corrosion [J]. Dissert Theses Gradworks, 2013, 52 (4): 194.
[40] ZHANG L, SCHRYVER P D, GUSSEME B D, et al. Chemical and biological technologies for hydrogen sulfide emission control in sewer systems: A review [J]. Water Res, 2008, 42 (1/2): 1-12.
[41] WELLS P A, MELCHERS R E, BOND P. Factors involved in the long term corrosion of concrete sewers [C]//Australasian Corrosion Association Inc, Coffs Harbour, Australia, 2009: 1-12.
[42] 杨振杰，王玎，吴志强，等．硫化氢与硫酸腐蚀油井水泥石的对比 [J]. 钻井液与完井液，2012，29 (6): 54-58，89-90.
[43] 严思明，王杰，卿大咏，等．硫化氢对固井水泥石腐蚀研究 [J]. 油田化学，2010，27 (4): 366-370，394.
[44] O' CONNEL L M, MCNALLY C, RICHARDSON M G. Biochemical attack on concrete in wastewater applications: A state of the art review [J]. Cem Concr Compos, 2010, 32 (7): 479-485.
[45] YUAN H. Degradation modeling of concrete submitted to biogenic acid attack [J]. Cem Concr Res, 2015, 70: 29-38.
[46] JIANG G, WIGHTMAN E, DONOSE B C, et al. The role of iron in sulfide induced corrosion of sewer concrete [J]. Water Res, 2014, 49: 166-174.
[47] MEHTA P K, MONTEIRO P J M. Concrete: Microstructure, properties, and materials [M]. Upper Saddle River: Prentice-Hall, 2013: 1-239.

[48] JOSEPH A P, KELLER J, BUSTAMANTE H, et al. Surface neutralization and H_2S oxidation at early stages of sewer corrosion: Influence of temperature, relative humidity and H_2S concentration [J]. Water Res, 2012, 46 (13): 4235-4245.

[49] ROBERTS D J, NICA D, ZUO G, et al. Quantifying microbially induced deterioration of concrete: Initial studies [J]. Int Biodeterior Biodegrad, 2002, 49 (4): 227-234.

[50] VINCKE E, VERSTICHEL S, MONTENY J, et al. A new test procedure for biogenic sulfuric acid corrosion of concrete [J]. Biodegradation, 1999, 10 (6): 421-428.

[51] BIELEFELDT A, GUTIERREZ-PADILLA M G D, OVTCHINNIKOV S, et al. Bacterial kinetics of sulfur oxidizing bacteria and their biodeterioration rates of concrete sewer pipe samples [J]. J Environ Eng, 2010, 136 (7): 731-738.

[52] GRANDCLERC A, DANGLA P, GUEGUEN-MINERBE M, et al. Modelling of the sulfuric acid attack on different types of cementitious materials [J]. Cem Concr Res, 2018, 105: 126-133.

[53] PARKER C D. The corrosion of concrete [J]. Immunol Cell Biol, 1945, 23 (2): 81-90.

[54] DOMINGO J W S, REVETTA R P, IKER B, et al. Molecular survey of concrete sewer biofilm microbial communities [J]. Biofouling, 2011, 27 (9/10): 993-1001.

[55] KLEINJAN W E, KEIZER A D, JANSSEN A J H J C. Biologically produced sulfur [J]. Topics Curr Chem, 2004, 35 (15): 44-57.

[56] ISLANDER R L, DEVINNY J S, MANSFELD F, et al. Microbial ecology of crown corrosion in sewers [J]. J Environ Eng, 1991, 117 (6): 751-770.

[57] YONGSIRI C, VOLLERTSEN J, HVITVED-JACOBSEN T J J O E E. Effect of temperature on air-water transfer of hydrogen sulfide [J]. J Environ Eng, 2004, 130 (1): 104-109.

[58] HERISSON J J P E. Biodétérioration des matériaux cimentaires dans les ouvrages d'assainissement : Étude comparative du ciment d'aluminate de calcium et du ciment Portland [D]. Île-de-France: Paris East University, 2012.

[59] GU J D, FORD T E, BERKE N S, et al. Biodeterioration of concrete by the fungus Fusarium [J]. Int Biodeterior Biodegrad, 1998, 41 (2): 101-109.

[60] XIE Y, LIN X, JI T, et al. Comparison of corrosion resistance mechanism between ordinary portland concrete and alkali-activated concrete subjected to biogenic sulfuric acid attack [J]. Constr Build Mater, 2019, 228: 117071.

[61] SCRIVENER K L, CAPMAS A. Calcium aluminate cements [J]. Leas Chem Cem Concr, 1998, 13: 713-782.

[62] KILISWA M W, SCRIVENE K L, ALEXANDER M G. The corrosion rate and microstructure of Portland cement and calcium aluminate cement-based concrete mixtures in outfall sewers: A comparative study [J]. Cem Concr Res, 2019, 124: 105818.

[63] EHRICH S, HELARD L, LETOURNEUX R, et al. Biogenic and chemical sulfuric acid corrosion of mortars [J]. J Mater Civ Eng, 1999, 11 (4): 340-344.

[64] YANG W, VOLLERTSEN J, HVITVED-JACOBSEN T J W S, et al. Anoxic sulfide oxidation in wastewater of sewer networks [J]. Water Sci Technol, 2005, 52 (3): 191-199.

[65] WU L, HU C, LIU W J S. The sustainability of concrete in sewer tunnel—A narrative review of acid corrosion in the city of Edmonton, Canada [J]. Sustainability, 2018, 10 (2): 517.

[66] YUAN H, DANGLA P, CHATELLIER P, et al. Degradation modeling of concrete submitted to biogenic acid attack [J]. Cem Concr Res, 2015, 70: 29-38.

[67] SUN X, JIANG G, BOND P L, et al. A rapid, non-destructive methodology to monitor activity of sulfide-induced corrosion of concrete based on H_2S uptake rate [J]. Water Res, 2014, 59: 229-238.

[68] BELIE N D, MONTENY J, BEELDENS A, et al. Experimental research and prediction of the effect of chemical and biogenic sulfuric acid on different types of commercially produced concrete sewer pipes [J]. Cem Concr Res, 2004, 34 (12): 2223-2236.

[69] HEWAYDE E, NEHDI M L, ALLOUCHE E, et al. Using concrete admixtures for sulphuric acid resistance [J]. Constr Mater, 2007, 160: 25-35.

[70] SIAD H, LACHEMI M, SAHMARAN M, et al. Effect of glass powder on sulfuric acid resistance of cementitious materials [J]. Constr Build Mater, 2016, 113: 163-173.

[71] LAVIGNE M P, BERTRON A, AUER L, et al. An innovative approach to reproduce the biodeterioration of industrial cementitious products in a sewer environment. Part I: Test design [J]. Cem Concr Res. 2015, 73: 246-256.

[72] SAND W, BOCK E, PERFORMANCE D C W J M. Biotest system for rapid evaluation of concrete resistance to sulfur-oxidizing bacteria [J]. Mater Performance, 1987, 26 (3): 14-17.

[73] SOLEIMANI S, ISGOR O B, ORMECI B J J O M I C E. Effectiveness of E. coli biofilm on mortar to inhibit biodegradation by biogenic acidification [J]. J Mater Civil Eng, 2016, 28 (4): 04015167. 1- 04015167. 9.

[74] 高向玲，王丽娜，刘威．混凝土排水管道内部腐蚀研究 [J]. 结构工程师，2020，36 (2): 71-79.

[75] POMEROY R D. The problem of hydrogen sulphide in sewers [R]. London: Clay Pipe Development Association. Limited, 1990.

[76] JOSEPH A P, KELLER J, Bustamante H, et al. Surface neutralization and H_2S oxidation at early stages of sewer corrosion: Influence of temperature, relative humidity and H_2S concentration [J]. Water Res, 2012, 46 (13): 4235-4245.

[77] WELLS T, MELCHERS R E. Modelling concrete deterioration in sewers using theory andfield observations [J]. Cem Concr Res, 2015, 77: 82-96.

[78] ESTOKOVA A, HARBULAKOVA V O, LUPTAKOVA A, et al. Study of the deterioration of concrete influenced by biogenic sulphate attack [J]. Procedia Eng, 2012, 42: 1731-1738.

[79] BELIE N D, MONTENY J, BEELDENS A, et al. Experimental research and prediction of the effect of chemical and biogenic sulfuric acid on different types of commercially produced concrete sewer pipes [J]. Cem Concr Res, 2004, 34 (12): 2223-2236.

[80] BERNDT M L. Evaluation of coatings, mortars and mix design for protection of concrete against sulphur oxidising bacteria [J]. Constr Build Mater, 2011, 25 (10): 3893-3902.

[81] HONG H E, SHAN L U J J O B M. Study on the resistance of fly ash concrete to corrosion by city sewage [J]. J Build Mater, 1999, 2 (4): 314-318.

[82] BEELDENS A, MONTENY J, VINCKE E, et al. Resistance to biogenic sulphuric acid corrosion of polymer-modified mortars [J]. Cem Concr Compos, 2001, 23 (1): 47-56.

[83] FIERTAK M, STANASZEK-TOMAL E B J P E. Biological corrosion of polymer-modified cement bound materials exposed to activated sludge in sewage treatment plants [J]. Procedia Eng, 2013, 65: 335-340.

[84] MUYNCK W D, BELIE N D, VERSTRAETE W J C, et al. Effectiveness of admixtures, surface treatments and antimicrobial compounds against biogenic sulfuric acid corrosion of concrete [J]. Cem Concr Compos, 2009, 31 (3): 163-170.

[85] BERNDT M L J C, MATERIALS B. Evaluation of coatings, mortars and mix design for protection of concrete against sulphur oxidising bacteria [J]. Constr Build Mater, 2011, 25 (10): 3893-3902.

[86] MAEDA T, NEGISHI A, UCHIDA H, et al. Thiobacillus thiooxidans growth inhibitor, cement composition, and cement structure [P]. EP Patent, 0956770. 1998-07-14.

[87] YAMANAKA T, ASO I, TOGASHI S, et al. Corrosion by bacteria of concrete in sewerage systems and inhibitory effects of formates on their growth [J]. Water Res, 2002, 36 (10): 2636-2642.

[88] HAILE T, NAKHLA G, ALLOUCHE E, et al. Evaluation of the bactericidal characteristics of nano-copper oxide or functionalized zeolite coating for bio-corrosion control in concrete sewer pipes [J]. Corros Sci, 2010, 52 (1): 45-53.

[89] ZHANG X W, ZHANG X J M P. Present and prospect of microbial corrosion prevention of concrete [J]. Mater Protect, 2005, (11): 52.

[90] AMIN, KASHI, ALI, et al. Effect of cement based coatings on durability enhancement of GFRP-wrapped columns in marine environments [J]. Constr Build Mater, 2017, 137: 307-316.

[91] WU Y, KRISHNAN P, YU L E, et al. Using lightweight cement composite and photocatalytic coating to reduce cooling energy consumption of buildings [J]. Constr Build Mater, 2017, 145: 555-564.
[92] XIAO G, ZHANG X, ZHAO Y, et al. The behavior of active bactericidal and antifungal coating under visible light irradiation [J]. Appl Surf Sci, 2014, 292: 756-763.
[93] WANG R, NEOH K G, KANG E T J J O C, et al. Integration of antifouling and bactericidal moieties for optimizing the efficacy of antibacterial coatings [J]. J Colloid Interface Sci, 2015, 438: 138-148.
[94] HUSAIN A, AL-SHAMAH O, ABDULJALEEL A J D. Investigation of marine environmental related deterioration of coal tar epoxy paint on tubular steel pilings [J]. Desalination, 2004, 166: 295-304.
[95] VALENTINI C, FIORA J, YBARRA G J P I O C. A comparison between electrochemical noise and electrochemical impedance measurements performed on a coal tar epoxy coated steel in 3% NaCl [J]. Prog Org Coat, 2012, 73 (2/3): 173-177.
[96] NGUYEN M D, BANG J W, BIN A S, et al. Novel polymer-derived ceramic environmental barrier coating system for carbon steel in oxidizing environments [J]. J Eur Ceram Soc, 2017, 37 (5): 2001-2010.
[97] HEWAYDE E H, NAKHLA G F, ALLOUCHE E N, et al. Beneficial impact of coatings on biological generation of sulfide in concrete sewer pipes [J]. Struct Infrastr Eng, 2007, 3 (3): 267-77.
[98] EDGE M, ALLEN N S, TURNER D, et al. The enhanced performance of biocidal additives in paints and coatings [J]. Prog Org Coat, 2001, 43 (1): 10-17.
[99] WHITEKETTLEW K, TAFEL G J, ZHAO Q, et al. Method for controlling microbial biofilm in aqueous systems [P]. US Patent, 0052656. 2011-03-03.
[100] SOEBBING J B, SKABO R R, MICHEL H E, et al. Rehabilitating water and wastewater treatment plants [J]. J PCL, 1996, 13 (5): 54-64.